戦争の思想史

哲学者は戦うことをどう考えてきたのか

中山元

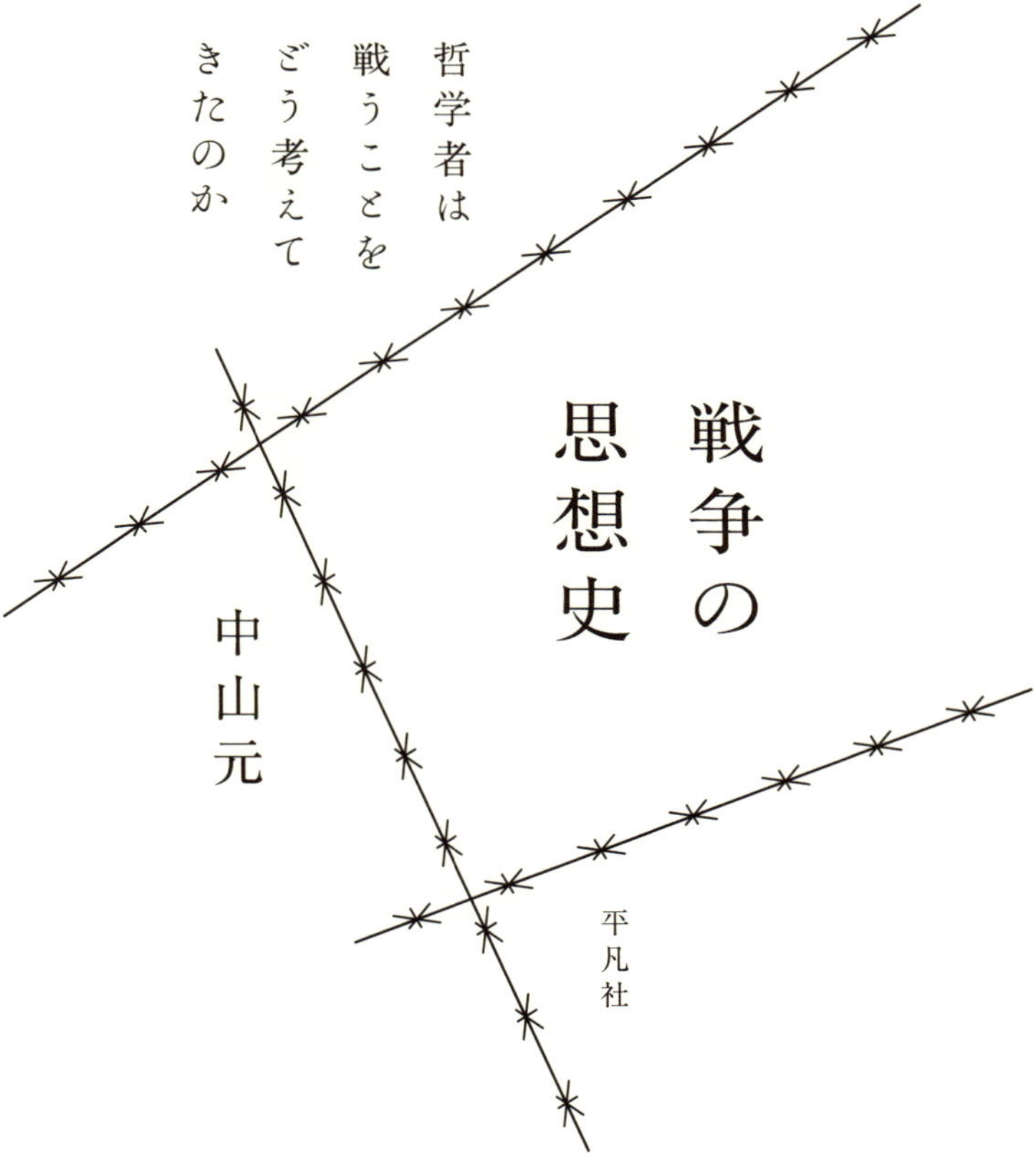

平凡社

目次

第1章 戦争とは

人類の歴史は戦争の歴史でもある。国家の誕生以前、人類の歴史の始まりから戦争は存在し、歴史を動かし、重要な糸として働いてきた。クラストルら未開社会の戦争のあり方をフィールドワークした文化人類学の知見を軸に、戦争が果たしてきた役割を考察する。

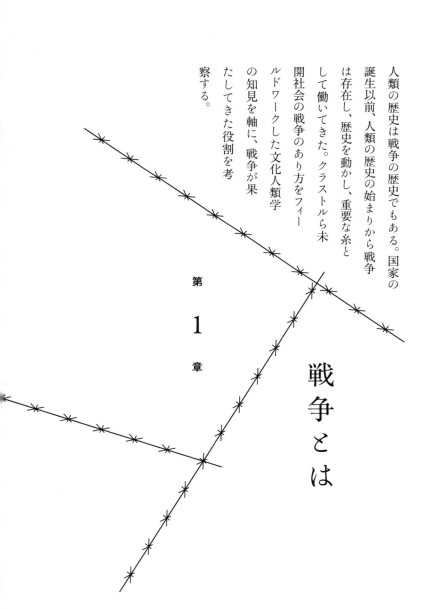

ピエール・クラストル

Pierre Clastres

1934-1977

フランス・パリ生まれ。哲学専攻後にレヴィ＝ストロースらのもとで人類学を学び、南アメリカでのフィールドワークを開始。未開社会は権力の集中や階級分化を避けるために戦争をし国家形成を阻止すると論じ、西欧の進歩主義的人間観に異論を唱えた。自動車事故により43歳で逝去。

カール・フォン・クラウゼヴィッツ
Carl Philipp Gottlieb von Clausewitz　1780-1831
プロイセン王国の陸軍少将、軍事学者。ナポレオン戦争に敗れ捕虜生活を送る。ロシア軍従軍後、プロイセンに戻り、国家と一体となった近代戦争の性質を精緻に分析した『戦争論』の執筆を開始。没後、発表された。►第4章

ジークムント・フロイト　Sigmund Freud　1856-1939
オーストリアの心理学者、精神科医。パリ留学中、ヒステリーの催眠治療に接し、神経症治療に興味を抱く。無意識の存在を確信し、治療技術としての精神分析を確立。コンプレックス、幼児性欲などを提唱した。►第4章

コンラート・ローレンツ　Konrad Lorenz　1903-1989
オーストリアの動物行動学者。幼いころから動物好きで、医学・哲学・動物学を学んだ後、比較解剖学と動物心理学で博士号を取得。鳥類の行動様式「刷り込み」の研究で知られる。1973年、ノーベル生理学・医学賞を共同受賞。

マーガレット・ミード　Margaret Mead　1901-1978
アメリカの文化人類学者。大学院在学中、サモア島の少女を描いた『サモアの思春期』を著しベストセラーに。以降も文化人類学の知見から子どもの養育や女性を題材にした著作を発表。没後、調査の信憑性をめぐり批判された。

エドワード・エヴァン・エヴァンズ＝プリチャード
Edward Evan Evans-Pritchard　1902-1973
イギリスの社会人類学者。大学で近代史を学んだ後、社会人類学に関心を抱き、アザンデ族をはじめ様々なアフリカの部族のフィールドワークを行う。特にスーダン・ヌアー族の生活と政治形態を記した『ヌアー族』が名高い。

マーシャル・サーリンズ　Marshall Sahlins　1930-2021
アメリカの文化人類学者。太平洋地域の民族誌研究からヨーロッパ的思考の限界と批判を行う。特に狩猟採集民の生産・労働・交換様式から近代の経済活動への新たな知見を提唱した『石器時代の経済学』が知られる。

ジル・ドゥルーズ　Gilles Deleuze　1925-1995
フランスの哲学者。スピノザやニーチェらの研究からスタートし、ガタリとの共著で、絶対的超越者を前提とする認識のあり方や国家・資本主義システムを鋭く批判。「器官なき身体」「リゾーム」「戦争機械」などの概念を提示した。

ピエール・フェリックス・ガタリ　Pierre-Félix Guattari　1930-1992
フランスの哲学者、精神分析家。パリ第8大学でジャック・ラカンに師事後、分析家として病院に勤務。フロイトの精神分析を批判。ドゥルーズとの共著『アンチ・オイディプス』『千のプラトー』はその問題提起の書となっている。

序として

わたしたちは今、戦争の時代に生きている。ロシアのウクライナ侵略、ハマスのイスラエルのテロに始まるイスラエル・パレスチナ戦争と、それにつづくイスラエルによるレバノンとの戦争とシリアへの侵略。毎日のように、戦争の惨禍とそれに苦しむ人々の報道と日々の悲惨な暮らしについて映像が流され、かつては平和に倦んでいたかのように暮らしていたわたしたちの生活を一変させた。たしかにわたしたちはいまなおこの日本で平和な生活を過ごしているが、その平和な生活というものも、いつ悲惨な戦争の現場に変貌しないとも限らないことを、ふたたび思い知らされたのだった。

平和とは戦争の中断した短い間のようなものにすぎない。わたしたちの生は戦争の惨禍に脅かされつづけているのであり、平和な生というものも幻想にすぎないのではないか。ただでさえ地震や火山の噴火などの自然災害のもたらす惨状の予感に怯えて暮らすわたしたちを、さらに人的な災害である戦争の悪夢が襲ってくるようになったのである。

しかし戦争は人類の歴史とともに起こりつづけている人間の重要な営みである。戦争はどのようにして起こり、どのようにして戦われてきたのか。平和という名の仮の戦いの終結はどのようにして生まれ、どのようにしてその終わりを迎えるのか。戦争の歴史が人類の歴史とほぼ〈同い年〉のものであるだけに、戦争についての思想も、人間の思考の歴史と同い年と言えるほどに長い歴史をそなえている。そこには人間の生の条件についての深刻で深い思考の営みが秘められている。わたしたちはこれから、戦争の思想の歴史をたどりながら、この深く秘められた思想のうちから、たやすくは語りえない智恵のかずかずを学びとりたいと思う。

戦争の定義

それでは人類の歴史と同じくらいに古いこの「戦争」とはどのような営みなのだろうか。戦争の思想の歴史をたどるためにはまず、戦争とは何かについて考えておく必要があるだろう。戦争についての考察として傑作とも呼ばれるドイツの軍人の**カール・フォン・クラウゼヴィッツ**（一七八〇〜一八三一）の『戦争論』では戦争について、よく知られているように「戦争は、政治的行為であるばかりでなく、政治の道具であり、彼我両国のあいだの政治的交渉の継続であり、政治におけるとは異なる手段を用いてこの政治的交渉を遂行する行為である」[01]と定義した。

戦争とは別の手段による政治的交渉であるというこのクラウゼヴィッツの戦争の定義は、一八世紀のヨーロッパで誕生したばかりの国民国家の間での戦争についての定義であり、戦争の主体は国家であることが自明の前提とされている。しかしこの定義は人類の歴史とともにある戦争という営みを規定するにはあまりに狭いものであるのは明らかだろう。国家という政治的な組織が誕生する以前から、そして国家という政治的な組織によらずに社会的な組織だけで生活してきた多くの社会においても戦争が戦われてきたことは、この定義ではまったく無視されている。

そこでわたしたちは戦争をこのような狭い意味で定義するのではなく、もっと広い意味で規定する必要があるだろう。それでなければ十字軍のような宗教的な戦争も、農民戦争のような社会階級間の戦いも、アフリカの諸部族のあいだで戦われてきた民族的な戦争も、どれも考慮にいれることができなくなってしまうからである。ここではもっとも広い意味での戦争について文化人類学の定義を取り入れることにしよう。

文化人類学では、複数の社会のあいだの対立関係を「戦い」と規定して、それをさらに「戦争」、「紛争」、「略奪」、「殺戮」の四つの概念で規定している。まず戦いのもっとも一般的な規定である「戦争」とは「異なる政治統合をもつ集団間における政治的武力衝突」[02]とされる。戦争が複数の政治的な組織の間の戦いであるとすれば、そのうちで「紛争」は政治的に類似した組織の間の戦いのこととされており、「紛争とは同一の政治的統合をもつ集団における争い」のこととして規定される。

ただしこの「同一の政治的統合」というのは広い意味で理解されていて、これには「かりに異なった政治的統合のもとにあろうとも、共通の世界を有している単位集団」を含めることができる。紛争と戦争の違いは、「紛争は裁判などによって当事者間で解決されるメカニズム」が機能しているところにある。これに対して「略奪」とは同じ社会のうちに存在する複数の集団のあいだで行われる戦いであり、「相手の集団の人間もしくは動産を相手の合意をえないで入手することを目的とした、集団界の武力衝突」のこととされている。最後に「殺戮」とは、「相手の個人もしくは集団に対する致命的武力行為」のことである。

わたしたちはこの文化人類学の定義に基づいて、戦争を複数の政治的な統合をもつ集団のあいだの武力的な衝突として考えることにしよう。この集団は国家として組織されていることも、組織されていないこともあるだろう。あるいは片方は国家として組織されているが、他方は国家として組織されておらず、相手の国家の政治的な組織原理に対立する組織であることもあるだろう。イングランドの清教徒革命やアメリカの独立戦争など、広い意味での革命戦争も、こうした戦争の一つとみなすことができる。

戦争についての文化人類学的な考察――ミードとエヴァンズ＝プリチャード

このような戦争は、人間の歴史の長さと同じような長い期間にわたって戦われてきたのであるが、こうした戦争が遂行されるようになるには、どのような原因が働いているのだろうか。戦争の原因についての理論には、心理的な要因から考える理論と、社会的な要因から考える理論がある。心理的な要因についての理論としては、たとえば精神分析学の父と呼ばれるオーストリアの**ジークムント・フロイト**（一八五六～一九三九）は、人間には戦う本能のようなものがあり、戦争することは人間の本性によるものだと考えた。さらに同じくオーストリア生まれの動物行動学者の**コンラート・ローレンツ**（一九〇三～一九八九）は、動物の生理学的な観点からみれば、人間には攻撃性がそなわっていると考えた。こうした心理学的な観点あるいは生理学的な観点から考えるならば、戦争は人間の本性につきものであり、これをなくすことはできないことになる。その場合にはこの暴力とどう折り合いをつけるかが問題となるだろう。

これとは別に社会的な要因として戦争を考察するのが、文化人類学的な考察である。文化人類学の観点からみると、人間は社会を構成する生き物であり、その社会においては戦争を含むさまざまな紛争がつきものであるとされている。ここではこのような文化人類学的な側面から、戦争について考察することにしよう。

もっとも、初期の文化人類学的な研究においては、当時のアメリカ合衆国の現状と比較して、未開社会においては特段の紛争もなく、戦争などの戦いもなしに平和に過ごしている社会が多いと考えられることもあった。たとえばアメリカの文化人類学者の**マーガレット・ミード**(一九〇一〜一九七八)が『サモアの思春期』で描いた社会は、エディプス・コンプレックスに悩まされることなく、大きな紛争のない平和な社会であった。ミードはサモアの社会と同時代のアメリカの社会を比較しながら、アメリカの社会では「子どもたちは五つも六つもの道徳規範にさらされている」[03]のであり、「すべての社会的掟に対する数しれぬ集団的違反」[04]の可能性に直面していることを指摘する。それと比較すると、「サモアの子どもたちは、そんなジレンマに直面することがない。性は自然で楽しいことだし、それを楽しむ自由を制限するのはただひとつ、社会的地位という配慮だけである」[05]と強調されていた。「そこでは親族関係の拘束はほとんど見えなくなるまでに希薄化し、両親の権威は拡大した家族関係のなかで消滅してしまい、子どもたちは優勝さを競い合うこともなく、暴力は事実上知られていないという社会だった」[06]という。

しかしこうした牧歌的な社会像は、第一次世界大戦という世界史上でも初めての総力戦の後に、この地域を訪れて調査にあたったミードの描いた幻想にすぎないと考えるべきであろう。戦争が社会の形成において重要な役割を果たすとみなすのが、文化人類学の主要な傾向である。たとえばアフリカのナイル川上流のスーダンに棲むヌアー族は、近隣のディンカ族と長らく戦争関係をつづけてきた。これらの部族について詳細な調査を行ったイギリスの文化人類学者の**エドワード・エヴァン・エヴァンズ＝プリチャード**（一九〇二～一九七三）によると、どちらも国家を形成することのない未開部族である。「ヌアー族は政府をもたず、その政治状況は秩序ある無政府状態とでも言えるものである。同様に、もし法というものを、それを執行するだけの強権を持った独立した公正な権威によって下される判決であると解釈するならば、ヌアー族は法をもたない」[07]と説明している。それではこれらの部族は紛争を解決するための法なしで、どのようにして社会的な秩序を維持しているのだろうか。

ヌアー族は「牛に生きる人々」[08]と呼ばれるほど、牛に依存して生きる人々である。「牛は彼らにとってもっとも貴重な財産であり、牛を守り、また牛を近隣の諸族から略奪してくるためには自分の生命を賭ける。彼らの社会的行動のほとんどが牛をめぐるものである」[09]と言われるほどに牛に依存して生きる遊牧民である。ヌアーの社会は一〇以上のクニ（部族）で構成される。このクニが第一次分節であり、これがさらに第二の分節、第三の分節で構成され、最小分節は複数のムラで構成される。「クニは最大の政治単位で、ひとつのクニには理念的にその

〝所有者〟とされる父系クランが存在し、その成員がそのクニでの優越リネージを形成する」[10]のである。

このヌアーの政治的な構造は、隣接するディンカ族との戦争という関係に基づいて規定されているのである。「ヌアー族の政治構造は、ともに一つの政治体系をなしている近隣諸民族との関連において、はじめて理解することが可能である。ヌアー族の部族内の分節と同様に、隣接しているディンカの諸部族とヌアーの諸部族も一つの構造内での分節である。彼らの社会関係は敵対的なもので、それが具体的に表われたのが戦いである」[11]。ヌアー族がディンカ族を襲撃するのと同じように、ディンカ族もまたヌアー族から盗み、騙して奪う。どちらも他の民との戦いという関係に基づいて、みずからの社会構造と秩序を維持している。「牧畜と同じように戦いはヌアー族の主活動の一つとなっており、ヌアーの男たちの最大の関心事の一つである」[12]のである。ヌアー族にとっては近隣のディンカ族と戦うことによって、部族の内部での紛争を抑えることができている。この戦いによって「ヌアー諸部族どうしの戦いが少ないことを説明する」[13]ことができる。「ディンカ族を襲撃するような執拗さで、各セクションが相互に襲撃を繰り返していたならば、現在彼らが溜まっている程度のまとまりでさえも、維持することは不可能であっただろう」[14]とみられる。

ヌアー族は国家を形成していないので、紛争を解決するための法律をそなえていない。このため偶然の出来事にせよ、殺人事件に始まる紛争が発生した場合には、特別な解決手段なしでは無限の血の復讐の連鎖が発生する可能性がある。「復讐は父系親族をもっとも強く拘束する義務であり、すべての義務のうちでもっとも根底的なもの」[15]だからである。そこで「ある部族の共同体が他の部族の共同体に対して殺人の仕返しをしようとすれば、それに続くのは報復闘争ではなく、れっきとした部族間戦争の状態であり、仲裁によって解決する手段はない」[16]。だからこそこうした部族間戦争の発生を防ぐ必要がある。

そのためにこうした戦争の発生を防ぐために役立つのが、政治的な権力をもたず、ただ権威だけをもつ「豹皮首長や長老たち」[17]である。こうした長老たちが働きかけて、牛や羊を犠牲にして被害者に賠償することで、ヌアー族を構成する諸部族の間の戦争を防ごうとするのである。ヌアー族の成員は複雑な親族関係を結んでいるので、こうした権威者の取り持つ賠償によって、部族内部で戦争が発生することが防がれる。戦争はディンカのような異なる民族との間で行われるべきものであり、このような他民族との戦争が日常的に行われることで、部族内の平和が維持されるのである。

このように戦争という営みは、たがいに社会構造を維持するために戦われるものであるだけに、これらの二つの民族のあいだでの戦争には、ある程度は儀礼的な要素がある。ヌアーとディンカの二つの民族は同質な民であり、通婚することもある。そして戦争において殺戮が行われることは少なく、相手の民族を滅ぼすようなことは目指されていない。ヌアーは強力な王を擁する有名なシルック王国とも隣接しているが、ヌアーはこの国家との戦争は、破滅的な結果をもたらす可能性があるだけに、回避することに努める。「ヌアー族は、どの民族よりもディンカ族に親近感を抱いている」[18]のであり、このような親近感が戦争の前提となっているのである。

「捕虜の同化や襲撃のあいまにもたれている両民族間の断続的な社会関係をも考慮すると、ヌアー族とディンカ族とのあいだで行われるたぐいの戦いには、文化的類似性と価値観の近似性の認識が必要とされる」[19]と考えられる。

国家に抗する社会――サーリンズとクラストル

ところでアメリカの文化人類学者の**マーシャル・サーリンズ**（一九三〇～二〇二一）は未開社会と呼ばれる社会は、ごくわずかな労働で生存のために必要な栄養物を手に入れることができることを明らかにしている。たとえば狩猟民であるフエゴ族では、食べ物を手に入れるために「必要な道具はみんなが占有できるし、必須の技能は誰でも知っている。労働の分割も同様に単純で、すぐれて性による分業である。さらにまさによく知られている狩猟民のあのきっぷのよい分与の習慣もつけくわえておこう。こうして、すべての人々は、質素ながらも、順調な繁栄にあずかっているわけである」[20]。こうした社会では富は蓄積されない。移動しながら狩りをつづける狩猟民にとっては、余分な食料や道具は重荷になる不用品である。「富がよき物ではなく、たちまち邪魔者に変わってしまう」[21]からである。「狩猟民にとって、文字どおり、富は重荷にほかならない」[22]のである。

このような社会が支配も隷属もない平等で自由な民の社会となる傾向があるのは明らかだろう。フランスの文化人類学者の**ピエール・クラストル**はこうした社会のあり方について、「本質的に平等社会である未開社会では、人間は自らの活動の主人、その活動の生産物の流通の主人なのだ。すなわち、たとえ財の交換の法が、人間と彼の生産物への直接の関係を媒介するとしても、彼は自分のためにだけ行動する」[23]と説明している。この社会は経済的な支配も政治的な支配も存在しない社会、「国家なき社会」であり、「国家に抗する社会」なのである。そこには国家がないだけでなく、歴史というものもなく、ただ時が流れるだけの社会である。国家が設立された後に初めて、「〈時〉は〈歴史〉となる」[24]のである。

こうした社会では統治する支配者は不要であり、存在しない。もちろん紛争を解決するための首長のような存在は必要である。しかしこうした社会で特別な権利を認められている首長の役割は、紛争の当事者の意見を聞いて、必要ならば私財を投じても調停することで、彼らを和解させることである。たとえば南米のオリノコ河畔の共同体は、飢餓の脅威が生じた時には、首長の家に全員で押しかけ、状況がよくなるまでは、首長の犠牲の上に生き延びようとする。同様に、ブラジル西部地域に暮らす「ナンビクワラ族の遊動バンドは、厳しい移動の旅程の後に、食料不足に陥ると、自力で状況を改善するよりは、それを首長に期待する」[25]ことになるだろう。

首長はこうした期待に応えなければその地位を失い、特権も奪われることになるだろう。首長はたしかに政治的な権力をもっている。しかし「逆説的性質をもった権力が、その無力さにおいて称えられる」[26]ような社会においては、こうした権力は支配とはほど遠いものとならざるを得ないだろう。このような社会からは国家は形成されないだろう。「未開社会は、そこでは国家が不可能であるからこそ、国家なき社会なのだ」[27]ということになる。

ただしこうした社会でも首長が政治的な権力を行使し、社会の成員がこの権力に服従する例外的な場合がある。それが戦争である。通常の場合であれば、戦争が終われば、首長はこの例外的な権力を喪失する。もしも首長がこの権力を維持しつづけることに成功すれば、そこに国家が生まれるだろう。その場合には「彼は社会を純粋に個人的目的を実現する手段とし、もはや部族に奉仕する首長ではなく首長のために奉仕する部族とするのだ。もしこれが〈うまくゆけば〉そこに、拘束と暴力としての政治権力の誕生、国家の最低限の形象、最初の受肉となる権力の出生地をみることもできよう」[28]。しかし多くの場合、これは成功しない。

首長がこの権力を維持して、共同体の成員にそれを認めさせるためには、戦争を遂行しつづけなければならない。少女の頃に南米のヤノマミ族に囚われて彼らとともに暮らしたスペイン系の女性のエレナ・ヴァレロの手記『ナパニュマ』が、最初の夫の首長のフシウェについて語っているように、首長が権力を手放すことを拒否して戦争をつづけるならば、やがて首長は共同体の他の成員たちから見放され、「孤立を強いられ、死にいたる展望なき戦いを強いられる」[29]ことになるだろう。戦争は首長が権力を保持する手段であると同時に、権力を喪失する道でもある。北米のアパッチ族のジェロニモも同じ運命をたどったことはよく知られているだろう。

このような平等な社会においては、権力が一人の特権的な指導者のもとに握られるということはない。首長は戦争のときに暫定的に権力を握るだけであり、平時には共同体の存続のためにみずから犠牲にならねばならない存在である。戦争は首長が権力を掌握することのできる限られた機会であるが、同時に共同体が拡大して、国家の機能を必要とするようになるのを防ぐという重要な役割をはたしている。

いずれ考察するように、歴史的な世界においては、技術的な発展とともに労働の生産性が向上し、余剰な生産物が蓄積されると労働の分割が発生し、戦争に従事することを専門とする軍人たちが登場する。このような軍人たちのうちから王が登場し、この王が支配者として人々を支配する権力を掌握するようになる。あるいは余剰の生産物を他の共同体と交換することによっても富は形成される。このようにして蓄積された富は、それを保存し、計量し、管理する必要があり、そのために社会の富を管理する官僚的な組織が誕生する。余剰の生産物はこのようなさまざまな道筋で、国家の形成と軍人や官僚の身分の形成を促すのである。

だから部族的な社会のうちから国家が形成されようとする道筋を断ち切るためには、社会の規模が大きくなって、労働によって生まれる余剰な生産物が蓄積され、軍人や官僚の組織が生み出されるのを防ぐ必要がある。そのためには余剰の生産物を浪費し、消尽することが重要な意味をもつ。あるいはそのような労働の生産物が蓄積されないように、戦争という手段によって資源を浪費することが重要な手だてとなる。戦争はこのようにして共同体の内部の蓄積を浪費させるとともに、他の共同体との交易によって富を蓄積するのを防ぐのである。

クラストルは戦争の役割をとくに、他の共同体との対立と分離のうちにみいだしている。「戦争の効果とは、共同体のあいだの分離を絶えず維持することにあります。（中略）戦争、あるいは戦争状態の効果は、諸共同体の分離、つまり分割を維持することです。戦争の主要な効果とは、たとえば多元性をつくりだすことであり、それによって、多元性に逆らうものの存在の芽をつむことです。共同体のあいだの諸関係が分離、冷淡、敵意の状態にあるかぎりで、各共同体がそれによって自己充足の状態——それを自己管理ということができるかもしれませんが——にあるかぎりで、国家は存在しえません。未開社会における戦争は、なによりもまず、〈一なるもの〉を阻止する方法なのです。〈一なるもの〉とはなによりも統合、つまり国家です[30]」。

戦争装置の理論——ドゥルーズ／ガタリ

このクラストルの戦争の理論を受け継ぎながら、さらに戦争を国家の形成に抗する装置としてだけでなく、国家と独立して存在し、国家が使用することもできる装置として考えたのがフランスの思想家の**ジル・ドゥルーズ**（一九二五～一九九五）と**フェリックス・ガタリ**（一九三〇～一九九二）である。クラストルの理論では未開社会における戦争を、社会が国家に変貌するのを防ぐという目的だけから考えていたが、クラウゼヴィッツの戦争の理論が明確に示したように、戦争はまた国民国家が政治のために利用する一つの装置でもある。その意味ではドゥルーズとガタリの示した理論は、さらに汎用性の高い戦争の理論となっていると言えるだろう。

ドゥルーズとガタリは、クラストルの戦争の理論は、たしかに戦争が国家の形成を防ぐための重要な手段となっていることに着目したものとして貴重なものであることを認める。「この理論の興味深いところは、まず国家形成を抑制するさまざまな集団的なメカニズムにわたしたちの注意を惹いていることである」[31]。しかし人類の歴史において多くの共同体は国家の形成へと進んだことを考えると、戦争の意味についてのクラストルの理論は、その考察の範囲がきわめて限定されていると彼らは指摘する。未開社会の人々は「国家の形成を妨げるメカニズムをもっていたのに、いったいなぜ、いかにして国家は形成されたのか？　なぜ国家は勝利したのか？　ピエール・クラストルはこの問題を掘り下げすぎて解決する手だてを失ってしまったように思われる」[32]と言えるだろう。

むしろ戦争は、たんなる国家の形成を防ぐ手段のようなものではなく、国家の形成に先立って存在し、さらに形成された国家と同時に存在しつづける独立した装置のようなものとして考えるべきではないだろうか。戦争は国民国家が成立する以前から遂行されてきたし、国民国家が形成されてからも遂行されてきた独立した行為なのである。そのことは十字軍のような宗教戦争を考えてみれば明らかだろう。そうであれば、戦争は国家という機構の外部に成立する「外部的形式」なのではないだろうか。そして「この外部的形式は必然的に多形的でかつ拡散した戦争機械の形式として現れるということである。それは国家において定められた法律とはまったく異なった〈法〉としてのノモスなのだ」[33]と言えるだろう。ただし戦争と国家というこの二つの装置は、完全に独立したものというよりも、たがいに影響しあうものと考えるべきだとドゥルーズとガタリは指摘する。「外部と内部、変身する戦争機械と自己同一的国家装置、徒党集団と王国、巨大機械と帝国、これらは相互に独立しているのではなく、たえざる相互作用の場において、共存しかつ競合していると考えなくてはならない」[34]というわけである。

このように考えることで、戦争をたんに国家の形成を防ぐ装置にすぎないものとみなす視野の狭さから逃れることができ、人類の歴史における戦争の役割を考察するための手掛かりをみいだすことができる。戦争は人類の歴史の端緒から存在しつづけ、歴史を動かし、歴史の重要な糸として働いてきたからである。以下では人類の歴史において戦争が果たしてきた役割と、戦争についてどのような思想が構築されてきたかについて調べてみることにしよう。

アウレリウス・アウグスティヌス

Aurelius Augustinus

354-430

北アフリカの小村でキリスト教徒の母と異教徒の父のもとに生まれる。マニ教を信仰していたが386年に回心。修道院的共同生活を営むかたわら司教となり、多くの神学的著作を著す。410年の西ゴート族のローマ侵入を機に『神の国』の執筆を開始。よい国は信仰の上に建てられるべきであると説いた。

第2章 古代における戦争

食糧の入手をめぐる農耕民と牧畜民の対立は、やがてオリエントのライトゥルギー国家、ギリシアの都市国家、ヘブライ人の宗教国家を生む。奴隷の反乱を鎮圧した共和政ローマ帝国では正義の戦争の思想が生まれ、国教となったキリスト教からは聖なる戦争の思想が導かれる。

マックス・ウェーバー　Max Weber　1864-1920

ドイツの社会学者、経済学者。比較宗教社会学の手法で、『プロテスタンティズムの倫理と資本主義の精神』を著し、カルヴァン派の禁欲と生活合理化が資本主義を生んだと論じ、後世に大きな影響を与えた。

ヘロドトス　Herodotus　B.C.484-B.C.425

古代ギリシアの歴史家。東方世界を広く旅行し、ペルシア戦争の歴史を軸に、実際に自身が見聞した各地の地誌、風土、風俗や歴史物語を『歴史』にまとめる。古代ローマの政治家キケロに「歴史の父」と評された。

アリストテレス　Aristotelēs　B.C.384-B.C.322

古代ギリシアの哲学者。プラトンの弟子。人間の本性は「知を愛する」ことにあるとし、哲学から自然学まで網羅的に体系化、「万学の祖」とされる。後世に多大な影響を与え、西洋最大の哲学者とされる。

スパルタカス　Spartacus　?-B.C.71

古代ローマの奴隷反乱の指導者。故郷トラキアがローマに征服され、剣闘士にされる。前73年、自由と解放を求めて仲間と脱走。各地の奴隷もスパルタカスの蜂起に参加し、9万人を率いるも、ローマ軍の猛攻により戦死。

ガイウス・ユリウス・カエサル

Gaius Julius Caesar　B.C.100-B.C.44

古代ローマの政治家、将軍。英語読みは「ジュリアス・シーザー」。ガリア戦を平定し、各地の内乱を治め単独支配者となるが、共和政ローマの伝統を破る者として元老院議場で暗殺された。著作に『ガリア戦記』『内乱記』がある。

コルネリウス・タキトゥス　Cornelius Tacitus　ca.55-ca.120

古代ローマの歴史家、政治家。97年執政官就任。蛮族とされていたゲルマン民族に質実剛健な精神が息づいていることを明らかにした『ゲルマニア』、ネロ帝自殺後から五賢帝時代の始まりまでを扱った『同時代史』などを著す。

パウロ　Paulos　?-ca.60

初期キリスト教の使徒。当初はユダヤ教徒としてキリスト教徒を迫害したが、回心し、ヘレニズム世界に伝道。「ローマの信徒への手紙」などの書簡を通し、キリスト教の理論化に貢献。ネロ帝治世下で殉教したとされる。

ネロ　Nero Claudius Caesar Augustus Germanicus　37-68

ローマ帝国第5第皇帝（在位54-68）。治世初期は哲学者セネカらの助言のもと善政を行うも、次第に暴君的行動が著しくなり、64年ローマの大火の責任をキリスト教徒に負わせ迫害を行う。68年反乱が起き、自殺。

第1節 古代国家と戦争

国家以前の戦争

古代においては国家の形成と戦争とは不可分な関係にあった。一つの共同体が他の共同体と戦争にそなえてたがいに統合するか、他の共同体を戦争という手段によって征服し、その結果として他の共同体を統合することで、一つの国家として形成されるようになったと考えられる。単独の共同体そのものでは、法という統治手段をそなえた国家を形成する必要性は薄かったのであり、異なる習俗と決まりをもつ他の共同体を統合することで、他の共同体の習俗や決まりを含めた法を定めることが必要となったと考えられるからである。

ただしここでは、このようにして他の共同体を統合しながら国家というものが成立する過程で必要とされる戦争という営みについて、第1章のような文化人類学的な観点からは検討されていなかった歴史的な観点から考察してみよう。人類史の曙において人々が構築した共同体における戦争は主として、定住して共同体を形成した農耕民と、食糧を手に入れるために移動しつづける狩猟採集民のあいだで遂行されたものらしい。狩猟採集民は獲物の動物を狩るためにはどうしても移動しなければならない。さらにこの民が動物を家畜化して牧畜民となった場合にも、家畜の群れは餌となる草をすぐに食いつくしてしまうために、新たな草地を求めて移動する必要がある。それに対して農耕民にとっては、耕す畑は重要な財産であり、定住して畑を守らなければならない。アジアの焼き畑農業の民はその例外で、周期的に焼き畑にする場所を変更するが、それでも一定の範囲の土地に定住していたことに変わりはないだろう。

　この農耕民と牧畜民の対立は、旧約聖書の冒頭のアダムの二人の息子、カインとアベルの対立関係に象徴されている。アダムは農耕に従事した兄カインの捧げた「土の実り」を寿《ことほ》がず、牧畜に従事した弟アベルが「羊の群れの中から肥えた初子を持って来た」[01]ことを寿いだために、カインは父に祝福された弟アベルに嫉妬して、彼を殺したのだった。

　一般的に言って、このように都市に定住している民とそこに蓄積された食糧などの富は、定住する場所をもたず、山野の限られた食糧を費して生活する狩猟採集民にとってはきわめて魅力的なものであり、都市を襲撃して富を収奪しようとする誘惑は大きなものであったに違いない。「農耕民は定住しており、作物と家畜は人による略奪のための襲撃や破壊行為に対してきわめて脆弱であった。狩猟採集民にとっての誘惑は、特に緊張時には強いものであったが、その時に限られるものでもなかった。遊動民は大した所有物もなく、主導権を握っていたので、襲撃の時期を選ぶことが可能であり、また報復の反撃にさらされることもなかった[02]」からである。

実際に歴史に残る最古の都市的な構造物として知られる西アジアのアナトリアに残されたチャタル・ヒュユクの遺跡は、こうした外部からの襲撃にそなえた構造をとっていた。紀元前七千年紀の中期に栄えたとされるこの都市では、家屋が密集して建造されており、個々の家屋は通路によってではなく、梯子によって連絡していたらしい。このような都市の構造は、外部からの攻撃に対してはきわめて効果的な防御手段となったことだろう。

また史上最古の巨大な集落として知られるのは、紀元前九千年紀のヨルダン渓谷のエリコの町であり、二千人から三千人の住民を擁していたらしい。農耕が始まった古代オリエントの歴史的な都市であるエリコは、旧約聖書では「ヨシュア記」において脱エジプトの後の流浪の民であったヘブライの民が占領した町として登場する。この町を取り囲んだヘブライの祭司たちの吹く角笛に合わせて民が鬨の声をあげると「城壁が崩れ落ち、民はそれぞれ、その場から町に突入し、この町を占領した[03]」と伝えられる。エリコの町は高さ約四メートル、厚さが約二メートルの石の城壁に囲まれて守られていたことで有名である。そしてこの町の要塞化こそは、外部からの敵の攻撃にそなえたもので、「考古学者が利用可能な手段によって発見することができた最初の、疑う余地のない戦争の証拠であった[04]」のである。

古代における三種類の国家形成——ポリス、ライトゥルギー国家、宗教国家

エリコは新石器時代のこうした農業都市として残されたごくわずかな実例であるが、やがてこのような農業に従事する人々の都市が、侵略しようとする外部の勢力との戦争にそなえて統合されるようになり、こうして国家が形成されることになる。オリエントを中心としたこのような都市の統合による国家の形成のプロセスとして、ドイツの社会学者の**マックス・ウェーバー**（一八六四〜一九二〇）は基本的に三つの道筋があったと考えている。ウェーバーはまず古代の国家形成の土台となったのは、防壁をもった農民の共同組織だと考えている。自由な農民のすべてが土地を所有して、この組織に参加する。この組織に政治的な長が存在するのは戦争のときだけであり、年長者が助言を行う。ある氏族の長が戦争や裁判で名誉を獲得すると、この氏族が優先権をもつようになる。

そして優先権をもつ氏族が、ほかの氏族を圧倒するようになると、その長は王と呼ばれるようになる。ホメロスの『イーリアス』でも、王アガメムノンは、すべての民を支配する圧倒的な権力をもつ支配者ではなく、たんに同じように勢力をもつ氏族のうちで優勢な氏族の長であるにすぎない。彼は他の氏族の長と並び立つ同輩の中の第一人者にすぎないのである。それでもこのような王が選び出され、この王のもとで諸氏族は集まって城塞を構築し、都市に近いものを形成するようになる。これが城塞王政[05]である。この王は土地、奴隷、家畜、貴金属の所

有で、ほかの氏族の長よりも抜きんでるようになる。この城塞王政は、豊饒な土地によって地代を徴収し、貿易によって利潤を蓄積することで栄えることができる。

この城塞王政から三つの道が考えられる——ギリシアの都市国家のポリス、オリエントのライトゥルギー(国家奉仕義務)国家、ヘブライ人の宗教国家イスラエルである。

まずギリシアのポリスは、アテナイやスパルタのように、王が支配する城塞王政のうちから貴族制のポリスとして成立してきたものである。武装した貴族は、土地と奴隷を所有することで、都市のアクロポリスで貴族的な生活を送ることができる。このようなポリスは、地代を徴収できる平地の場所で、沿岸の貨幣取得が可能なところで成立することが多かった。

このポリスの政治的な特徴は、都市を形成する自由民によって国家の政治と軍隊が支えられており、王の直属の官僚制や王を長とする宗教的な体系のようなものをもたないことである。このようなポリスは最初は王政から離脱した貴族政を原則とするものであったが、やがてアテナイのように自由民が形成する重装歩兵によって守られる民主政のポリスへと発展する場合もあれば、スパルタのように貴族政の特徴を維持しつづけることもある。いずれにしてもギリシアの政治体制はこのような城塞王政からポリスの形成にいたる発展の道から生まれてきたわけである。

第二のライトゥルギー国家への道は、「官僚制をそなえた都市王制のいっそう原始的な諸形態から断絶することなしに発展してくる」[06]ものであり、その代表となるのが、オリエント古代の「啓蒙専制君主制」としての「独裁的ライトゥルギー国家」[07]である。この国家は、城塞国家において、第一人者としての王がやがて経済的に力を蓄え、軍事的な権力をもち、軍隊をそなえて他の国家を征服し、支配するようになることによって形成される。この専制的な国家では、国民は税金を貢納し、賦役労働を搾取される役割を果たすことだけが期待されている。やがて国民を統治する役人身分が、そしてこうした役人たちで作りだされる官僚機構が形成されることだろう。そして王は統治の正統性を確保するために、宗教的な神話と祭司たちの体系を確立することが多い。その場合にはこのような都市は王宮のある場所であると同時に、神殿の建設される場所でもある。軍隊と官僚機構と神官たちの宗教的なシステムを整備したこの王政から、独裁的な国家が生まれるのである。

この国家においては臣民は、国王の宮廷のための賦役と貢納を義務づけられ、国王が独占的な支配を行う。エジプト、バビロニア、ペルシアなど、オリエントの専制国家はこのようにして誕生する。このライトゥルギー国家の経済的な基盤は、臣民の奉仕にあるが、それには二つのパターンがみられる。エジプトのような国家では、一か所に収容された不自由労働者による経営、不自由な家内工業、小作制度による農耕の社会が形成される。あるいはバビロニアのように、私的な企業と私的な資本利用が重要な役割を果たすこともある。[08] いずれにしても自由なのは王だけであり、すべての臣民が王に隷属を強いられる。エジプトのピラミッドの建設は、こうした国家で隷属的な支配の対象となる臣民たちが、いかにその労働を搾取されていたかを象徴的に示すものであり、自由民が国家の基盤をなすギリシア型の都市国家との違いは明白である。こうした国家においては兵士は徴募することでほぼ無制約に利用することができた。戦争において兵士は使い捨てであったようである。

第三の道筋は、ヘブライ人の宗教国家である。ここでも王は誕生するが、それは臣民に奉仕を求めるのではなく、臣民の安寧のためには自らを犠牲にすることが求められる王である。臣民は王との間に特別な契約を結んでいるが、王そのものは神との間の契約の代理物にすぎず、存在しなくてもよいものである。祭司たちは王国の官僚的な構造の一部になるのではなく、人々の魂をみとるための司牧の任務につく。いずれ考察するように、このヘブライ人の国家はバビロンでの捕囚が終了したのちは神政政治の国家として成立するが、やがてはローマ帝国との間で、宗教的な自由と独立を守るための絶望的な戦であるユダヤ戦争を戦うようになる。この戦争に敗北したのちには、この国家は帝国の属州として存続することになる。

ライトゥルギー国家の戦争——アッシリアとペルシア

このような三つの類型のそれぞれにおいて、戦争は重要な役割を果たすことになる。古代においては中東からイタリアにかけて、後にアレクサンドロス大王が征服する地域が、歴史の中心としての位置を占めるのであり、この地域に形成されたそれぞれの国家は存続と独立を賭けた戦争を遂行することを強いられることになる。

まずライトゥルギー国家に成長するアジア的な帝国の原型とも言えるアッシリアという国家における戦争の役割について考えてみよう。メソポタミアの国家であるアッシリアはこの地域で最初に国家を形成したシュメールと同じように、灌漑農業による豊かな生産物に依拠した帝国であり、統治者である王は最高位の神官でもあったようである。この神権政治の国家は、戦争によって他国を征服しようとしなかったシュメールとは対照的に、侵略戦争によってメソポタミアで覇権を築いた。さらに毛織物などによる他の地域との交易も盛んだった。

紀元前七世紀のアッシュルバニパル王の時代を最盛期とする新アッシリア帝国は、紀元前八世紀のティグラト・ピレセル三世の時代に、メソポタミアからイスラエルにいたる広い範囲の諸国を戦争によって征服し、巨大な帝国を樹立した。この帝国は戦車を駆使することによって他の諸国を征服したことで知られる。アッシリアは戦車軍団の力で、「今日のアラビア、イラン、トルコ、シリア、イスラエルを覆いつくすはじめての多民族帝国となったのである。戦車が残した遺産は戦争国家だった。そして戦車そのものが遠征軍の中核となったのである」[09]。

アッシリアが滅亡した後に誕生した新バビロニア王国もこうした他民族征服政策を採用した。その後に小アジアからインダス河にわたる広大な地域を統一したのがアケメネス朝ペルシアである。ペルシアはこの戦車による戦闘方法を受け継いだ。ペルシア軍の中核は戦車軍団であった。ペルシアは「傭兵の歩兵部隊を作り、ペルシア貴族を騎兵として訓練したとはいえ、ペルシア皇帝が戦場に出るときは戦車軍団として出陣したのである」[10]。この帝国は、隷属した臣民を兵士として使いつくすことのできる専制国家として、近隣の諸国を戦争によって征服することで勢力を拡大したのである。

ペルシア戦争——ヘロドトス

アッシリアとバビロニアのあとを継いでこの地域を支配したペルシア帝国は、帝国に服従しなかったギリシア湾岸の小さな都市国家群を罰するために、紀元前五世紀に戦争を開始した。ペルシア帝国は、アッシリアや新バビロニアのように、異民族の絶滅を目指すような無法な帝国ではなかった。新バビロニアは滅ぼそうとする民を帝国の各地に分散して居住させ、民の風習と伝統をうしなわせるという方法を採用していた。バビロンに捕囚とされたイスラエルの民も、この政策が施行されていれば、滅びていたはずである。しかしペルシア帝国はそのような政策を採用せず、捕囚の民に集住を許可し、やがては故郷のエルサレムに帰国することを許した。これによってユダヤ民族はその伝統と宗教を喪失することを免れたのである。

しかしペルシア帝国は厳しい身分制度に基づいた巨大な帝国であった。身分が劣る人々は、「相手の前に土下座し、平伏する」[1]ことを強いられていた。この身分制度の根底にある考え方は、そのまま距離による国家の位格制度として表現された。「ペルシア人は自分自身につづいては、最も近い隣国の民族を一番尊重する。次は二番目に近いものというふうに、距離に応じて評価を下げてゆくのである。それで自国から最も遠くに住む民族は最も軽んずるわけで、それは彼らが自分たちは世界中でいかなる点においても格段に最優秀の民族であり、他の民族は今いったように距離に応じてその持つ長所の度合いが変わっていき、自分たちから最も離れているものは最も劣等だと考えているからである」[12]と古代ギリシアの歴史家**ヘロドトス**（前四八四頃〜前四二五頃）は説明していた。

このように自己中心的な思考をする帝国が、他の民族を尊重することはほとんどありえないことであり、他のすべての民族は帝国の命令に服従することが最善であるとみなされていた。このことは、ペルシア戦争に出陣したクセルクセス大王が、アジアとヨーロッパを隔てているヘレスポントス海峡（現在のダーダネルス海峡）に橋を架けようとしたときに、嵐のためにこの橋が破壊されると、帝国の命令に従わぬ不埒なものとして海を罰しようとしたことに象徴される。「その知らせを受けたクセルクセスは、ヘレスポントスに対して大いに怒り、家臣に命じて海に三百の鞭打の刑を加え、また足枷一対を海中に投ぜしめた。それのみか私の聞いたところによれば、ヘレスポントスに烙印を押させようと、その係りの者を鞭打役人とともに派遣したともいう」[13]のである。大自然を帝国の命令にしたがわぬ不埒なものとして、あたかも人間であるかのように罰するという着想には驚かされるが、大王はそれほどに帝国の威信と威力を誇りにしていたのだろう。

ペルシア帝国はこの帝国にまつろわぬギリシア系の諸ポリスを罰するためにヘロドトスによると総計五百万人以上の軍勢で討伐に向かったのだった。このような圧倒的な戦力差によって大王は自国の勝利を疑うことがなかったが、クセルクセス大王はこの戦争に先立って、スパルタ出身で、今は大王に従っているデマラトスを呼び寄せた。そしてペルシア兵は一人でギリシア兵三人を殺す能力があり、今回の戦争ではペルシアの軍勢は兵士の数だけでもギリシアを圧倒するものであることを指摘し、ギリシアの敗北は間違いないと語ったが、これに対してデマラトスは、スパルタは団結したならば世界最強の軍隊であると、次のように答えるのだった。

「それと申すのも、彼らは自由であるとはいえ、いかなる点においても自由であると申すのではございません。彼らは法《ノモス》と申す主君を戴いておりまして、彼らがこれを怖れることは、殿の御家来が殿を怖れるどころではないのでございます。いずれにせよ彼らはこの主君の命ずるままに行動いたしますが、この主君の命じますことは常に一つ、すなわちいかなる大軍を迎えても、決して敵に後《うしろ》を見せることを許さず、あくまで己の部署にふみとどまって敵を制するか自ら討たれるかせよ、ということでございます[14]」。

ペルシアの国王がいかに巨大な軍勢をもって押し寄せたとしても、そしてきわめて多数で有能な兵士たちがいかに大王に忠実に蛮勇を発揮したとしても、正義を定めた法を守るスパルタの自由な市民たちは、これに屈することがないと、デマラトスは誇らしげに宣言するのである。これはペルシアという巨大な大国の傲慢な欲望に、スパルタやアテナイという小さなポリスが、自由と正義という理念のもとで抵抗し、独立を維持することができたことの秘密を明らかにした逸話だった。

「武装したポリス」としての重装歩兵軍団

この戦争は、巨大な富と権力に依拠した「独裁的ライトゥルギー国家」が、国王に服従する臣民たちを兵士とする大軍の力で戦う戦争において、かならずしも勝利を収めることはできないことを示す歴史的な事件となったのだったが、この戦争においてギリシアのポリスが自由と正義の理念を掲げることができたのは、ギリシアのポリス、とくにアテナイのような民主政のポリスにおいて、市民たちが自分たちの国家を守るために戦う姿勢を示し、実際に重装歩兵の軍隊を形成して、まとまって抵抗することができたからであった。ここでこのようなアテナイの重装歩兵の軍隊がどのような経緯でペルシア戦争を戦い抜くことができたのかを考えてみよう。

ギリシアにおいて重装歩兵の軍隊が登場したのは、民主政が確立されてからのこととみられる。ホメロスの『イーリアス』においては、戦闘はまだ英雄による騎士どうしの決闘のような戦いとして描かれている。都市国家トロイアの総帥である貴族のヘクトールは、ギリシア軍の英雄であるアキレウスが出陣を拒んだために親友であった彼の鎧を借りて出陣したパトロクロスとの一騎打ちを目指して馬で駆け寄る。「ヘクトールは他のダナオイ人《びと》は殺そうとせず、放っておいて、ただパトロクロス一人を目がけて鋼《かた》い蹄の馬を遣れば、此方のパトロクロスも、馬から地上へ、跳んで降りる、左手に槍をひっ抱え、片手にはぎざぎざとして角立《かどだ》った石の塊の、手がすっかり蔽いかぶさる程のを掴んで[15]」。この一騎打ちでパトロクロスはヘクトールの槍に貫かれて落命するのである。

こうした戦いでは相手に向かってどのような言葉をかけ、どのようなやり取りをするかが重要な意味をもつ。しかしこうした騎士道的な戦いはやがては時代遅れとなる。無名の平民たちによる重装歩兵が密集してファランクス隊形の集団を作り、こうした集団どうしでいかなる言葉のやり取りもなしに激突して戦いあう戦闘へと変わっていくのである。「多数の市民的農民と貴族の歩兵からなる密集隊形であるファランクスが原初的なギリシア都市国家で出現し、騎乗した貴族とその配下に代わって、ギリシアの戦争において支配的な役割を果たす[16]」ようになったのである。

この戦い方は、貴族たちのように馬ももたず、槍で戦うすべを知らない農民たちが、集団となることで自分の身を守りながら相手を圧倒するためにみいだされた方法だった。ウェーバーはこれについて「農業の販売の機会が発展し、他方では軍事技術が変化する。その結果、甲冑武装する軍務にたずさわりうる経済的能力をもつ土地所有者の範囲は拡大されることとなった。また、外部からたえず脅威をうけているため、武装を自弁し戦争を遂行する経済的能力あるひとびとのあらゆる層の武装力をもいやでもおうでも徴用せざるをえなかった[17]」と説明している。

この重装歩兵の軍団の戦闘力は高く、やがて貴族も馬から降りて歩兵として戦うようになる。このようにしてポリスにおいても重装歩兵として戦う平民たちの力が強くなり、これがポリスにおける民主政を強める結果となった。古代ギリシアの哲学者の**アリストテレス**（前三八四～前三二二）は『アテナイ人の国制』において、前七世紀の立法家のドラコンの時代に自費で武装することのできる平民だけが参政権を与えられたと説明している。「参政権は自費で武装し得る人々に与えられていた。（中略）また参政権のある者の間から抽籤で選ばれた四百一人が評議する定めであった[18]」。このようにして平民に参政権が与えられ、平民たちが戦場で活躍するとともに、ポリスの民主政は発展し、平民たちに自分たちの国を守るという気概が生まれたのはごく自然ななりゆきだっただろう。「ポリスでの重大な義務は、戦時にその地を守ることにあった。（中略）アテナイでさえ一七〜五九歳までの男子市民は必ず兵役につかなければならなかった。したがってファランクスとは武装したポリスであり、市民たる兵士によって構成される平等主義に基づく組織であって、傭兵であれ職業軍人であれ、召集兵にはありえないような愛国心に燃えていた。それはまさに最前線を物理的に象徴する存在であった。ファランクスでは武器はほぼ同じである点を考え合わせると、［ペルシアのような］中東の国々の軍隊には決して見られなかったタイプの軍隊であったことがわかる」[19]のである。

　このような民主政のもとで政治に参加するようになった市民が、戦争において自分の国を守る気概をもつようになったことには、アテナイにおけるイセゴリアと呼ばれる平等な発言の権利が密接に結びついていると考えられる。これについてはヘロドトスの証言がある。ヘロドトスはアテナイが強大な国家となるにあたっては、「発言の平等（イセゴリア）ということが、たんに一つの点のみならずあらゆる点において、いかに重要なものであるか」[20]が明らかだったと主張しているのである。アテナイが僭主政治の独裁下にあったときは、「近隣のどの国をも戦力で凌《しの》ぐことができなかったが、独裁者から解放されるや、断然他を圧して最強国となったからである」[21]という。というのも、独裁者のために働くことは好まず、「故意に卑怯な振る舞いをしていたのであるが、自由になってからは、各人がそれぞれ自分自身のために働く意欲を燃やしたことが明らかである」[22]という。なおこのイセゴリアの権利とともに、真実を語ることというパレーシアの権利もまた、人々の自由な発言と民主政への自主的な参加の気持ちを強めたのだった。[23]

後にギリシアの諸ポリスを征服し、インドとの国境にいたる巨大な帝国を築き上げたアレクサンドロス大王の率いるマケドニアの軍隊も、この重装歩兵軍団を中核としていた（ただしマケドニアの重装歩兵の部隊は他の国の部隊よりも長い槍をもっていて、白兵戦においてはとくに有利であった）。

バビロンの捕囚とローマとの対立

ところですでに述べた三種類の国家形成パターンの三番目は、ヘブライ人の宗教国家であるイスラエル王国であった。イスラエルはユダヤ教の国家であり、ペルシアによって捕囚から解放されたユダヤ人たちが、築き上げた国家であり、これまでの二類型とは異なり、ただ一つの特異な実例としてウェーバーが挙げたものである。イスラエル王国はのちに北部のイスラエルと南部のユダに分裂したが、二つの帝国によって二度にわたって捕囚を経験している。最初の捕囚はアッシリア帝国によるものだった。アッシリアのサルゴン二世の時代に、北部のイスラエル（サマリア）は占領され、「被征服民交換政策をサマリアに適用し、強制移住によってサマリアの指導者層をアッシリア領内の各地にばらまき、その替りにやはりアッシリアによって征服された複数の異民族をサマリア地方に入植させた[24]」。このアッシリアによる被征服民交換政策は、サマリアの人々を各地に散らせて、現地の住民と混淆してしまうものだった。そしてもとのサマリアの地には、アッシリアが征服した他の地域の異民族の人々を入植させた。このような占領・移住政策は、「被征服民の民族性を解体し、主体性も個性も持たない非力な混合体としての被支配者層を作り上げる」[25]ものであったためにきわめて効果的なものだった。

これによってサマリアの人々は宗教的なアイデンティティを喪失し、民族的な自覚を喪失することになった。北王国のこれらの部族は、「失われた十部族」[26]と呼ばれるようになる。イエスの頃には、かつての北王国のサマリアの地に住む人々は、もはやユダヤ人としては認識されていない。「善きサマリア人」のたとえでは、サマリア人は異邦人として語られているのである。

これに対して北王国が滅亡した後に存続した南部のユダ王国で行われた第二回のバビロン捕囚は、いくらか事情が異なっていた。アッシリアが滅亡した後に、新バビロニア帝国がエジプトと覇権を争っていたが、パレスチナは新バビロニア帝国の支配下にあった。新バビロニアのネブガドネツァル王がエジプト侵入を企てて、敗退しており、前六〇一年頃にユダヤ王国の王ヨアキムはバビロニアへの貢納を中止して、反逆を起こした。しかし期待していたエジプトからの援助はえられず、ユダ王国は敗退し、エルサレムを開城して降服した。そしてユダ王国の支配層の人々を中心に多数のユダヤ人家族がバビロンに捕囚として連れてゆかれた。これがバビロンへの第一次捕囚である。

やがて前五八七年頃、ユダ王国でバビロニアに反逆する試みがみられたため、ネブガドネツァル王によってエルサレムが占領され、ユダ王国は滅びることになる。そして残っていたユダヤ人の人々のほとんどを、バビロンに連れ去ったのだった。これがバビロンへの第二次捕囚である。

この二回の捕囚では、アッシリアによる最初の捕囚とは異なり、ユダヤ人たちはまとまってバビロンにとどめおかれて、ユダヤ教の指導者たちのもとで、故郷を懐かしむ余裕があった。ユダヤ教という宗教だけが、捕囚の地においてユダヤ人としてのアイデンティティを維持するための絆だった。このような政策が採用されたのは、新バビロニア王国がユダという国家を残しておくことによって、「エジプトとの緩衝国の役割を果たすことを期待した」[27]からかもしれなかった。

やがてペルシアが新バビロニア王国を滅ぼすと、捕囚の民はユダヤの故郷に帰還することが許され、エルサレムの神殿も再建された。捕囚たちは、モーセ五書と呼ばれるようになる書物を発見して、律法を再確認し、ユダヤ教の体系を確立し、異邦人を排除したユダヤ人の国家を構築しようと試みた。このようにして教義をもつ宗教体系としてのユダヤ教は、この時期に確立されることになる。

ペルシア帝国が支配を維持していたあいだは、ユダヤ人たちはずっと帝国の属国として、ペルシアに忠実だった。ペルシアは宗教的な自由を認めたために、政治的な独立を喪失しても、ユダヤ人としてのアイデンティティを維持することができたのである。このようにしてユダ王国という国家は、ユダヤ教という宗教を存在理由として存続する国家となったのだった。しかしやがてペルシア帝国はアレクサンドロスによって倒され、ヘレニズム時代が訪れる。その後にユダ王国はローマ帝国に征服され、その属州とされた。ローマ帝国では、最初は皇帝の神格化を拒んでいたが、この頃から皇帝はみずからを神と自称するようになった。その論理を皇帝のガイウス自身が語っているので、皇帝の論理を確認しておこう。当時、エジプトのアレクサンドリアで、ユダヤ人の激しい迫害が行われ、これに抗議し、再発を防ぐために、フィロンという哲学者がローマを訪問しており、このとき皇帝ガイウスが神とみなされるべきかどうかという問題が発生した事情について証言している。

皇帝は次のような理由で自らは神であると考え始めた。「他の生き物たちの群れを率いる者たち、すなわち牛追いや、山羊飼い、羊飼いたちみな、牛でも山羊でも羊でもなくて、少しばかりましな運命（モイラ）と丈夫な体に恵まれた人間さまだ。同じようにして、人間という最高の種族の群れを率いる予もまた、彼らとは異なって、人間さまではなく、もっと大きな神的な運命をもつ者とみなされねばならない[28]」。

これはある意味では、ユダヤ人にとっても馴染みの司牧者の比喩に基づいた議論だった。ユダヤの預言者たちは、王を羊飼いに、民を羊になぞらえられて語ることが多かったからである。しかし王は神から羊飼いであるように命じられただけであり、神とひとしい存在であることは、厳しく否定されていた。ガイウスはこの司牧者の議論を拡張して、その否定の枠組みを外してみせたのである。そして皇帝は司牧者であり、民である羊たちを導く神にひとしい存在だと主張しながら、エルサレムの聖所に自分の像を飾るように要求したのである。

ユダヤ戦争と聖戦の思想

ユダヤ人たちにとっては、ガイウスの像を聖所に入れるということは唯一神であるヤーヴェの権威を否定することになる。ところがそれはローマ皇帝のガイウスにとっては、自分が神であることを正面から否定するものとしか考えられなかった。フィロンはそのことを熟知していた。このガイウスの要求を耳にしたとき、フィロンはガイウスがそのように要求した理由を次のように説明している。「彼は神とみなされることを望んでいるのです。そして、納得しないのはただユダヤ人だけだと想像し、彼らには神殿のもっとも神聖な場所の破壊以上に大きな一撃を加えることはできないと考えたのです[29]」。

こうして争点は明確になった。ユダヤ人たちはローマ皇帝を神と認めて、ユダヤ人たちの神を否定するか、皇帝を神と認めずに、ユダヤ教の教えを堅持して、帝国の軍隊によって聖所と国家を破壊されるかのいずれかだったのである。純粋なユダヤ教を確立することで国家を形成していたユダヤ人たちにとっては、答えは一つだった。

ローマ皇帝を神として認めよという命令に対して、ユダヤの人々みずからの死をもって抵抗しようとした。死んでしまえばもはや、皇帝の望んだように奴隷として売ることもできない。奴隷になるのを避けるために、みずから命を捨ててしまおうというのである。そして生命を捨てるということでみずからの信念を守るための聖戦という宗教戦争がここで始まる。この信念の確立にあたっては、ユダヤ人たちがこの時代に「死後の世界」という新しい思想を構築していたことが大きな力となったと考えられる。信念のために命を賭けても、死後の世界で報われると考えれば、決して惜しい命ではなくなるだろう。そのことは、黄金の鷲を破壊するように唆《そそのか》したラビたちが「このようにして死ぬ者たちの魂は不滅で、至福の中に永遠に浸れる」[30]と語っていたことからも明らかだろう。そして捕らえられた若者たちも、まったく死を恐れていない理由を尋ねられて、「われわれは死後、もっと多くの至福を味わうからです」[31]と語っていたのである。

この死後の至福の思想は、「敬虔なる者の殉教という不条理を克服しようとする新しい信仰の芽生え」[32]であるとともに、純粋な信仰を守るために、権力に抵抗して進んで死ぬという殉教の思想の萌芽だった。この死後の栄誉の思想は、現代のイスラーム原理主義の聖戦の思想においてもその力を失わない宗教戦争の思想の源泉となったのである。

このようにしてローマ皇帝と帝国への反逆の道が選択され、戦端が開かれた。この後は母親が子供を殺して食べてしまうような激しい飢えに耐えながらのエルサレム攻防戦、エルサレムの陥落、そしてマサダ砦での集団自殺に終わるまでの陰惨で長い戦いによって、聖戦の歴史の最初の一幕が閉じられる。

第2節 ローマ帝国と戦争

ローマ共和政と戦争

共和政のローマにとって戦争とは、エトルリア戦争に勝利して自国を防衛した後は、近隣の諸国を征服して、領土を拡張するための戦いであった。帝国となったローマはまずイタリア半島を征服するための戦闘をつづけ、征服した諸国とのあいだでは同盟関係を締結するか植民市とした。さらにイタリア半島の外部の諸国とも戦い、征服した。最大の版図は、イングランドにまで達する広い範囲の領土であり、この領土を支配することでローマの平和「パクス・ロマーナ」を実現したのだった。

ローマの戦争方針で注目に値するのは軍隊の組織における変化である。共和国だったローマの軍隊も当初は、ギリシアやマケドニアと同じようなファランクスの密集隊形の部隊による戦闘方式を採用していたが、やがてファランクスはローマ風の軍団に組織替えされ、「二つのケントゥリア（百卒隊）からなる数個のマニプルス（中隊）」[01]を採用するようになった。というのもギリシアから受け継いだファランクスには重要な欠陥があったからである。

ギリシアにおいて重装歩兵の部隊が採用されたのは、兵士たちが戦闘の経験のない自由な市民で構成されていたからである。ファランクスにおいては兵士は槍を持ち盾で身を守るが、左手に持った盾では半身しか身を守ることができない。この盾では同時に、盾の左側にいる兵士の身体も守るのである。守られた左側の兵士の持つ盾は、同じように左側にいる兵士の身体を守る。だからこの部隊はバラバラになるとその力を失うのである。そしてこのようなファランクスがその隊列を維持することができるのは、平原のような平坦な場所でなければならない。足元が定まらない山地のような場所ではそもそもこのような隊列を組むことができない。

これに対して共和政のローマでは、最初は市民が兵士となったが、召集された市民は戦争の時だけに戦う兵士ではなく、長期間にわたって兵士としての務めを果たすことを求められた。このため経験を積んだ兵士たちは、兵士として務める期限が終わっても帰る場所もなく、軍隊に古参兵として留まることが多かった。さらに帝国になってからはローマの軍隊は専門の兵士たちだけで構成されるようになる。このような兵士たちは戦闘の経験を積んで専門的な技能を獲得するようになる。さらにローマ軍は帝国の各地に遠征するようになり、山地のような平坦でない場所で戦うことも多くなる。そうなるとファランクスで隊列を組んでいたのでは戦うことができない。やがて兵士たちは槍と盾で身を守りながら、自分の戦闘技術を生かして敵と一対一で戦うようになる。このようにしてローマ帝国の軍隊は、部隊としてよりも個人の技能を生かした職業軍人の部隊となったのである。

ローマは他の諸国を征服しながら、戦後の和解のプロセスにおいて、征服した諸国に同盟関係や属州としての関係を構築し、帝国に一体化することを試みた。例外と言えるのは激しい戦争を展開したカルタゴであり、ポエニ戦争の後、カルタゴは国家としては破壊された。ただし戦争の相手が国家ではない場合には、ローマは交戦相手を破壊し尽くすのがつねだった。とくに共和政の末期イタリアで発生した奴隷叛乱であるスパルタカスの叛乱はその好例であろう。

すでに確認したように、ユダヤ人たちのローマ帝国との戦いは、マサダ砦で終末を迎えた。しかしこの戦いはたんにユダヤ教という宗教とローマの皇帝崇拝の間の宗教的な戦いであっただけでなく、ある意味ではローマ共和国時代からつづいてきた属州とローマとの世俗的な戦いの一つの実例でもあった。抑圧されたのはユダヤ人の国だけではなく、帝国各地の属州も厳しい抑圧に苦しめられていたのである。

ローマは征服した諸国を異なる形で位置づけることによって、征服された諸国が連帯してローマに抵抗することがないように、工夫をこらしていた。イタリアの諸部族の国は、ローマの同盟者として扱われた。ただしこれらの諸国は対等な扱いではなく、あくまでもローマに従属する国として好意的に取り扱われたのだった。ローマの社会には、保護者であるパトローヌスとそれに庇護されるクリエーンスが存在していて、庇護民は自由を半ば喪失しながらも、保護者の庇護を頼りにすることができた。同盟国もこれに準じて扱われた。「同盟相手国は重要な点で行動の自由を制限されたり、取り上げられていて、事実上イタリアきっての強国ローマの政治的主導に服した」[02]のだった。

これに対してイタリア外部の諸国は征服された後は、ローマに対して自由国としての関係を結ぶ場合と、属州として支配される場合があった。自由国はマッシリアなどのように、かつて攻守同盟を締結していた国として、ほぼ主権を維持できる場合もあったが、多くはローマに政治的に従属させられ、不平等な同盟関係にある国だった。それでも自由国であるかぎりでは、その国の国家的な支配権は承認され、ローマの総督や公職者が支配することはなく、貢租やローマ軍の駐留も免除された。

他方でユダ王国のように属州とされた国は、自由国と違って厳しい貢租を課せられた。「諸属州は第一に定額の税を貨幣ないし現物で納入せねばならず、次に間接税、関税、各種用役料などをローマに納め、最後に統治のための総督徴発権に服した」[03]のだった。そしてユダ王国に任命された総督フロロスの場合のように、貪欲な人物が総督に任命されると、属州はその抑圧にあえがねばならなくなる。帝国時代には少し改善されたようだが、ローマ共和国の末期には、属州の総督に任命されることは、巨額の富を手にいれる手段を獲得するということだった。というのも、共和国時代のローマの政治家たちは、公職につくためには、民衆を喜ばせるために多額の出費を強いられたために、資金を調達する必要があり、そのためには属州の支配は、もっとも手軽な資金調達の手段だったからである。

そして選ばれて総督の職に就いた人物は、数年間を属州の統治に携わり、「わずか一年かそこらの属州滞在期間を、何はさておき、従来の公職歴に要した出費を回復し、今後の公職に必要な資産を獲得すべき機会とみなし、この機会をあくまでも利用し尽くした。これに対して属州民は無力も同然だった」[04]のである。属州がすでに任命されている総督を変更してもらうには、ローマの支配者と元老院に嘆願するしかなかったが、それが成功する可能性はほとんどなかった。

ユダヤ戦争の勃発は、このようなローマによる厳しい属州の搾取を前提に考えなければならない。実際にローマ国内ではもはや市民への課税は消滅していた。「前一六八年以降、ローマ国家はもはやローマ市民から税を取る必要がなくなった。出費はすべて諸属州が賄ったのである」[05]。市民たちに不満が生じないように、税金を徴収せず、優遇するためにも、属州は搾りとるだけ搾りとられたのである。

しかしこれは別の要因から、ローマの共和制を脅かす巨大な危機をもたらした。その危機の構造を考えてみよう。ローマは多数の戦争で諸外国を征服し、服属させ、多数の奴隷をローマに連れて帰った。将軍の凱旋は、奪った富の大きさと奴隷の数の多さで祝われたほどである。この奴隷は無料の労働力として利用された。この無料の労働力を利用して、大規模な農園経営が成立した。

ローマの市民たちは兵士として召集され、長年の軍役で畑を耕すこともできず、土地を奪われることになった。ローマではやがて大規模な農園が成立するが、そこを耕すのは、生活が苦しくなった市民ではなく、奴隷市で購入された安価な奴隷だった。こうした農園で生産される穀物は安価であり、さらにローマで消費される穀物の多くは「属州の年貢か、その種の強制徴発物であり、ローマにとっては無料同然であった」[06]。そのため小農の穀物栽培経営は経済的に成立しなくなっていった。このことは、ローマ共和国の社会の根幹である小農たちが姿を消してゆき、大土地所有制が支配的になるということだった。

こうして市民たちは無産大衆として都市に集まるようになる。属州から集められた穀物は、「民衆への無料配付の形で、人気を呼ぶ選挙宣伝手段としてしばしば利用された。こうしてイタリアは広範囲にわたって荒廃し、かつての健全な農民人口を失った」[07]のだった。パンとサーカスの時代の到来である。サーカスとは、現代の意味のサーカスではなく、競技場で行われる剣闘士奴隷のグラディエーターたちの殺し合いのゲームであり、ローマの大衆はこれに熱狂したのだった。

スパルタカスの叛乱の発生

このようにして働かされる奴隷たちの数は膨大なものだった。イタリア全土で百万人を超えていたとみられている。その生活は苦しく、不自由なものだった。マックス・ウェーバーはこうした生活について、古代の著作を引用しながら描写している。彼らは奴隷宿舎に閉じ込められた。婚姻も所有も認められなかった。奴隷には軍隊式の厳しい調教が課せられた。奴隷はしばしば鎖につながれ、「〔共和政ローマの政務官の〕ウァロによると、朝には十人ごとに隊伍を組んで出発し、かれらを鞭打つ者たちに追われて労働に赴く」[08]のだった。

この奴隷制はローマだけではなく、シチリアなどの属州でも採用されていた。シチリアは当時のローマの穀倉の一つであり、ここから多量の穀物がローマに供給されていた。やがてシチリアで奴隷たちの大叛乱が発生するようになる。それだけではなく、ギリシアや小アジアの属州でも、多数の叛乱が発生していた。これらはユダヤ人たちの叛乱と同じような「民族的な蜂起」としての性格を帯びていた。「経済発展のために没落した無産者層と、自由を呼び掛けられた奴隷たちを担い手として、社会革命の性格をもっていた」[09]蜂起だったのである。

そして前七三年、お膝もとのイタリア南部で、大規模な奴隷叛乱が発生した。映画『スパルタカス』でも有名になったスパルタカスの叛乱である。その中心となったのは、奴隷とされ、他の奴隷たちを殺すように訓練された剣闘士奴隷グラディエーターたちだった。**スパルタカス**(?〜前七一)はバルカン半島の一部を占めるトラキア生まれで、かつては自由人であり兵士だったが、ローマによる数度のトラキア征服の際に奴隷とされ、カンパニア平原のカプアでグラディエーターとして鎖に繋がれていたのだった。

七十名ほどのグラディエーターを伴って宿舎を脱走したスパルタカスたちは、近くの農園などを略奪することで勢力を拡大していった。この叛乱を率いたのはグラディエーターたちであったが、兵士の主力となったのは、奴隷たちだったようだ。この叛乱はすぐに人々の耳目を集めるようになり、多数の奴隷たちが仕事を捨て、武器をもってこの叛乱に参加した。やがてこの軍隊は南イタリアを席巻して、たちまち七万人の奴隷軍に膨れあがったのである。

この軍隊に参加したのは、奴隷だけではなかった。「奴隷では剣闘士奴隷、牛飼や羊飼、脱走奴隷、武器を鍛造する奴隷、エルガストゥラ［仕事場］からの奴隷、女予言者、犠牲をささげる女等々があげられ、自由民では農村からの自由民、賤民、ローマ軍からの逃亡者等々があげられる」[10]のだった。この叛乱軍は厳しい規律のもとで「〈原始共同体〉的構造」[11]をそなえていたとされたが、これは「スパルタクスが分捕品を平等に分配し、その陣営内で誰も金銀を個人的に所持してはならないと命令している」[12]ことから想定されたものである。

このスパルタカス軍の特徴は、軍の評議会での大衆的な討論によって方針が決定されていたということにある。スパルタカスが指導者であったのも、大衆によって選ばれたからである。これはゲルマンやガリアの社会ではごく通例のことであった。共和政ローマ末期の政務官であった**ガイウス・ユリウス・カエサル**（前一〇〇〜前四四）はこれよりも数十年後のガリアの部族の軍隊について次のように語っている。「部族が戦争したり、しかけられて防いだりする場合には、戦争を指揮して生死の権を握る首領が選ばれる。（中略）会議で有力者の中の誰かが自分で指導者となろう、賛成の者は出てくれ、という時、その目的と人物を認めれば、立ち上がって助力を約束し、その人は皆の喝采をうける」[13]。ゲルマン民族については歴史家**コルネリウス・タキトゥス**（五五頃〜一二〇頃）が「彼らは王を立てるにその門地をもってし、将領を選ぶにその勇気をもってする」[14]と語っている。すでに紹介した獲物の平等な分配とともに、これは原始共同体にみられる民主的なありかたの特徴である。

スパルタカス軍でも投票によって三名の指導者が選ばれた。スパルタカス、クリコス、オエノマウスである。オエノマウスは蜂起の初期の段階の戦闘で倒れたが、スパルタカスとクリコスの二人は軍の指導者として協力して軍を導きつづける。さらに戦術の決定についても軍会で議論が行われ、指導者は軍会で決定された方針を尊重したようである。この軍隊は、古代のゲルマン民族的な原始共同体的な合議制によって、その方針を決定したのである。軍の方針が兵士たちの合意と合議のもとで行われることが、この軍がローマの軍隊と比較して優れた力を発揮できた理由でもあり、その敗北の間接的な原因でもあった。

スパルタカス軍は故郷に戻るためにイタリアを北上してアルプス越えを試みる。スパルタカスが提案したのは、イタリア半島を横断して、アルプスを越え、ガリアとゲルマンの故郷に戻るという方針だった。「彼が提起したのは、生きて故郷に帰って、かつてのような自由な生活をすることのなかにこそ、蜂起以来、一貫して彼らが追求してきた自由の永続的な保証の道があるということだった」[15]。しかしこれに挫折し、やがてイタリア半島を南下して、やがてローマ軍と白兵戦になった。厳しい戦いでスパルタカス軍は分断され、やがて個別に撃破されていった。この戦いで殺戮された奴隷は六万人とされる。「戦場でローマ軍の捕虜になった奴隷六千人は、ローマからカプアまでのアッピア街道に、見せしめのために十字架にかけられ、鳥のついばむにまかされた」[16]という。奴隷たちの自由への夢は、他の多くのローマへの叛乱と同じように、ついえたのだった。

スパルタカス軍の蜂起の遺産

スパルタカス軍との戦争は勝利に終わったものの、ローマにとっては悪夢のようなものだった。身近で奴隷として酷使している者たちが、兵器をとって立ち上がり、人間らしい暮らしを要求し始めたからである。かつてのシチリアの奴隷叛乱も穀物の供給にとって大きな妨げとなったが、遠隔の地のことだった。しかし今回の叛乱では、イタリア国内で、しかもローマのすぐ近くで奴隷たちが蜂起し、支配者たちを殺害したのである。

この悪夢はその痕跡を残した。まずローマは奴隷たちの取り扱いかたを変え始めた。奴隷から鎖が外され、財産を分け与えるようになったのである。かつては「もの言う道具」とみなされていた奴隷たちに、結婚を認め、子供たちを育てることを許し、財産を与えることで、人間らしい扱いをするようになっていった。

やがて奴隷たちは農奴となり「農具・家畜などを主人からもらい、主人の土地を小作し、生産物の一部をみずからのものにする小作奴隷」[17]になる方向に進み始めた。中世のコロヌスに近いものに変わり始めることになる。これは戦争としては空しく終わった奴隷叛乱がローマに残した第一の遺産だったと言えるだろう。

第二に奴隷叛乱と、それに対するローマ軍の無力さは、それまでの共和政の政治体制の抱える問題を露《あらわ》にした。奴隷軍を打ち破ったのは、伝統的なローマ軍と元老院に指名されて軍を率いる将軍ではなく、私的な軍隊を抱えるクラッススやポンペイウスなどの軍閥の有力者たちだった。自由な農民で構成された伝統的なローマの軍隊の精神が、奴隷制度のもとで崩壊し、大量の精鋭の兵士たちを私的な軍隊として擁する有力者たちだけが、ローマを守ることができたのである。ここからカエサルの帝政の開始へは、あと一歩にすぎない。奴隷叛乱のもうひとつの遺産は、共和政から帝政への転換を促したことにあると言えるだろう。

第三の遺産は、精神的なものである。七万人の奴隷軍が自由を求めて蜂起した戦争が失敗に終わったことは、社会のうちで抑圧されていた人々に深い絶望をもたらしたに違いない。ローマは帝政になってさらに強力になり、遠くブリタニアまでも征服する巨大な帝国を構築する。帝国のうちで抑圧に苦しむ人々は、もはや叛乱による解放は望めなくなった。「原始キリスト教がこうした状況のなかで、急速に奴隷・下層民にひろがっていったのは偶然ではない」[18]のである。もはや彼岸にしか、救いの場を求められなくなってきたのである。

キケロの正戦の思想

このように共和政のローマは、この奴隷たちとの戦争を一つのきっかけとして、帝国への道を歩み始め、やがてキリスト教を国教として採用するようになる。このキリスト教の国教化は帝国と帝国の営む戦争にとっては非常に重要な意味をそなえていた。ただし次の節で改めてこの問題を考察する前に、共和国時代に「正義の戦争」という概念が登場してきたことに注目しよう。ユダヤ戦争は彼岸での救済の思想に支えられた聖なる戦争という概念を作り出した。これは宗教的な戦争の理念であり、キリスト教国となったローマ帝国でもやがてはこうした聖戦の概念が重要な意味をもつようになる。しかしここで提起されたのは聖戦の思想ではなく、共和国のローマらしい正義の戦争としての正戦という概念だった。こうした正義の戦争という概念を提起した初期の思想家としては**マルクス・トゥッリウス・キケロ**（前一〇六～前四三）をあげることができる。

キケロは争いを解決するための方法としては、戦争という手段は言葉を使った説得よりも劣ったものであると考えていた。「国事に関してもっとも守られるべきは戦争の正義である。戦争の決着方法は二種類、論議を用いるか武力を用いるかである。このうち前者は人間特有のものであり、後者は獣のなすところであるから、後者の手段に訴えるのは前者が通用しない場合にかぎらねばならない。それゆえ、戦争を起こす理由は不正のない平和な生活のためであらねばならない一方、いったん勝利を得られれば、戦争中に残忍でも野蛮でもなかった人々の命は守られねばならない」[19]と考えていたのである。

また「理由なしに企てられたある戦争は不正である。なぜなら、復讐あるいは敵の撃退という理由以外に、いかなる正しい戦争も行うことはできないからである。いかなる戦争も、もし宣言と通告が行われず、賠償請求のためでないなら、正しい戦争とはみなされない」[20]と断言していた。

それでも戦争をしなければならないのであれば、その戦争は正義の戦争でなければならない。

マルクス・トゥッリウス・キケロ

Marcus Tullius Cicero
B.C.106-B.C.43

古代ローマの政治家、哲学者、弁論家。法定弁論家として活躍するかたわら政界に進み、最高位の公職である執政官《コンスル》となる。共和政擁護の立場からカエサル派と対立し亡命。帰国後、『国家について』『法律について』などを執筆。カエサルの死後、その後継者アントニウスに暗殺された。

キケロは戦争が正義の戦争となるための条件をここで二つ提起している。キケロは正義についてアリストテレス的な配分的な正義を考えている。「彼のものは彼に、我のものは我に」というのがこの正義の基本的な考え方である。「賠償請求のため」も「復讐あるいは敵の撃退のため」も、次に引用する「公式の原状回復要求」という根拠も、この配分的な正義の概念に依拠した戦争の根拠である。また戦争を開始するためには、それが戦争であることを相手に通告してから行う必要があると考える。そのため「公式の原状回復要求、あるいは事前の通告ないし宣言を経ないいかなる戦争も正当ではない」[21]とされるのである。この通告の規定についてはさらに共和政以前のローマの伝説的な王であったホスティーリウス王が「戦争を布告するための法を定めた。彼はそれ自体きわめて合法的に創始されたこの法を軍事祭官の儀式によって神聖なものとなしたので、告示され通告されない戦争はすべて不正であり不敬であるとみなされた」[22]ともされている。これらの正戦の二つの根拠は後にローマ法において、開戦法規（ユス・アド・ベルム）の責務と、交戦法規（ユス・イム・ベロー）の責務として正式に定式化されることになるだろう。

第3節 帝国とキリスト教

キリスト教と皇帝崇拝――パウロ

このように前一世紀の奴隷たちの叛乱であるスパルタカスの叛乱は、ローマを共和政から帝政へと導く一つのきっかけとなった。私兵を蓄えた実力者の政治家が国家の実権を握ることによって、共和国を帝国に変えていったのである。二世紀のユダヤ人たちの叛乱は、そのローマ帝国の過酷な属州統治のもとで発生した。ユダヤ戦争の結果、エルサレムの神殿は破壊され、ユダヤ人の国家は消滅した。ユダヤ人たちはディアスポラの土地で、その信仰を守った。そしてユダヤ人の国で生まれ、ローマで流行したキリスト教はやがて四世紀には帝国の国教として、帝国を導き、保護するようになる。

最初はユダヤの過激なエッセネ派に近い分派として登場したイエスとその使徒たちの教会は、イエスの死後、**使徒パウロ**（〜六〇頃）の指導のもとでユダヤ教の狭い境界を突破した世界的な宗教にふさわしい理論を構築した。イエスが刑死した後、使徒たちは呆然とし、途方に暮れた。信徒たちは救い主のメシアであるはずのイエスが、救いをもたらすことなく、泥棒たちとともに、不名誉な十字架での磔刑に処せられるという絶望的な事態に立ち向かわねばならなかったのだ。この事態をどのようにして正当化するかに、原始キリスト教のすべてがかかっていた。

そのときにパウロを中心とした原始キリスト教団は、イエスがメシアであり、キリストであると主張し始めた。そしてイエスが刑死したのは、人間そのものにそなわる「原罪」を贖《あがな》うためであるという奇抜な論理を展開した。イエスはたしかに泥棒たちと同じように刑死したが、それは盗みの罪を犯したからではなく、人間の根源的な罪を、「わたしたちの罪」を贖うために死んだのだと主張したのである。

この人間の根源的な罪、原罪という思想は、パウロが構築したもののようである。パウロは、この人間の根源的な罪は、アダムが犯したものであり、この罪は原罪としてすべての人間を罪深い存在としていると、次のように語っている。「このようなわけで、一人の人によって罪が世に入り、罪によって死が入り込んだように、死はすべての人に及んだのです。すべての人が罪を犯したからです」[01]。イエスはこのすべての人の罪を贖うために死んだというのである。「しかし、わたしたちがまだ罪人であったとき、キリストがわたしたちのために死んでくださったことにより、神はわたしたちに対する愛を示されました」[02]というわけである。

人間は両親が性交という「罪深い」行為をなすことなしに生まれることはないのであり、これこそが根源的な原罪であるとパウロは主張する。この罪は、ユダヤ人だけでなく母親の胎内からこの世に生まれるあらゆる人間にそなわるものであり、この罪から救済されるのは人間にできることではなく、ただ神の子であるイエス・キリストへの信仰によるしかないという新しい思想が、これからのキリスト教の理論の根幹となる。この教えはユダヤ教にあった民族宗教としての限界を突破するものであり、これによってキリスト教はすべての民族を対象とする世界宗教となりえたのである。

この宗教はやがてローマ帝国のうちでも次第に勢力を拡大していった。当初は葬儀組合のような互助的な組織として発達していったキリスト教は、ローマでは異教の一つとして嫌われていた。帝政ローマではやがて皇帝が神として崇拝されるようになるが、キリスト教徒は皇帝を神として崇めることをきっぱりと拒否した。ユダヤ人たちはそれでも神殿で皇帝のために供物を捧げることは受け入れていたのだが、紀元一世紀以降にローマ帝国で普及していったキリスト教徒たちは、皇帝を神として認めることは明確に拒んだのだった。そして皇帝を神として崇拝するくらいなら、自分の命を捨てることを選んだ。帝国の民衆は、皇帝を神として認めず、ローマの伝統的な宗教を否定するキリスト教徒たちを、自分たちの生活の安定を崩す異物のように感じていたらしい。

ところで**皇帝ネロ**（在位五四〜六八）の時代に、ローマで大火災が発生した。「ローマは一四区に分かれていたが、そのうち完全な姿で残ったのは、四区でしかない。三区は焼け野原と化し、残りの七区は倒壊したり半壊したりした家の残骸をわずかにとどめていた」[03]ほどの大火だった。歴史家スエトニウスによると、ネロはこの火災を遠くから眺めて、その美しさに恍惚としていたという。「この火災をネロは遠くマエケナスの塔屋から展望していて、彼の言葉を使うと、〈火炎の美しさ〉に恍惚となり、いつもの舞台衣装をつけて、『トロイアの掠奪』の全編をうたい終えた」[04]という。そしてネロはこの火事の原因をキリスト教徒になすりつけたのだった。

このキリスト教徒と呼ばれる人々について、タキトゥスは次のように説明している。これらの人々は「日頃から忌まわしい行為で世人から恨み憎まれ、〈クリストゥス信奉者〉と呼ばれていた者たちである。この一派の呼び名の起因となったクリストゥスなる者は、ティベリウスの治世下に、元首属吏ポンティウス・ピラトゥスによって処刑されていた。その当座は、この有害きわまりない迷信も、一時鎮まっていたのだが、最近になってふたたび、この禍悪の発生地ユダヤにおいてのみならず、世界中からおぞましい破廉恥なものがことごとく流れ込んでもてはやされるこの都においてすら、猖獗をきわめていたのである」[05]。ローマ帝国はこれらの異教の徒を「人類敵視の罪」（オディウム・フマニ・ゲネリス）という罪名で処刑することにしたのだった。「そこでまず、信仰を告白していた者が審問され、ついでその者らの情報に基づき、実におびただしい人が、放火の罪というよりむしろ人類敵視の罪と結びつけられたのである。彼らは殺されるとき、なぶりものにされた。すなわち野獣の毛皮をかぶされ、犬に噛み裂かれて倒れる。［あるいは十字架に縛りつけられ、あるいは燃えやすく仕組まれ、］そして日が落ちてから夜の灯火代わりに燃やされたのである」[06]。

やがてはキリスト教徒は、放火のような罪を犯さなくても、ただキリスト教徒であることだけで、死に直面するようになる。その人が犯した何らかの罪によってではなく、キリスト教の信者としての「名によって」死刑にされるようになるのである。ある歴史家は、この法理が確定されたのは、一一〇年頃にプリニウスが「名そのものが罰せられるべきなのか、それとも名に付随する悪事が罰せられるべきなのか」とトラヤヌス帝に質問し、トラヤヌス帝が「名によって」と回答したときのことであると指摘している。[07]以後、ローマ帝国の支配するあらゆる場所で、キリスト教徒と名乗ることは、死を招くことになる。

殉教という名の聖戦とキリスト教の国教化

それでも多くの信徒は自分の信仰を捨てるよりも、自分の命を捨てることを選んだ。それを強めたのは、殉教という考え方である。使徒ペテロの手紙では将来の迫害を予測してか、次のように教えている。「不当な苦しみを受けることになっても、神がそうお望みだとわきまえて苦痛を耐えるなら、それは御心に適うことなのです。罪を犯して打ちたたかれ、それを耐え忍んでも、何の誉れになるでしょう。しかし、善を行って苦しみを受け、それを耐え忍ぶなら、これこそ神の御心に適うことです。あなたがたが召されたのはこのためです。というのは、キリストもあなたがたのために苦しみを受け、その足跡に続くようにと、模範を残されたからです」。[08]

ここでは罪を犯したゆえではなく、無罪であるにもかかわらず苦しみをうけることには誉れがあり、価値があるという独特な論理が展開されている。イエスが罪なくして、人間の罪を贖うために十字架で死んだという信仰によれば、キリスト教の信徒たちが罪なくして信仰のために死ぬのであれば、それは人間の罪を贖うために死んだイエスの行為を再現することだと考えたのである。イエスは「十字架にかかって、自らその身にわたしたちの罪を担ってくださいました」[09]。それと同じように十字架にかかるならば、それはイエスの喜ぶところとなるというのである。この殉教という思想は、此岸での生を自ら放棄することによって彼岸での永遠の幸福を与えられるというユダヤ戦争において登場した聖戦の思想が、姿を変えて現われたものなのである。

このようにしてローマ帝国において迫害は強まったが、やがてキリスト教は帝国の内部にひそかに浸透していく。とくに有名人の女性のうちで強い支持をみいだしたらしい。初期のキリスト教徒たちにとっては、敵であるにせよ人間を殺害するのは「敵を愛せよ」というイエスの命令に反する、耐え難い行為であったために、兵士として軍隊に入隊するのは教義からして許しがたいことであった。しかしローマ帝国において徴兵された場合には、兵役を拒むことは死を招くことになる。そのため兵士のうちにもキリスト教徒の数は増えていただろう。

そしてやがて四世紀になると、もはやキリスト教は忌むべき異教とは感じられなくなっていたようである。三〇五年から三一一年まで在位したガレリウス帝は、迫害政策の「失敗を認め、三一一年四月三〇日、ニコメディアにおいて寛容勅令を発した」[10]のだった。そして三一二年一〇月二八日にコンスタンティヌス帝は、対立皇帝のマクセンティウス帝の軍団を破って勝利し、その翌日にはローマ市に入城するが、伝記によるとその前夜に夢のうちで「神の印を盾の上につけて、戦闘に入るように」と神から指示され、これにしたがうことで、勝利を収めたとされている。その後、三一三年のミラノ勅令でキリスト教を公認し、三三一年にはキリスト教の風習にしたがって日曜日聖日の規定を採用し、三二五年には剣闘士競技の禁止規定を布告している。このようにしてキリスト教はローマ帝国の実質的な国教となった。「キリスト教はその正統的な形の下で、事実上国家の宗教となるのである。異端者は訴追を受け（三八一年）、異教は決定的に禁じられ、その神殿は閉鎖されるか、または破壊された（三九一年）」[11]のである。

ユダヤ教は聖戦のうちに国を喪《うしな》ったが、キリスト教は殉教という思想的な戦いによって、ローマ帝国をその内側から支配することに成功したと考えることもできるだろう。

アウグスティヌスの聖戦の理論

このようにしてキリスト教はローマ帝国の国教となり、皇帝をはじめとして、高位の統治者たちもキリスト教の信者になったのだった。このキリスト教化されたローマ帝国はやがてゲルマン民族の侵入に脅かされるようになる。この状況のうちで、キリスト教の教父として代表的な人物である**アウレリウス・アウグスティヌス**（三五四〜四三〇）は、四一〇年八月にアラリック一世が率いる西ゴート族が西ローマ帝国の首都ローマに侵攻して略奪したローマ略奪事件をきっかけとして、その三年後に『神の国』の執筆を開始し、戦争と平和についての考察を展開することになる。

すでに考察したように、人の生命を奪う兵士という職業につくべきかどうかという問いは、原始キリスト教を悩ませた重大な問題であった。アウグスティヌスは初期の「自由意志」という論文でこの問題に、人間の自由意志という観点から取り組んでいる。この難問についてアウグスティヌスは、一般の市民とは異なる使命を与えられた兵士の戦闘の義務について考察することで応えようとする。キリストの教えでは人間は、たとえ敵であろうとも他者を殺害してはならない。しかし兵士であるということは、法律の定めのもとでの職務を果たすことであり、そこで兵士は自分の欲望に従って他人を殺害しているのではない。

アウグスティヌスは法というものには二つの種類のものがあると考える――「永遠の法」と「時間の法」である。永遠の法が神の定める法であり、時間の法は現世の社会が定める法である。時間の法は永遠の法とは異なる規定を定めており、キリスト教徒を含めた人間に、その社会の治安を守らせることを目指している。アウグスティヌスにとって現世は永遠の魂にいたるまでの旅のようなものである。この旅においては人間は永遠の救済を求めながらも、現世の法に従う必要がある。現世の法は、「それが人間社会の平和に仕える限りで」[12]従わねばならないのである。

だから人間が他人を殺害するのは永遠の法によるかぎり悪であるが、それが時間の法である国家の定めた法に定められた義務として行う悪であるかぎりは、少ない悪であり、自分の欲望にしたがって殺人を犯す場合とは違う扱いをする必要がある。「兵士が敵兵を殺すとき、彼はたしかに法律に仕える者です。それゆえ何の欲情にもよらず、安んじて義務を遂行したことになります。また、法律自体は国民を守るために制定された以上、それを欲情に帰することはできません[13]」。

この言葉は、この論文ではアウグスティヌスを代弁する人物その人ではなく、その人物と対話している人物が語ったものであるが、それでもアウグスティヌスはある程度の正しさを認めている。人間は現世に生きるかぎり、社会の平和を目指す時間の法の規定に従わねばならず、そのことは罪ではない。しかし最後の審判の際には、この行為を含めて永遠の法で裁かれることになるだろう。できれば兵士とならずに、他人を殺害しない生き方を選ぶことが望ましいとアウグスティヌスは考えるのである。「君の考えによれば、国家を治めるために制定された成文法は多くの悪しき行いを認め、それを無罪としているが、しかしそれは神の摂理によって罰せられるべきものなのである[14]」というのが、アウグスティヌスの真意なのである。

ただしこのように定めると、他人を殺害した人はすべて最後の審判で厳しく裁かれることになるだろう。しかし現世の時間の法による正当な殺人ではなく、神の法による正当な殺人というものも、最後の審判でも神によって裁かれることのない殺人というものも、あるのではないだろうか。アウグスティヌスは後の『神の国』においては、もしも神の命令によって他者を殺害した場合には、このような最後の審判での裁きは行われないと主張する。「神の命令によって戦争をしたり、あるいは公の権力を代表して、神の律法、すなわちもっとも公正な命令の理由にしたがって、極悪な罪を犯したものらを死をもって罰した人びとの行為は、〈殺してはならない〉と言われている誡命にけっして反したものではない[15]」と述べるようになる。ということは、「律法が一般に、あるいは正義の泉である神が特別に殺人を命ずる人びとを除いて、自分自身であろうとほかの誰であろうと、人を殺すところのものはみな、殺人の罪を負うている[16]」のであり、最後の審判で裁かれるのはこのような例外に属さない殺人だけなのである。

人間は現世においては時間の法にしたがわなければならない。そして神の法に従わない人々は、この時間の法によって裁かれるだろう。「信仰から生きない人間の家は、この世の時間的生に属する事物およびその便益に基づいて地上の平和を追求する[17]」のであり、地上の時間の法によって裁かれる。しかし「信仰から生きる人間の家は、未来に永遠なるものとして約束されているところのものを待ち望み、異国にあって遍歴をつづける者のごとくに地上的時間的な事物を用いる[18]」にすぎない。時間の法もまたこの地上的時間的な事物の一つにほかならない。これを用いても、信仰のうちに生きるかぎり、魂の永遠なる平和を奪われることはないのである。

アウグスティヌスは、人間にとっての最高の幸福は平和のうちに生きることであると考える。有徳な人は「勝利の報酬、すなわちいかなる敵対者も乱すことのできない永遠の平和をもつであろう。これは究極の至福であり、それを限界づける目的をもたない完成の終極である[19]」という。「そこにおいて最高善を所有することになるであろうこの国の終極は、〈永遠の生における平和〉あるいは〈平和における永遠の生〉というべきなのである[20]」。この永遠の平和を手にすることは最高善なのであり、究極の至福にいたることである。「平和は非常に大いなる善であって、この世的で可滅的なもろもろの事物にかんしてさえ、これほどわたしたちの耳につねに好ましくひびくものはないのである。じっさい、これ以上に熱望して求められるものはない。要するにこれ以上に善きものはみいだされないのである」[21]。このように平和は最高善であるが、たやすく手に入れられるものではない。これを実現するためには、戦争という悪しき手段を採用することも否定されるべきではないということになるだろう。

ここから聖戦という理論がでてくる。神の命令にしたがうかぎり、他人を殺すことは罪ではなく、イサクを殺そうとしたアブラハムと同じように、「神の命令にしたがってであったから、ただ残酷の罪を咎められないだけではなく、敬虔の名をもってほめられる」[22]ことになるだろう。このようにしてユダヤ戦争の時期に生まれた聖なる戦争の概念は、ゴート族の侵入によって都を滅ぼされそうになったローマにおいて新たな装いで聖戦として登場することになったのである。ここから後に十字軍の思想が誕生することになる。

ニッコロ・マキャヴェッリ

Niccolò Machiavelli

1469-1527

イタリア・フィレンツェに法律家の父のもとに生まれる。書記官として フランスやローマとの折衝、ピサの奪還などの外交軍事に従事するも、反メディチ家の疑いで投獄される。特赦により出獄後、隠棲生活のなかで執筆した『君主論』は政治学の古典として今も読み継がれる。戯曲や詩、小説なども遺した。

第3章

中世と近世における戦争の思想

ゲルマン民族襲来後に建国された西ローマ帝国は教会による統治システムを構築。国王と教皇の対立が十字軍を生む。やがて各国で封建制が成立し、三十年戦争、百年戦争が勃発するなかマキャヴェッリは理想の君主像を論じ、グロティウス、カントらは平和を構築する法の秩序を考察した。

グレゴリウス7世　Gregorius Ⅶ　1020?-1085

第157代ローマ教皇。就任後、聖職売買と聖職者妻帯の禁止などの教会改革を断行。神聖ローマ皇帝ハインリヒ4世と聖職者の叙任権をめぐって対立し、皇帝を破門。のちに皇帝にローマを追われ、逃亡先で没す。

エドワード3世　Edward Ⅲ　1312-1377

イングランド王（在位1327-1377）。フランス王位の継承権を主張してフランスに侵攻し、百年戦争が勃発。息子・エドワード黒太子の活躍、長弓兵の使用により序盤は優勢であったが次第に劣勢になり、撤退。休戦中に逝去。

フランチェスコ・グイチャルディーニ
Francesco Guicciardini　1483-1540

イタリアの歴史家。外交官、行政官としてメディチ家出身の教皇に仕える。1492年から1534年までのイタリアの繁栄と没落を描いた全20巻からなる大著『イタリア史』を著す。同時代のマキアヴェッリと親交があった。

ユストゥス・リプシウス　Justus Lipsius　1547-1606

ベルギーの古典学者。イエナ大学で教鞭をとったのち、ライデン大学で歴史学の教授となる。キリスト教に適合する形での古代ストア主義の再興に取り組む。政治についての考察はオラニエ公にも影響を与えた。

マウリッツ・オラニエ　Maurits van Oranje　1567-1625

ネーデルラント連邦共和国総督、オラニエ公。独立運動指導者であった父が暗殺され、16歳で総督に任命される。スペインとの独立戦争（八十年戦争）で、占領されていた諸都市を次々に奪還し1609年実質的な独立を果たす。

グスタフ・アドルフ　Gustav Adolf　1594-1632

スウェーデン王（在位1611-1632）。当時開発された榴散弾を用い、火器の威力を存分に活用し、歩兵・騎兵・砲兵から成る三兵戦術を考案。他国にも影響を与えた。自ら軍を率いて三十年戦争に介入するも38歳で戦死。

ジェイムズ・ステュアート　James Steuart　1712-1780

イギリスの経済学者。法曹貴族の家に生まれる。名誉革命後のジャコバイトの乱に参加したことにより18年にわたる亡命生活を送る。帰国後に『経済学原理』を著し重商主義の理論を体系化。マルクス、ケインズに影響を与えた。

トーマス・マン　Thomas Mun　1571-1641

イングランドの実業家、経済学者。交易で巨万の富を築き、東インド商会の役員となる。貿易差額論を主張し、死後刊行された『外国貿易によるイングランドの財宝』は、アダム・スミスに高く評価された。

アダム・スミス　Adam Smith　1723-1790
イギリスの経済学者。家庭教師としてフランス滞在中、同時代の思想家と広く交流。共感を社会構成の軸に据えた『道徳感情論』の後に、富の源泉を労働に求め、経済を体系的に論じた『国富論』を著し、経済学の父と呼ばれる。

トマス・ホッブズ　Thomas Hobbes　1588-1679
イングランドの哲学者。1640年フランスに亡命。万人と万人が争う自然状態から脱し、社会契約を軸に平和と安全を確立する政治共同体のあり方を模索し『リヴァイアサン』を著す。王政復古後、帰国するも著作の発行を禁じられた。

ジャン＝ジャック・ルソー　Jean-Jacques Rousseau　1712-1778
フランスの思想家。放浪生活やさまざまな仕事を経て、1750年『学問芸術論』を機に自由と平等をテーマに著作活動を始める。『人間不平等起源論』『社会契約論』では、人民に主権があると主張し、フランス革命を導くこととなった。

イマヌエル・カント　Immanuel Kant　1724-1804
ドイツの馬具職人の子として生まれる。人間理性の可能性と限界を洞察した三批判書（『純粋理性批判』『実践理性批判』『判断力批判』）を著し、フィヒテ、シェリング、ヘーゲルと連なる思想的系譜の端緒となった。また、常備軍の全廃や国際連合の創設を提言した『永遠平和のために』を著す。

第1節

十字軍の思想

叙任権闘争の意味と十字軍

すでに確認してきたように、キリスト教はローマ帝国の国教となったが、東西に分裂したローマ帝国のうち、西ローマ帝国はやがてゲルマン民族の大移動の波に呑まれて姿を消すことになる。アウグスティヌスの目撃したゲルマン民族によるローマ略奪は、ローマ帝国の没落を告げる弔鐘であり、中世の始まりを告げる鐘でもあった。東ゴート系の傭兵隊長のオドアケルは四七六年に、即位したばかりの帝国のロムルス・アウグストゥルス皇帝を退位させて南イタリアに隠居させた。みずからは帝位にはつかなかったので、皇帝位は空位となり、ここで西ローマ帝国は滅亡したとされている。

当時はガリアと呼ばれていた地方にはフランク人が居住しており、そこにフランク人のクローヴィス一世がメロヴィング王朝のフランク王国を建国した。クローヴィス一世の息子たちの時代にフランク王国は領地を拡大し、やがて宮宰ピピン三世が帝位を奪って、カロリング王朝を創始することになる。ピピンは王に戴冠する際に、司教たちによる聖なる塗油の儀式を執り行わせており、ここに世俗の権力と宗教的な権力を統合する道をみいだしたのだった。ピピンを継承したシャルルは、「西ローマ帝国」の皇帝を自称するようになる。そしてフランク王国の王シャルルは、八〇〇年のクリスマスにはローマで教皇レオ三世によって戴冠されて西ローマ皇帝となり、シュルルマーニュ大王と呼ばれるようになったのである。

この帝国は現在のフランス、ドイツ、スペイン、イタリアに及ぶ広大な領土を所有していたが、その統治にあたっては教会組織を活用していた。すでにピピンは統治のために教会組織を活用する道をみいだしていたが、シュルルマーニュの統治の頃には、「ピピンの導入した大司教座を頂点とするフランク王国全土に張りめぐらされた教会組織の網の目は、伝道や聖職者の規律の確立といった、もっぱら教会の業務の側面だけでなく、国家経営や軍隊組織の迅速かつ効率的な機能にとっても重要」[01]な役割を果たしていたのである。

教会組織を活用したこの統治のシステムはたしかに便利なものではあった。中世において知的な伝統は、教会の組織のうちにどうにか維持されていたにすぎない状態だったからである。シャルルマーニュによるカロリング・ルネサンスも、この教会の知的な伝統を生かしたものだった。その中心となったアルクィンもイングランドで生まれ、イタリアで学んだ教会えり抜きの知識人であった。しかしこれは政治と宗教が合体するということであり、いくつもの弊害が発生した。とくにフランク王国では七世紀頃から私有教会制が発達し、ザクセン朝ドイツにおいては、私有教会は世俗の封建制の機構に取り込まれるようになった。国家の支配者の子息が教会の司祭に任命され、聖務遂行権や聖職叙任権も世俗の統治者の意のままにされたのである。

フランク王国の国王たちは、この状況に満足していた。国王としての世俗的な権力を握ったうえで、さらに宗教的な権威を認められ、国内の宗教的な人事権を掌握していたのであるから、ほとんどすべてが意のままになったのである。しかしこの制度には宗教的にみれば、聖なる宗教が世俗化されるという明確な問題があった。聖なるものが俗なるものに汚されているという感覚は、宗教的な世界の内部で鋭く感じられるようになっていたのである。

そこで宗教界の内部から改革運動が発生した。これは最初は修道院運動という形をとった。「一般に教階制度や地方の教会は、当時の社会とあまりに密着していたので、それらが支配的な社会運動のほとんどなすがままになっていたのに対して、修道院制度は自律的なキリスト教的秩序の原理を示し、この秩序が教会組織全体にとって新たな活力を生む源となっていた」[02]のである。その代表となるのが、九一〇年に設立されたクリュニー修道院であった。この改革運動はとくに教会の腐敗に向けられた。教会や修道院の嘆かわしい腐敗状態、そして聖職者たちの道徳的退廃と物質主義が激しく批判されたが、世俗的な支配者への批判も少なくなかった。「弱いものから略奪する盗賊貴族やその共犯者たちや、民衆を不正な行為から守ることのできない世俗的な高位聖職者たちは、カインの真の末裔であり、神を迫害するものである」[03]と批判されたのである。しかしこうした修道院から生まれた改革運動が最後の拠り所としていたのは、ほんらいは世俗的な権力であるはずの王の権力であった。というのも、「かれらは依然として、王権神授という伝統的なカロリング時代の概念を受け入れ、君主が宗教的教会的問題に介入することをその任務だと認めていた」[04]からである。

ところが修道院ではなくローマ教皇による改革運動が起こると状況は一変した。ピピンへの戴冠に始まって、世俗的な王権に宗教的な権威を付与したことが、問題の根幹であることが確認されたのである。そして改革派の**グレゴリウス七世**（在位一〇七三〜一〇八五）が教皇に選出されると、「王権神授とキリスト教徒である臣下の盲目的服従というビザンツ的カロリング的概念を廃棄する」[05]ことが目指されるようになった。そしてそのための運動が、叙任権闘争として展開されるようになった。この叙任権闘争においては、グレゴリウス七世は、ミラノ大司教の選出と任命などをめぐって、ローマ皇帝のハインリヒ四世と対立した。ハインリヒ四世はグレゴリウス七世を廃位し、グレゴリウス七世はハインリヒ四世を破門した。この闘争はハインリヒ四世の敗北に終わり、カノッサ城に滞在していた教皇に赦しを求めるという有名なカノッサの屈辱事件にいたったのだった。

聖職者の任命権をめぐる闘争はこれで終わったわけではないが、それまでの二元論的な権力構造が維持できないものであることは明らかになった。「このカノッサの屈辱によって、これまでの体制は大きく変わった。神権的国王が世界を支配するという認識、システムが根底から覆った。聖は聖に、俗は俗に帰する体制へと大きく動きはじめた」[06]のだった。ローマ教皇はみずからの権威を誇示するために、世俗的な権力をしたがわせる象徴的な運動をみいだした。それが聖戦としての十字軍であった。「強力な異教徒からキリスト教世界を守ること、異教徒の支配からキリスト教徒を解放すること――ローマ教皇が全キリスト教徒に呼びかけるのに、これほど明快な理由があるだろうか」[07]というわけだ。こうしてグレゴリウス七世は世俗の権力を指揮して、エルサレムを異教徒から解放することを目指す十字軍を始めることを決意したのである。宗教の世界が世俗的な権力によって汚染されている状態を改革することを目指す「キリスト教世界の浄化を求める運動が、その勢いで〈聖地〉の浄化へと向かった」[08]のである。

神の平和

このような教会と聖職者の「浄化」を目指す運動の背後に、国内での争いと戦いを防いで平和を実現しようとする「神の平和」運動が展開されていたことにも注目しよう。異教徒との戦争を求める十字軍の運動とは対照的に、国内での封建領主どうしの私闘（フェーデ）を防止しようとする運動が一〇世紀末にフランスで始まっていた。この私的な戦いとしてのフェーデは、領地の農民や教会に大きな被害を与えていた。そこで「司教が中心となって、管区の聖俗の人々を集めて集会（平和集会）を開き、神の前で全員に平和を誓わせたのが神の平和である」[09]。

司教たちは臣民向けの決議において「いかなる者も武器を持ってはならない。掠奪のために攻撃してはならない。自身の血縁もしくは隣人の血縁の復讐者は、殺人者を許すように強制されねばならない」[10]と宣言したのだった。世俗の君主も領主も国内での平和を維持できないでいたために、司教が平和運動を主導したのである。「国王が平和を維持しえず、領主が互いに争い、弱きものたちに被害を与えているとすれば、弱者への配慮を義務とする聖職者が平和へのイニシアチブをとるのは当然だろう。神は地上の平和を国王に委ねられていた。しかし、その任務が果たされない以上、国王に代わって平和を推進するのは聖職者であると主張されるようになった」[11]のだった。

この運動が目的としたのは私闘を禁じることだったが、私闘というのは、封建制の時代にあっては、紛争を解決するための重要な手段であった。この時代には、公的な裁判において定められた手続きにしたがって訴えが行われた後に、被告が原告の主張を認めない場合には、「ゲルマン以来の［訴訟を神意に委ねる］神明裁判」[12]によって決着をつけるか、「法廷決闘によって正邪が決せられる」[13]のだった。もちろん証拠調べのようなものも行われたが、被告はその信憑性を否認することができ、その場合にはやはり決闘で決するしかなかった。

そのような事態になったのは、中世においては国家権力というものが存在せず、紛争を解決するための「権力は完全な自衛権と武装権を所有するすべての人々によって分有されていた」[14]からだった。当時は紛争を解決するために法廷に頼るか、私闘という戦争の手段によって解決するかは、当事者が選択すべき問題だった。「この時代、戦争は単に国民に属していたばかりでなく、個人にも属していた。それは攻撃を防ぎ、不正を除去し、争いを解決したり自己の権利を実現するためにとられた正規の手段であった」[15]のである。現代においてはなかなか想像しにくいことではあるが、裁判と私闘の「両者は共に合法であり、また人々がその権利闘争をどの手段を以てするかについては完全な自由選択が許されていた」[16]のだった。「神の平和」はこのような私闘がもたらす混乱を防ぐために、「王権からは別個にフェーデ制限の社会運動が起こったのも理由のないことではない。この運動の中心は聖職者であった」[17]のだった。

この運動で注目されるのは、それまでの宗教界の腐敗のひどさのため、聖職者たちが武器をとっていたことにも批判の目が向けられたことである。「聖職者が武器を携帯し、妻もしくは妾をもち、聖職売買することは不正だという意識が一般化し始めた。聖職売買には、世俗の権力者から教会や職務を与えられることも含まれていた」[18]のである。そこで「神の平和」の決議には、「しばしば聖職者の武器の放棄、シモニア［聖職売買］とニコライズム［妻帯、性的放縦］の禁止が記載された。神の平和は、武器を持たない聖職者、教会、弱きものたちに暴力をふるわない約束を示した。それは、聖職者から武器と世俗性を奪うことと表裏の関係にあった」[19]のである。この神の平和運動が、グレゴリウス七世の叙任権闘争の精神的な土台を作りだすものであったのは明らかだろう。そして十字軍という思想はこの土台の上に芽生えたのである。

十字軍の思想

聖地エルサレムを異教徒から奪い返そうとする十字軍の運動の背景には、このような神の平和の運動が控えていた。ローマ教皇は、世俗的な権力である国王と諸侯の力を削ぎ、教会の権威を強めるために十字軍の運動を主唱したのであるが、その背後にはシモニアやニコライズムに象徴されるような教会内部の汚染をなくそうとする狙いがあった。それだけでなく、当時の聖地エルサレムの平和は、イスラーム世界との協力関係によって維持されていたのであり、この異教徒との協力という「汚染」もまた、取り除く必要があると考えられた。

第一回十字軍は一〇九六年に開始されたが、この十字軍を呼び掛けた教皇ウルバヌス二世（在位一〇八八～一〇九九）は、「不浄な異教徒たちによって占有されている、われらの救世主の神聖な墳墓、そしていまや屈辱的に取り扱われ、異教徒たちの不潔さによって不敬に汚染されている聖地」[20]を奪い返そうと訴えたのである。神の平和という概念は、「キリスト教世界の浄化、神の期待への応答という意味で平和を語り、平和を誓約[21]」するものへと敷衍されていたのである。「この誓いは、当初は一つの司教区という狭い空間の平和に限定されたが、教会会議や公会議によって、適用される平和空間はキリスト教世界一般へと拡大していった[22]」のであり、こうして、エルサレムの浄化を目指す十字軍の運動が人々の心を捉えたのである。

十字軍運動の欠陥

しかしこのローマ教皇の主唱する十字軍運動にはいくつもの難点があった。第一に、この運動ではイスラームという宗教を異教徒として排除しようとするが、イスラームもまたイエスの教えに依拠した宗教であり、イスラーム世界ではユダヤ教徒たちやキリスト教徒たちは同じ「聖典の民」とみなされ、改宗を求められることなく、人頭税を支払うことで共存を認められていたのである。このような共存の歴史を無視して、一方的にエルサレムを奪回しようとする戦争には理不尽なところがあると言わざるをえないだろう。

そもそもこの十字軍という運動は、イエスが明確に禁止した他者への暴力の行使と殺人という行為を宗教的な目的のために用いるものであり、これはイエスの教えに反するものである。さらにこの暴力の行使を世俗の君主に委ね、この君主の軍隊にキリスト教の信徒たちが参加するという方式は、十字軍のきっかけとなった叙任権闘争のほんらいの目的であったはずの世俗の権力と宗教的な権力との分離の実現を妨げるものであって、十字軍の運動ではこうした権力の混淆が発生してしまう。それだけでなく教皇には世俗の権力の行使を規制する能力がないため、世俗の権力による戦はときにほんらいの目的に反したものとなる。それを象徴するのが一二〇二年に開始された第四回の十字軍であり、この十字軍は海軍に優れたイタリアの都市国家のヴェネツィアの主導のもとで、キリスト教の国家である東ローマ帝国を攻略し、首都のコンスタンティノポリスを陥落させ、略奪にふけったのである。

また十字軍に参加する君主や信徒たちの動機づけのために、教皇は十字軍の参加者に贖宥を与えて罪の赦しを認めたことも、本来の目的に反することだった。「十字軍参加者が贖罪を期待して参加するのに対して、教皇が罪の赦免である贖宥を与えること、言い換えると贖宥を梃子《てこ》にして聖戦に参加することを求めたこと、これが十字軍に不可欠の特質」[23]なのだった。さらに十字軍の参加者には、故郷に残された家族や財産の保護などの世俗的な特権も認められた。

それが十字軍であるかどうかは、十字の印を掲げて進軍すること、教皇の呼びかけに応じて参加すること、参加者は罪の赦しである贖宥を期待して参加すること、参加者には世俗的な特権が認められることによって判断された。この贖宥と世俗的な特権は、ローマ教皇がもともと目指していた世俗的な世界と宗教的な世界の分離という目標に明確に反するものであった。

十字軍の戦闘の実際

十字軍の運動の推移について具体的に考えてみよう。すでに考察してきたように、十字軍は叙任権闘争でローマ教皇がその権威を強化するために遂行を訴えたことに始まる。具体的には一〇九五年の一一月二八日にフランスのオーヴェルニュ地方のクレルモンの宗教会議でウルバヌス二世が行った勧説をきっかけとして始まった。この演説に感動した聴衆によって、「前代未聞の超階層的大衆運動が巻き起こり、公式・非公式の聖地向け武装巡礼団が自主的に組織された[24]」、怒濤のような運動が始まったのである。

最初の三回の十字軍においては、熱に浮かされるように聖地に進軍しようとして乗馬した騎士とその徒卒の群れがエルサレムに向かって陸路を行進した。四回目からは大型船舶に馬と人を載せて海路で進んだ。大きな軍団ごとに分けられていたが、実際には騎士とその徒卒は地域の指導者のもとに集まって戦うのであり、実状は「ビザンツ帝国のイスラーム諸勢力に対する領土回復戦争に、形式的には傭兵的増援軍として、実質的には独自の海外領土獲得のための遠征軍として、強引に介入」[25]したものだった。

実際の戦闘形態は、陸上での野戦と攻城戦の二種類であり、海上では艦隊による海上封鎖などが行われた。野戦では騎乗した騎士たちが、「鎖帷子に頭巾状の兜、軽装の胸甲といういでたち」で、集団となって勢いをつけて突進しながら「敵陣を中央突破し、あるいは側翼を包囲し、攪乱戦術によって勝機をつかむ」[26]という戦術がとられた。「敵中突破の場合は長槍を前方に突き出し、敵の戦列や陣内に突入した後は両刃の重い長剣をふるって白兵戦を戦う」[27]という戦法だった。

騎士たちには一人あたり七名ほどの徒卒たちが付き従っていたが、彼らは騎士と同じような防具と刀槍で武装していたが、乗馬していないために機動性にかけていたので、補助的な役割しか果たさなかった。弓兵もいたが、接近しないと威力がないので、「むしろ攻城戦の花形として保留され、野戦における出番はやはり補助的なものとみなされていた」[28]のだった。

このように十字軍の兵士たちは重装備だったが、イスラーム軍の兵士たちは軽装だったらしい。ただし騎馬の兵士たちは弓を巧みに操り、乗馬したままで弓を射るのが得意だった。第一回十字軍の際に十字軍の兵士たちは、騎馬のトルコ兵たちから弓の猛射攻撃をうけて驚愕した。「その総数三十万。彼らの慣用する軍制により、すべて騎乗の射手から成る。彼らは狼のような叫び声をあげ、雨霰と弓矢を猛射した」[29]という。ヨーロッパの騎士たちはそれまで経験したことのなかったこうした戦い方を知って、やがてこの戦法を採用したが、それは徒卒の戦法にも影響を与えたようだ。彼らは「騎射の有効性を知り、歩卒身分の戦士の騎兵化を考えることになる」[30]のだった。

一般にイスラーム兵士たちは騎馬兵士が多かったようだが、ヨーロッパの騎士とは違って、武術だけではなく、教養を積むことが重んじられていた。「ムスリムの騎士は、比較的軽い鎖かたびらを身に着け、馬上から自在に矢を射かける戦法を得意としていたが、弓や槍や刀剣の訓練ばかりではなく、馬の飼育や調教にもたけ、さらに詩文をたしなむ教養も磨かねばならなかった」[31]という。ただし固定的な騎士身分というものはなく、騎馬戦士はすべて騎士と呼ばれた。

これらの騎士は勇ましく戦い、戦死して天国に入ることを理想としたという。「ムスリム騎士の理想は、異教徒との戦い（ジハード）で奮迅の活躍をすることであった。たとえこの戦闘で殺されても、〈神の道〉において戦った者は殉教者（シャヒード）となり、天国に入ることができると信じられた。騎士たる者は、スルタンやアミールなどの主人に忠実に仕え、戦いとなれば冷酷に馬を乗りこなすとともに、死を恐れぬ勇気を発揮することが求められた」[32]のだった。十字軍の戦いではヨーロッパの兵士たちは贖宥を求め、イスラームの兵士たちは名誉を求めたが、いずれも聖戦を戦う兵士たちだった。

さらにこの十字軍の戦争の経緯において注目されるのは、騎士修道会が誕生したことである。この騎士団は、本来の意味での十字軍が終わったのちも、東ドイツなどの未開拓の地域を開拓するためにきわめて有効な手段となった。後のプロイセンとなる地を開拓したドイツ騎士団の営みは、十字軍とはかかわりはないが、それでも開拓の主体が騎士団だったこともあって、「北方十字軍」とも呼ばれている。これは十字軍という戦争のもたらした思わざる遺産だった。

第2節 近世における戦争

近世の戦争の概略

ここで古代末期から近世にいたる戦争の実態について振り返って考察してみよう。すでに考察してきたように、マケドニアのアレクサンドロス大王の軍隊は、長い槍をそなえた重装歩兵による密集軍団であり、古代においてはこれに勝利できる軍隊はなかったことは、マケドニアからアジアにいたる大帝国を設立したアレクサンドロス大王の偉業が明らかにしている。

ローマ帝国も最初は、このような重装歩兵軍団を採用していたものの、ヨーロッパ全土、アフリカ、中東、イングランドにいたる帝国を支配するうちに、兵士たちにもっと自由に移動でき、その武勇を示すことのできる軍団を採用するようになったのだった。このローマ風の戦闘方式はやがてゲルマン民族の侵入とともに破綻し、地域的で民族的な人々の集まりのうちに溶け込んでいくようになる。ヨーロッパの各地は独立した国家が分立するようになり封建制が成立する。

フランスではこの封建制のもとで、各地の諸侯が独立した国家に近い組織を形成し、その上に国王が存在する形式をとった。国王は封建領主に封土を与え、その代償として特定の日数だけの騎馬の戦士たちによる奉仕を求めた。地元の諸侯は城を築き、その配下となった貴族たちは、騎馬による戦士となり、君主に戦士として奉公した。これが中世の騎士たちであり、この槍を装備した重装の騎士たちは、その配下に従卒を含む多数の部下を従えていた。「このように武装した騎兵は、足で戦う歩兵に対して絶対的に有利であった」[01]。

ただしヨーロッパのうちでも地域的な違いはみられた。フランスでは封建制を構成する地方の諸侯がほぼ独立した地位をそなえており、その配下に強固な騎士軍団を擁していた。封建制の最上位にある国王は、配下の諸侯に命令を下す権力はそれほど大きくなく、直属の騎士たちのほかには傭兵に頼らざるをえなかった。それでも一三世紀頃には、フランス国王はイギリスとの百年戦争で戦うだけの多数の常備軍を準備することができるようになっていた。

ドイツでも封建制は確立されたが、東部ではドイツ騎士団が「クールラント、ポーランド、プロイセンの平野と森林の中に、冒険と土地と魂の救済」[02]を求める「北方十字軍」と呼ばれる侵略活動を展開し、略奪と虐殺のかぎりをつくした。将来のドイツ帝国の中核となるプロイセンはこの「北方十字軍」によって地主となった階層に由来する貴族たちが社会の中心となって形成されたものである。

またイングランドは、フランスのノルマンディー地方に定住していたノルマン人によって征服されたこと（ノルマン・コンクエスト）が、重要な意味をもった。君主は厳しい土地台帳の作成と貢納義務を定め、住民のうちから兵士を集めたが、イングランドの軍隊では山地のウェールズの攻略の際に採用された武器である長弓が特徴的であった。この長弓の威力は、一三四六年のフランス軍との「クレシーの戦い」でその力を発揮することになる。

ところで封建制においてこのように貴族による強力な騎士の軍団が成立するとともに、社会の内部で諸侯の抱える騎士の身分と、農民と商人などで構成される平民の身分が明確に分離し、固定されることになる。農村は騎士の支配を甘受して、騎士身分を養うために貢納する義務を受け入れた。しかし都市に居住する商人たちには、二つの道があった。農村と同じように貢納の義務を受け入れるか、あるいは十分に武装した人々を雇い入れて自衛するかのどちらかである。後者の場合には大きな城壁が建設され、さらに大砲と傭兵によって自衛した都市は、騎士たちの攻撃でもたやすくは陥落しなかった。イタリアではこのような都市が国家となり、多数の都市国家が国内に分散し、やがては教皇派と皇帝派に分かれて対立するようになった。

このようにヨーロッパでは封建制が成立し、各地の諸国は独立した王朝を形成し、国力を増強するとともに、相続権を獲得するため、あるいは富を奪うため、あるいはたんに威力を示すために他国と戦争を始めるようになる。これからヨーロッパは戦争の時代に入るのである。戦争の思想の歴史という観点からとくに注目に値するのは、一三三八年から一四五三年までの百年戦争と、百年戦争を始めた**エドワード三世**（在位一三二七〜一三七七）の軍事的な改革、一四九四年から一五五九年までのイタリア戦争、一六一八年から一六四八年までの三十年戦争、一六五一年から一七八三年までの英仏抗争（この英仏抗争の時代を本書では重商主義戦争の時代と呼ぶことにしよう）という長期にわたる戦乱の時代である。この節ではこれらの戦争における戦争技術と戦争イデオロギーの変化について、戦乱の中軸を担ったフランスに重点を置きながら簡単にまとめてみよう。

エドワード三世の軍事的な改革と百年戦争の勃発

まず百年戦争は、西フランク王国のカロリング朝を受け継いでフランスを王国として統一したカペー朝が一三二八年に、シャルル四世の死去にともなって断絶したことをきっかけとして始まった。その後はフィリップ六世が即位してヴァロア朝を創始するが、血のつながりのあるイングランドのエドワード三世が相続権を主張し、一三三八年にアントワープに上陸したことから戦端が開かれた。一三四六年にエドワード三世は大軍を率いてノルマンディーに上陸し、砲兵隊と長弓隊を率いたクレシーの戦いで、フランスの騎士軍に圧倒的な勝利を収めたのだった。イングランド兵の死者は百人程度で、フランス側の死者は千五百人に達したと伝えられる。[03]

このエドワード三世の軍の成功は、目覚ましい軍事的な改革に支えられていた。戦争については一般的に、技術革新、軍の新しい組織方法、戦術と戦略の革新、リーダーシップの改革の四つの観点から分析することができる。王の軍事改革についてもこの四つの観点から検討してみよう。まず技術革新の観点からみると、王の軍隊は長弓の兵を中心とした軍を展開した。ただしこの長弓は、それ以前にスコットランド軍が採用してイングランド軍を苦しめた兵器であり、とくに新しい技術ではない。新しかったのは、大砲などの火器の採用であり、「一三二七年におけるエドワード三世の最初の戦役で、火器がヨーロッパで最初に使用されたと記録されている」[04]だけでなく、クレシーの戦いで王が大砲を使用したのは、ヨーロッパでの大砲の最初の使用例とされている。さらに王の軍の重騎兵たちは板金で補強された甲冑を着用しており、防御に優れた性能を発揮した。

第二の軍の新しい組織方法という観点からみると、それまでのイングランド軍は封建的な従軍召集令によって集めた兵士たちで構成されていた。この軍隊は封建領主への従軍の義務に基づいて集められた兵士たちで構成された軍であり、王の命令に厳密に従うことは期待できなかったし、あらかじめ給与の支払いを受けていないために、身代金を稼ぐ目的で、戦の場で捕らえた捕虜を連行しながら進軍するので円滑な行軍ができないという大きな欠点があった。ところがエドワード三世の軍の「全勢力は、王から賃金支給を受ける兵士から構成されていた」[05]のであり、「身代金用に捕虜を連れて行く封建制の部隊より、いくぶん負担が軽くなった。このことは、敵を完全に、また決定的に敗北させるまで堅固な密集戦闘隊形を要求することが可能になったことを意味している」[06]のだった。

第三に戦術的な革新という観点からは、王はスコットランドとのダップリン・ムーアの戦闘で採用して成功を収めた「ダップリン戦術」を採用していた。これは下馬した騎兵が槍を装備して中央の密集ブロックを形成し、その両翼には、二群の弓兵隊が中央の密集隊を守る配置であった。敵兵は中央ブロックの槍兵と戦いながら、側面から弓隊に攻撃されたのである。

戦略的な革新という観点からは、フランスに侵入した王の軍隊は、敵地の重要な都市を激しく攻撃した。そのため敵軍は都市の陥落を防ぐためには、イングランド軍にどうしても攻撃をしかけざるを得なくなった。さらに「シュヴォシェ」（騎乗を意味するフランス語）という戦略は、イングランドの騎兵たちが手にたいまつをもって敵地に火をつけて荒らしまわり「長さ数百マイル、幅三十マイルの地域を破壊しつくすことで、戦うことを拒んでいる敵に耐えられない損害あるいは不利益を生じさせる」[07]ものである。

第四にリーダーシップの改革という観点からはエドワード三世と「黒太子」と呼ばれた皇太子（一三三〇～一三七六）は、戦況を理解して鋭い判断を下す能力に恵まれていた。実際の戦闘についての記録は、王の「軍隊の指揮官と兵士に著しい大胆さ、攻撃性、決心、勇気があったことを示している」[08]のである。そしてこれらの四つの革新的な要素によって、エドワード三世の軍隊はフランスという敵地において目覚ましい戦果を挙げたのだった。さらに「黒太子」の軍は一三五六年のポワティエの戦いで同じような戦法で圧勝し、「かくして一五世紀までには、すべての装備と従者を備えた〈重装騎士〉は戦場では役に立たず、また維持するにも金がかかりすぎることがわかってきた」[09]のだった。

イングランド軍のこの長弓隊を中心とした軍による勝利は圧倒的なものであり、一四一五年にはイングランドのヘンリー五世によるアザンクールの戦いで、騎士軍を中心としたフランス軍に圧勝した。この戦いではイングランド軍側の死者はわずか二、三百名で、五千人のフランス兵を殺害したと伝えられる。ただしこのイングランド軍の長弓による戦術的な優位は長続きしなかった。それ以前に発明されていた弓兵器であるクロスボウ（弩）であれば数週間の訓練で射ることができるようになるが、長弓は子供の頃から練習しなければ射ることはできないためだった。[10] それが「長弓が、戦場での成功にかかわらず、西ヨーロッパ全体に広がることはけっしてなかった」[11] 理由であった。さらにこの時期に大砲が登場し、これが攻城戦にすさまじい威力を発揮したことが戦闘技術を一変させたのである。

大砲の登場

百年戦争において戦の成り行きを決定したのは実際には長弓隊ではなく、大砲を装備した攻城隊だった。この時期に火薬が盛んに使用されるようになったが、火薬は鉄砲のためよりもむしろ投石器の役割を果たす大砲で巨大な石を敵陣に打ち込むために使われた。やがて鉄の砲弾が使われるようになり、この投石の砲は投石砲と呼ばれた。クレシーの戦いでも火薬の兵器は使われたらしいが、その主な役割は、聞いたこともないような大きな音で敵陣を脅かすことにあったらしい。

本格的な大砲による攻城戦は一五世紀から始まる。一四一二年のブールジュの攻囲戦では、城壁の正門の前に巨大な大砲を据え付けて、城塞の塔を破壊した。「それが発射したときは、雷のような音が四マイルも離れたところまで聞こえて、その地の人々を地獄の怒りが生んだ音かと恐れさせた」[12]のだった。また一四一五年のアルフルールの攻囲線でも、大砲は活躍した。「このイングランドの成功には、砲が決定的に重要だった。そして砲は、このあとのランカスター王家によるノルマンディー征服の全体を通じて重要な役割を果たした」[13]のだった。

この後にジャンヌ・ダルクの活躍もあって形成は逆転し、一四二九年にはフランス側はオルレアンの開城に成功する。勢いに乗ったフランス軍もまた砲を駆使することで、一四五〇年のフォルミニーの戦いでノルマンディーを奪回し、一四五三年のカスティヨンの戦いでギュイエンヌを奪回した。こうしてイングランド軍が占領しているのは港町のカレーだけになり、百年戦争は終結した。フランス軍が採用した「方法は要するに、敵の城の城壁に何度でもくりかえし重砲の集中砲火を浴びせることだった。そうすることで、それ以前は難攻不落であった防御施設も数時間で崩れ落ち、たいていはそうなる前に敵側から降参してきた」[14]のだった。

なおこの百年戦争の戦いを担ったのは、主として傭兵隊であったことにも注目しよう。戦争の主体は君主だったが、戦闘の主体は傭兵隊だったのである。この時代の傭兵隊は、騎士とその従士で構成される騎馬隊の集まりだった。そして傭兵たちには給与が満足に支払われないことが多かった。その場合には傭兵たちは現地で略奪などの行為によって、自分たちの食い扶持を調達したのである。

イタリア戦争

一三三八年から一四五三年までの百年戦争が大砲による攻城戦の時代であったとすると、一四九四年から一五五九年までのイタリア戦争は小銃の時代であったと言えるかもしれない。また この時期に火薬を鉄砲に詰めて使用し始めたことも重要である。大砲用のよりも粒の小さな改良された火薬を銃に装填し、銃弾を発射する方式は、その後の戦闘で重要な役割を果たすようになる。「熟練した金属加工業者を擁し、原材料が手に入りやすく、技術が進んだ都市部で、一四五〇年ごろに最初の火縄点火式小銃が現われ、アルケブスの名で呼ばれた[15]」のだった。

さらにボヘミアでのフス戦争では、多数の鉄砲を荷車に乗せて、その周囲を板などで覆って、移動しながら攻撃と防衛を担当する車両要塞が活躍したことも忘れられない。「異端者たちがたくさんの鉄砲をもっていて射ちまくり、また長い鉤〔斧槍〕を使って高貴な騎士や信仰心のあつい兵士たちを襲撃した[16]」ために皇帝軍は戦意喪失したのだった。

一四九四年にシャルル八世がイタリアに進軍した際は、その半数が騎兵で、あとはわずかな歩兵と、攻城戦のための砲兵の重火器部隊を率いていた。フランス軍はナポリなど、強固に防衛されていた都市を次々と征服することができた。イタリアの歴史家の**フランチェスコ・グイチャルディーニ**（一四八三〜一五四〇）はフランス軍が「青銅だけで造られたはるかに扱いやすい多くの大砲を開発した。それらはカンノーネと呼ばれ、以前の石の代わりに鉄の砲丸を使った。

（中略）以前ならイタリアでなしとげるのに何日もかかるのがふつうだったことを、二、三時間でやってのけることができた。彼らはこの人間的というよりも悪魔的な兵器を、攻城戦だけでなく野戦でも、同じような大砲やその他の小火器と併せて使ったのである」[17]と語っている。この大砲による攻撃のすさまじさは当時のイタリア人には驚異的なものであったらしく、同時代の思想家のニッコロ・マキャヴェッリも『戦争の技術』（一五一九～一五二〇）で同じように、「都市を守る稜堡〔程度の建造物〕など大砲の嵐にさらされるや、今日では守りようがない」[18]のであり、ルイ一二世によるジェノヴァ攻撃の際には、「そうした稜堡が破壊されると（瞬くまに破壊されたが）、都市ジェノヴァをも失わせてしまったのだ」[19]と語っているのである。

そこで戦闘は攻城戦ではなく、野戦で展開されることになった。とくに侵攻してきたフランス軍と、イタリアの救援に駆けつけたスペイン軍との間で野戦が行われることが多かった。一五〇三年のチェリニョーラの戦いではスペイン軍は「巧みな戦術とアルケブスの射撃の組み合わせによってフランスの騎兵隊と歩兵隊を破った」[20]。この戦いではスペイン軍は「積極的に攻撃を仕掛けるのではなく、塹壕を掘ってその中で敵の襲撃を迎えうつ」[21]という戦術で成功した。この迎撃は、アルケブス銃を使って行われた。その頃に召集できた兵士たちは、この古い銃を扱う経験のあった市民軍の古参兵だったからである。またその当時は狩猟でこの銃が一般に利用されるようになっていたので、狩りになれた市民でも役に立った。この時代には先詰めのアルケブス銃やマスケット銃は、結局はイングランド軍の長弓隊と同じような用途で使われていたのである。

一五一二年のラヴェンナの戦いでは、かつてのフス戦争に使われた車両要塞に似た移動式の車両が使われたことも注目される。スペイン軍の指揮官は、「大形のアルケブスを備えた、防護板付きの二輪車を配備した。この車両には前に突き出した槍が固定されており、また両側には二つの大鎌の刃が車輪といっしょに回るようにとりつけられていた」[22]というから、フス戦争で採用された車両要塞がいかに優れた着想であったかがうかがえる。この戦いは一万二千人もの死者を出した戦闘であり、大砲の決戦として記憶された戦いであったが、結局は重装備の騎兵の部隊が敵の騎兵を蹴散らし、歩兵部隊を打ち破って勝敗を決めたのだった。「すべての火器が騎兵の攻撃に対しては弱いこと、鉄砲の発射に時間がかかること、砲手を守るために何らかの種類の防護施設が必要なこと」[23]、これらがこの戦いの残した教訓であり、これは当時の戦争一般に言えることだった。戦闘技術は進歩したとしても、どれも一長一短だった。「成功した唯一の方法は、考えられるかぎりで最も保守的なもので、火器で守る野戦築城を建設することだった」[24]のである。

やがてスペインでは大型で重いマスケット銃が開発されたが、これは一発で重装騎士二名と馬二頭を殺害できるものであった。これが用いられた一五二五年のパヴィアの戦いでは、霧の中で大型のマスケット銃を撃ちつづけたスペイン兵がフランス兵を虐殺し、フランス王フランソワ一世が皇帝軍に敗北して捕虜となり、フランス兵の死者は一万三千人に達したという。野戦では大砲は、味方の兵隊を撃つ可能性があるため、ほとんど役に立たなかった。それでもフランス軍はしばらくの間は重装騎士の力を信じて、騎士を中心として軍を構成しつづけた。

ヨーロッパの戦いで重騎兵が消滅したのは、こうした歩兵の装備したマスケット銃の威力によるものではなかったらしい。むしろもっと後の一七世紀の後半に、突如として騎兵が、レオナルド・ダ・ヴィンチの発明とも噂される小型のピストルを装備したことによるものらしい。「騎馬ピストル兵は、殺傷力では伝統的な重騎兵にまさる一方、機動力でも互角であることができた」[25]のである。この小型の火器の発明と利用こそが、「騎士身分の消滅」に決定的なものとなったようである。

ただしこうした武器の改良などの技術的な変化は、この時代の戦争に決定的な影響を及ぼすことはなかったとみられる。火器を使って野戦で勝利しても、城を攻め落とさないかぎり勝負はつかないし、この時代の戦争で攻撃側が勝利を収めた例は少なく、防衛戦が圧倒的に有利だった。そのために特に役立ったのが、アレクサンドロス大王時代のマケドニアで導入された歩兵が装備した長槍の密集軍団で、騎馬兵に守られた槍隊には騎馬ピストル隊もあまり効果的ではなかった。スイスとドイツの傭兵が高い評判を獲得したのも、仲間内の団結が強くて一歩も後に引かない長槍部隊によってであった。さらに一七世紀の後半に銃剣が普及すると、火器を装備した歩兵は同時に長槍部隊としても活動できるようになったのだった。軍隊の真の核心的な変動は、兵器の技術的な変化によるよりも、フランス革命以後の愛国的な兵士の登場によって生まれることになるのである。

マキャヴェッリの戦争論

なおここで、この時代に新しい人間像を提起しながら、イタリアの都市国家フィレンツェの外交官を務めたニッコロ・マキャヴェッリが戦争と軍隊についてどのように思索していたかを調べてみよう。すでに述べたようにフランス王シャルル八世のイタリア侵入の際に、文官のマキャヴェッリは大砲によって城塞があっけなく破壊されるのを目撃して、当時の戦争の実相をまざまざと経験したのだった。しかし彼は新たな戦闘技術に感銘を受けたにとどまらず、どうすればこのような大国からの脅威を前にして、どうすればフィレンツェという都市の独立を維持できるかという難問に生涯にわたって取り組んだ思想家でもあった。

彼は政治哲学においてそれまでの伝統であったアリストテレスの政治と道徳の理論とは完全に縁を切っていた。人間の善悪と政治のかかわりについて根本から考え直したところに、その政治哲学のユニークな特徴がある。一世紀以上も後に国際法の分野を切り拓いたグロティウスはまだアリストテレスの伝統のもとで、人間には社会を平和的に構成する理性がそなわっていると考えていたが、マキャヴェッリは人間にはそのような理性はそなわっていないと考えた。人間は自己の野心や欲望を満たすことを望む動物にすぎない。「野心というものは、人の心の中を強く支配しているもので、人が望みのままにどんな高い地位にのぼったところで、決して捨て去れるものではない。こういうことになるのも、自然が人間を作ったときに、人間がなにごとをも望めるようにしておきながら、しかも何ひとつ望みどおりに実現できないように仕組んでおいたからだ。このように欲望のほうが、現実の実現能力をはるかに上回っているので、人間は自分の持っているものに不満を持ち続け、さしたる満足も感じない結果をもたらすこととなる」[26]というわけである。

そしてこの満たすことのできない欲望のために、人間は戦争を引き起こす運命のもとにある。「ある人たちは、現在持っているものをさらに広げようとし、またある人たちはすでに獲得したものを手放すまいとする。このために、敵対関係や戦争が生じることになる」[27]のである。これは後にホッブズが述べる「万人は万人にとっての狼」の世界である。人間はこの世において は戦争状態に生きているというのがルネサンス人であるマキャヴェッリの確信である。

人間がすべてこのような存在であるとすれば、国家はどのようにして成立しうるのだろうか。ホッブズはそこで社会契約を持ち出すことになるが、マキャヴェッリは『君主論』においてはこれまでの歴史を振り返りながら、ごく自然な君主制の成立を想定している。人々は集団で生きているが、小さな集団では安全を守ることができない。孤立していては他の集団に攻撃され、そうした敵の攻撃に抵抗することはできない。そこで「これらの危険から逃れるために、自発的に、もしくは彼らの中の最有力者の意見によって、住み心地がよく、防御にも好都合な場所を選んで、集団生活をするようになる」[28]とされている。これが原初的な都市国家の成立であり、その実例としてはアテナイとヴェネツィアが挙げられている。この都市国家はやがて一人の君主を選んで、都市の指導と防衛を任せるようになる。「そして防衛をいっそう完璧なものに近づけるために、彼らは、自分たちの仲間の間で、腕力が人並み優れ、気性もしっかりした人物を選んで自分たちの頭目として仰いで服従するようになった」[29]のである。

このように生まれた君主国で、君主は自分の国家を防衛することを第一の任務とする。「君主は、戦いと軍事上の制度や訓練のこと以外に、いかなる目的も、いかなる関心事ももってはいけないし、またほかの職務に励んでもいけない。このことが、為政者が本来たずさわる唯一の職責である」[30]。すなわち君主の任務は、自らの国家を滅ぼそうとする他の国家とのあいだで戦争を遂行して、自らの国家を維持することにある。そしてこの責務を果たすうえで心得なければならないのは、この欲望の塊である人間たちをどのようにすれば国家の維持に役立てることができるかということである。

そもそも国家はこのような欲望に駆られた邪悪な人々の集まりではあるが、国家が設立されたのは国家を防衛して人々の生活の安全を守るためである。だからこそ、戦争に勝利して国家を防衛するならば、人々は自分の利益のためにも君主と自分の国家を愛するようになるだろう。そのために何よりも必要なのは、強力な軍隊を確保することである。この強力な軍隊とは、自分の財産を守るための装置である国家を防衛することができる軍隊であり、そうした軍隊を構成する兵士は、傭兵であってはならず、自分の故郷を守ることを目的として集められた自国の兵士たちでなければならない。こうして、「何よりもすべての戦の真の基盤といえる、自国軍を整備することが肝要である。この兵制をさしおいて、信頼のできる嘘いつわりもない、優秀な兵士は求めがたい」[31]とマキャヴェッリは考える。だから「個々の兵士がりっぱであって、全体が一人の君主の指導のもとで、君主に誇りを授かり、手厚く遇されれば、彼らはさらに優秀になるであろう。イタリアの民の勇武をもって、異邦の輩から国を守るには、ぜひとも軍隊の整備が必要である」[32]というのが、『君主論』におけるマキャヴェッリの結論である。

具体的にはマキャヴェッリは、当時のフィレンツェの属領から兵士を徴募することを提案している。フィレンツェは都市部、属領、保護領で構成されていた。保護領はフィレンツェの支配の行き届いていない他の都市であり、ここから兵士を徴募するのは、フィレンツェに刃を向ける可能性があるために危険である。属領であれば、都市部からの保護を期待することができるので、戦争に参加して戦うことに意義をみいだすだろう。そこで属領の市民のうちからフィレンツェに忠実な兵士を指名して選抜すべきである。当時は兵士はほぼすべてが金で雇われた傭兵であったが、この傭兵があてにならないことは、マキャヴェッリがそれまでの生涯で何度も目撃してきたことである。「選抜を介し諸君の市民の内から兵士を徴募するということが、今日の如く人格の堕落、すなわち金銭欲を介してかき集めることと比べて、いかに優れているか」[33]は明らかだとマキャヴェッリは考える。マキャヴェッリのこうした傭兵批判は、その後の三十年戦争における傭兵主体の戦争において裏側から確証されたのであり、フランス革命後の戦争においてその先見の明が示されることになる。

マキャヴェッリの戦争についての理論は、傭兵の全盛期を迎えたルネサンスにおいて展開された議論としては素朴なものに思えるが、次の二つの観点からみて、まったく新しい戦争論の登場を告げている。第一に、マキャヴェッリにおいて戦争はたんなる武装した人間たちの戦いではなく、政治的な営みとみなされている。古代のギリシアやローマの時代から戦争が政治的に重要な意味をもつことは認められていたが、戦争が政治そのものであるとは考えられていなかった。このルネサンスの時代において初めて、政治的な体制と戦争との密接な関係が認識されるようになったのである。戦争は政治の別の手段による解決であるというのは後にクラウゼヴィッツが定式化する考え方であるが、マキャヴェッリもまたこのことを確信していた。「政治機構と軍事機構との間には密接な関連と相互性があるというこの命題は、マキャヴェリの概念のなかでもっとも重要であり、そしてまたもっとも革命的な論点である」[34]と言えるだろう。

第二に、マキャヴェッリは軍隊は国家にとってはたんに国防という安全保障の役割を果たすだけのものではなく、市民を教育するための重要な方法とみなしていた。軍隊は国家を防衛するための手段として、必要不可欠なものである。しかもそのためには傭兵の力を借りるのではなく、さらに徴兵制によるのでもなく、市民から適したものを選抜することによって国家を守らなければならないとされている。というのも国家の「すべての仕事は、人びとの共通善を図らんがために、市民生活のただ中で制度化されており、またすべての制度は、法と神を畏れて生きんがために作られたものなのですが、そのいずれも自国民による防衛力が準備されていなければ、甲斐のないものとなってしまうからです。（中略）良き制度でも軍事力の助けがなければ崩壊するばかりです[35]」。軍隊はこのように国家とその制度を維持するために必要不可欠なものであると同時に、この軍隊において市民が国家の意味とその防衛の意味を、そして平和の重要性を学ぶことが重要なのである。「戦争そのものによって傷つけられた人以上に、何人がさらなる平和を慈しむでしょうか。毎日、無数の危険にさらされながら神のご加護を必要とする人以上に、いったい誰に神への強い畏れがあるでしょうか[36]」というわけである。

このように国家にとって軍隊はいくつもの意味で重要であるが、そのためにもそうした軍隊は市民兵で構成されていなければならないとマキャヴェッリは考えるのであり、これによって第一の観点と第二の観点は密接に結びつくことになる。軍隊が国家を守ることができるためには、金銭によって雇われる傭兵によってではなく、自国の平和がきわめて重要な意味をもつ市民兵によって構成されていなければならない。また兵士は訓練されなければならないが、訓練は自国の兵士でなければ適切な形で行うことはできない。「軍隊は絶えず訓練を受けなくては立派なものになりえないこと、また、君たちの国の市民で組織しない限り、十分に訓練できないことなどが痛感される[37]」はずである。「すべての国家の基礎は立派な軍隊にあり、これなくして立派な法律も、他のよい事柄もありえない[38]」とマキャヴェッリは力説するのである。

マキャヴェッリはこのような信念に基づいて、『戦争の技術』において戦争の実務について、兵士の訓練について、指揮官の果たすべき重要な役割について、詳細に検討したのだった。彼がとくに重点を置いたのは、兵士の規律とそのための訓練であり、彼は選抜した市民兵の訓練を実際に手がけている。ただこの書物では軍の隊列の組織、その動かし方、指揮者の素質と指揮方法などもローマの軍隊を参照しながら詳細に考察した。これまでは指揮官の素質と指揮の才能に任されていた軍隊の組織と指揮について、科学的とも言えるほどに詳細に考察したのだった。マキャヴェッリのこの書物は、戦術について具体的かつ詳細に記述したものであり、この書物はその後も多くの言語に翻訳され、戦争の技術についての重要な典拠となった。

この書物はマキャヴェッリの思想的な弟子ともいえる**ユストゥス・リプシウス**（一五四七〜一六〇六）によって受け継がれた。リプシウスは北ネーデルラントに設立されたライデン大学で歴史学の教授を務めながら、宗教と政治にかかわるさまざまな書物を発表し、そのうちでマキャヴェッリの理論を後生に伝えたのである。『マキャヴェッリ駁論』を執筆して『君主論』を批判したプロイセンのフリードリヒ大王も、『戦争論』のクラウゼヴィッツも、この書物を高く評価したのだった。

ただしこの書物でローマの軍隊に準拠して述べられた内容はときに古くなった。マキャヴェッリは戦闘の一般技術について考察したが、後代の戦争論では、個別の状況と軍隊の特有性が重視されるようになった。またマキャヴェッリは戦闘技術を一つの科学とみなして、科学的な見地からそれを分析しようとしたが、後の時代には戦闘における直観的な要素が重視されるようになった。これらの二つの新たな要素を戦争論のうちに導入したのが、やがて考察するクラウゼヴィッツだった。それでもクラウゼヴィッツはマキャヴェッリの戦争論を高く評価していたのである。「この一九世紀の偉大なる革命的軍事思想家クラウゼヴィッツでさえも、マキャヴェッリの基礎的な命題を無視せずに、それらを彼自身の理論の中に組み入れた[39]」のだった。

なおこの時期にヨーロッパの戦争形態と戦争技術に大きな転換が発生しており、一般にこれは軍事革命と呼ばれている。諸説があるものの、この軍事革命の主要な特徴は、次の五点にまとめられるだろう。

第一は、マキャヴェッリが指摘しているように、大砲によってそれまで攻略するのに数か月もかかっていた城塞を、ごく短期間のうちに破壊できるようになったことである。それまでは一つの城塞を陥落させるためには、周囲を包囲して、兵糧攻めにすることが多かったのであり、城兵が飢えて城を明け渡すまでには長い時間が必要だった。

第二は、この事態に対処するために、すぐに城塞の設計が改善され、大砲でも簡単にはおとすことのできない城塞が登場するようになったことである。

第三は、マスケット銃を装備した歩兵が戦闘の中心となったことである。こうして「大半の軍隊で騎兵に代わって歩兵が戦力の主役になり、同時に火器発射の回数を最大限にするための新しい戦術配置が考察された」[40]のだった。その代表的なものは日本において織田信長が長篠で武田軍の騎兵隊に対して使ったことで有名になった斉射方式であった。

第四は、このように城塞が強固なものとなり、戦争にマスケット銃を装備した歩兵が戦闘の中心になるとともに、その周囲を囲んで大量の軍隊を配置しなければならなくなったことである。城を救助する援軍が到来すると、包囲軍もまた強固な城塞を建築してこれに対処する。さらに騎兵に代わって歩兵が軍の中心となるとともに、軍隊の規模が顕著に増大したのだった。イタリア戦争でシャルル八世が率いていた軍勢は一万八千人であったが、一五二五年にフランソワ一世がイタリア遠征に率いた軍勢は三万二千人に増えており、一五五二年にアンリ二世が率いた軍の兵士の数は四万人に達した。三十年戦争の頃の「一六三〇年代になると、ヨーロッパの主要国が擁する陸軍兵力は各国平均でほぼ一五万人になった」[41]のである。

第五は、軍艦に舷側砲が搭載され、海軍の戦争方法が一新されたことである。それまでは「海上戦の一般的なやりかたは、衝角で激突するか舷側接近であった」[42]。船首を敵の船の舷側に衝突させて穴を開け、敵船を沈めるか、舷側から敵船に乗り込んで、地上と同じように刀で切りあうのが昔ながらの伝統的な海戦の方法だった。しかしこの時代に舷側の低い位置に大砲を設置して敵の船に穴を開けて沈没させるか、甲板の大砲を連射して敵船を破壊する方法が実用化された。敵船が商船であれば、大砲で脅すだけで降伏することが多かったので、敵船に乗り込んで自由に略奪することができたのである。

三十年戦争——傭兵たちの戦争

一六一八年のベーメンでの叛乱によって始まり、一六四八年のウェストファリア条約で終結する三十年戦争は、ドイツを舞台に新教と旧教の国家が入り乱れて戦った戦争である。これは通説によると「最後にして最大の宗教戦争であり、ヨーロッパの列強、とりわけスウェーデン、フランスがこれをみずからの政治目的のために利用した」[43]戦争であった。ただし宗教戦争とはいいながら、最後には政治的および軍事的な目的のために新教の国家と旧教の国家が提携して戦うこともあった。ドイツでみれば、これは神聖ローマ帝国の「帝国を、元首として皇帝をいただく一種の君主国とすべきか、それとも皇帝はたんに称号上の首班で、多少とも独立的な諸侯の連合体とすべきかについて決着をつけるための戦い」[44]でもあった。あるいはスペインとオーストリアの王位を握るハプスブルク家とフランス王家の覇権争いであったと考えることもできよう。さらにこの戦争の最後の講和条約でスイスとオランダの独立が認められたことに象徴されるように、この戦いはヨーロッパの主権国家が成立し、「ヨーロッパが絶対主義国家を作りだすための戦争」[45]でもあった。

この戦争は断続的に戦われた四つの個別の戦争で構成されていた。第一段階は、一六一八年から二三年のボヘミア・プファルツ戦争、第二段階は一六二五年から二九年までのデンマーク戦争、第三段階は一六三〇年から三五年までのスウェーデン戦争、そして第四段階は一六三五年から四八年までのフランス戦争である。この時代の戦争において顕著であったのは、傭兵が戦争の中心的な位置を占めたことだった。マキャヴェッリの懸念にもかかわらず、この時代には戦争は傭兵なしには戦えなくなっていた。しかしこの戦争が進むとともに傭兵の限界があらわになり、国家は国民を主体とした常備軍をそなえざるをえなくなっていく。三十年戦争はこのように戦争の主体である兵士が傭兵から常備軍へと転換する重要な過渡期となったのだった。

第一段階のボヘミア・プファルツ戦争は、新教と旧教の宗教戦争として戦われた。プロテスタント系のボヘミアは、国を支配していたハプスブルク家のボヘミア王を廃位し、プロテスタント諸侯の軍事同盟であるユニオンの指導者であるプファルツ侯を王に選んだ。そこでカトリックの皇帝側と戦争が始まったのだった。新教側のボヘミア軍は傭兵を率いるマンスフェルト傭兵隊長が指揮していた。しかし戦力の違いもあって、この第一段階では皇帝軍が圧倒的な勝利を収めた。ところが敗戦した後も、「甲冑をまとった乞食」[46]と呼ばれていた傭兵隊長マンスフェルトは、二万の傭兵たちを率いて、豊かなアルザス・ロレーヌ地方を進軍した。隊長は傭兵たちを食べさせるために、進軍する地域を徹底的に略奪した。

勝利に驕った皇帝側は、ボヘミアに圧政を敷いた。王位から追われたプファルツ侯は、ハプスブルク家への権力集中の危険性をヨーロッパの諸国に訴えた。そこでデンマーク王クリスチャン四世が参戦を決定した。こうして第二段階のデンマーク戦争が始まる。新教側の主な戦力はマンスフェルトの傭兵軍であり、皇帝側は旧教連合のリーグに属するバイエルンの将軍ティリーであった。ティリー将軍は皇帝に軍の編成のための資金を求めたが、皇帝には資金の余裕がなかった。そこに登場したのが、「チェック人の成り上がり貴族、辣腕の軍事企業家で天才的な将軍でもある」[47]**アルブレヒト・フォン・ヴァレンシュタイン**（一五八三～一六三四）だった。ヴァレンシュタインの傭兵軍が、このデンマーク戦争の決定的な要素となる。

ここでこの時代の傭兵について調べてみよう。この時代の代表的な傭兵としては、長い槍で密集した槍歩兵団を形成して砦のように強固で揺るがない戦線を形成するスイス傭兵、食うあてのない農家の次男や三男が志願して兵士となったドイツ傭兵（ランツクネヒトと呼ばれる）、そしてフス戦争で勇猛な戦いぶりを示したボヘミア傭兵の三つの傭兵が有名だった。三十年戦争の開戦当時は、ボヘミア傭兵とランツクネヒトを主体とする傭兵が兵士の大部分を占めていた。

アルブレヒト・フォン・ヴァレンシュタイン

Albrecht von Wallenstein

1583-1634

ボヘミアの貴族の家に生まれる。三十年戦争勃発後、没収されたプロテスタント貴族の土地を買い集め、これを資本に傭兵軍を組織。神聖ローマ皇帝軍総司令官に起用されデンマーク軍を撃破するも、皇帝に罷免され暗殺される。その生涯は、のちにドイツを代表する劇作家シラーが題材にしている。

開戦当初は、まだ傭兵を雇用した君主が傭兵の給与を支払うことを約束していたが、この約束は戦費をまかなえない君主の守るところとならず、やがて傭兵は現地で必要とするものを調達するようになった。滞在する地域の富を奪い、食料を強奪するだけでなく、必要な費用を税金として徴収するのである。このシステムを組織的かつ意識的に採用して有名になったのが、ヴァレンシュタインだった。それまではやむをえない慣行にすぎなかったこの現地調達方式を、彼は意識的に採用して、「一個のシステムにつくりあげてしまった。つまり彼は自己の軍隊を、原則として、それが駐留する地域の費用で維持したが、そのさい当の地域が敵のそれだろうと味方のそれだろうとまったくかまわず、軍隊維持のために高額の貢租（コントリブツィオン）を貨幣または現物で賦課し、その徴収は地方官庁におこなわせた」[48]のだった。

傭兵たちにとっての主人は隊長であり、どこに雇われようと、稼げさえすればよいのである。あまり大勝すると働き口がなくなる恐れがあるし、負けると命が危ない。このようにしていいかげんな戦い方をしていてすむ相手であればよいが、強敵が登場した場合には、傭兵たちは自分の命を救うために一散に逃げ出してしまう。これでは戦闘の指揮官は、あてにした自軍が頼りにならず、途方に暮れるばかりである。

この傭兵の欠陥は、戦が君主の野心のためではなく、自国の防衛のためとなれば明白になってくる。このことはすでにマキャヴェッリが見抜いていたことである。そして三十年戦争の時期から、国民国家の形成の時期にさしかかると、この欠陥は深刻なものとして受け止められた。兵士は傭兵ではなく、自国の市民兵でなければならないことが改めて痛感されるようになるのである。

ヴァレンシュタインがこうして大傭兵軍を率いて皇帝軍に参加したことで、この戦争は皇帝側の大勝利で決着がつきそうだった。皇帝側は、一六二九年に発布した「復旧勅令」において、一五五二年以降に新教を採用した「すべての聖界領域をカトリシズムに復帰せしめる点で、帝国における反宗教改革をもっとも強権的かつ反動的に徹底させようとする」[49]ものだった。ただし皇帝軍側は、徴税システムを活用したヴァレンシュタインを軍から排除していた。彼に国内の徴税システムを握られたのでは、統治に差しさわりがあるのは自明なことだったからである。

しかしその翌年にスウェーデンのグスタフ・アドルフ王が参戦することで、状況は一変する。第三段階のスウェーデン戦争の始まりである。ドイツの弱小諸侯がアドルフの軍隊に参戦し、王は南ドイツまで皇帝軍を追って進撃する。ところがここで皇帝側のティリーは、すでに排除されて引退していたヴァレンシュタインと交渉して、四万人にも及ぶ傭兵軍を預けて戦わせた。そして一六三二年のリュッツェンの戦いで、アドルフ軍はどうにか勝利を収めるが、この戦いで王は戦死してしまうのである。規律に厳しかったスウェーデン軍もまた、次第に「国王とルター主義のために献身するかつての農民召集軍からしだいに傭兵の群れへと変身しつつ」[50]あった。やがて皇帝側は戦いで曖昧な姿勢を見せていたヴァレンシュタイン将軍を殺させて軍の主導権を取り戻し、スウェーデン軍は不利な立場で講和条約を締結せざるをえない状況に置かれていた。

ここで状況を見守っていたカトリック国のフランスがリシュリューの指導のもとで、プロテスタントのスウェーデンを援助する形で戦線に介入して事態は一変する。第四段階のフランス戦争の始まりである。フランス軍は南ドイツで皇帝軍に圧勝する。しかしその後は散発的な戦争と和平交渉が繰り返され、一六四八年にウェストファリアで講和条約が締結され、三十年にわたる戦争はやっと終結する。この条約では、ドイツ諸侯は領内での主権とともに、外国と同盟を結ぶ権利を認められ、皇帝はドイツでは名目的な地位しか保てなくなった。

宗教的には、復旧勅令は廃止され、一六二四年の時点で採用していた宗教をその領邦の公的な宗教とすることが認められた。これ以後はその領地の君主の宗教が、その領地の正式な宗教として認められるようになる。またスイス連邦とネーデルラント連邦共和国が、神聖ローマ帝国から離脱し、独立を承認された。これは現在のスイスとオランダという国家の成立を承認したものだった。この三十年戦争とその講和条約は、近代の新たな国民国家の成立のための重要な前提条件を作りだしたのである。

傭兵軍団の欠陥

この戦争の戦闘の主体はそれまでの伝統的な兵力である傭兵と、スウェーデンで新たに召集されて訓練された農民兵を中心とする市民兵であった。一六世紀から現場の戦闘の主体でありつづけたのは傭兵だった。このような傭兵システムに大きな問題があるのは明らかだった。傭兵を雇用するには高い給金を支払わなければならないが、この時代の国家にはその余裕はなかった。そして給金を支払わなければ傭兵は雇えないが、ヴァレンシュタイン方式であれば傭兵を雇用することができる。しかしその場合には国内の徴税システムが崩壊することになる。

また傭兵は金で雇われているために、強い敵に直面すると逃げ出すという重要な難点があった。指揮系統を握るのは、傭兵隊長であり、傭兵を雇用した国家の側ではないのである。こうした傭兵には、規律を与えることも訓練することもできない。スペインの強力な傭兵軍団は、テルシオという巨大な密集軍団であった。これは横に百列、縦に一五列の長方形に傭兵を配備して長槍をもたせて前進させ、その周囲を火縄銃の密集部隊が守るというものであり、防御は鉄壁だったが、「攻撃の機動性に欠けるという致命的欠陥を持っていた」[51]。そしてこの傭兵たちは、労働者や小作農を中心とする素人であり、訓練することもできなかった。だからこそ長槍をもって突進するだけのこのテルシオという組織が有効だったのである。傭兵の何よりの重要な欠点は、このように訓練することができない「個人的戦闘力の集団に、もっと悪く言えば烏合の衆に過ぎなかった」[52]というところにあった。

マウリッツの改革

これらの傭兵のもつ重要な欠陥を是正するのが、この時代の軍事革命の最大の課題だった。それを最初に手がけたのが、ネーデルラントの北部七州がスペインを相手に始めた独立戦争、いわゆる八十年戦争の初期の段階でオランダ市民兵の軍団を組織した**マウリッツ・オラニエ**（一五六七〜一六二五）であった。彼はまず、兵士たちに給金を支払わないことが諸悪の根源であると考えて、兵士にきちんと給金を支払うようにした。これによって略奪は不要になり、兵士たちに訓練を与え、上官への反抗を抑えて、指揮系統を確立することができるようになった。

さらに彼はそれまでの伝統であった密集方陣を廃止して、多数の縦列の組織を採用し、その周囲を火縄銃をもった部隊に守らせた。オランダの騎士たちもまたそれまでの騎兵と異なり、「重装備の甲冑を脱ぎ、騎士の槍を捨て、代わりに剣と小銃を武器にして、ひたすら大きな戦闘集団の一つの歯車に徹する兵士」[53]であった。彼はこれらの兵士たちには規律を守らせ、指揮官の命令に従わせた。さらにそれまでツンフトという閉じた同業組合を形成していた砲兵に、そうした閉鎖的な性格を払拭させて、軍団に溶け込ませた。このようにして「マウリッツは大砲の重量の軽減化と砲兵隊の特殊閉鎖的性格の払拭につとめ、歩兵、騎兵、砲兵の三兵を横並びにし、これらの相乗効果を生む効率的軍隊を確立しようとした」[54]のだった。

このマウリッツの軍隊はスペインの密集軍団テルシオとの戦いで圧勝した。しかしヨーロッパの状況では、それでオランダの独立が認められるわけではなく、独立が認められるのは三十年戦争を締めくくるウェストファリア条約を待たねばならなかった。それでもマウリッツの軍制改革は立派な成果を挙げて、オランダの「連邦共和国軍はいまやヨーロッパの最良の軍隊とみなされた」[55]のだった。

マウリッツの改革の重点は第一に、軍隊において規律と教練の重要性を示したことにあり、「軍隊における教練の再導入は、オランイェ家の改革の本質的な要素であり、現代軍事組織に基本的な貢献をなした[56]」と認められている。第二に彼の軍制改革では、指揮官としては貴族ではなく、適切な人材を選び、その命令に絶対的な権限を認めた。「これは軍隊に確立された階層内での絶対服従の概念と結合され、現代の統帥構造の基礎を与えた[57]」のだった。

グスタフ・アドルフの改革

このマウリッツの軍制改革を採用したのがスウェーデン王の**グスタフ・アドルフ**（一五九四～一六三二）だった。王の改革の重点は、傭兵制から脱却するために、ヨーロッパの近代初の徴兵制を採用したことにあった。徴兵した兵士には給与を支払い、武器も制服も軍から与えられた。そして出征前に厳しい訓練が課せられた。これは「後のヨーロッパ国民軍に近い軍隊と言ってよいだろう。毎年平均一万人が召集され、一六二七年には十三万五千の兵士になる[58]」のだった。しかし人口百万のスウェーデンで十三万人もの兵士を徴兵すると、農村では働き手がなくなり叛乱が起こるようになる。そこで王はふたたび外国の傭兵軍を雇用するようになったのだった。それでも中核は「十万を超す訓練の行き届いた徴兵制常備軍[59]」であり、マスケット銃を改良し、砲兵隊も充実させていたので、きわめて強力な軍隊が生まれた。王が頓死することがなければ、三十年戦争の行方は違っていたかもしれない。

それでも軍の配置の戦略と軍の移動の機動性の高さは傑出していた。「適切な状況下で戦闘を敢行する彼の意志によって裏づけられた陣地取りと機動の戦略は、フランス革命とナポレオンが出現するまで不動のものであった」[60]と評されるゆえんである。王は「戦闘におけるリーダーシップを構成する各要素を体得していた。彼は軍隊に自己の意志と決意を押しつけることのできる偉大な将軍であった」[61]と評されているのである。

さらに実際の戦闘にあたっては王は兵士たちに厳しい教練を重ねさせ、鉄砲を装備した兵士たちに斉射を実行できるようにした。「第一に、絶え間ない教練と演習をくりかえしたかいがあって、スウェーデン陸軍の弾薬の詰め替え時間は、一六二〇年代にかなり短くなり、マスケット銃兵六列で連続射撃ができるようになった。第二に、大量の野砲を投入して、火器の破壊力を各段に高めた」[62]のであった。

重商主義の戦争

一八世紀に国民国家が確立された後に戦われた重商主義の戦争は、イギリスとフランスの間の戦争を軸とする。一八世紀のヨーロッパにおいては顕著な人口増加が確認された。一八世紀初めのヨーロッパの人口は一億千八百万人ほどであったが、一九世紀の初めにはこれが一億八千七百万人にまで増加していた。[63]東欧ではこの人口増加は農地の拡大の好機となった。しかし西欧ではもはや耕作すべき土地を増やすことはできず、余剰人口は都市に流出するしかなかった。この余剰人口は労働者となるか商人となるか兵士となるか、あるいは私掠船の船員のような半戦闘員となることが多かった。こうして軍隊は規模が大きくなったが、戦闘技術そのものには大きな変化はなかった。ナポレオンの軍隊もその構造においてはそれまでのものを受け継いでいたのである。

三十年戦争が終結して、ウェストファリア条約が締結されるとともに、ヨーロッパには専制君主による絶対主義的な国家が、たがいに他国の勢力の増大を抑止しようとするために戦争という手段に訴えるようになっていた。勢力均衡を目指す戦争の中心となったのが、当時のヨーロッパで最大の人口を誇っていた絶対主義時代のフランスである。三十年戦争を戦いながら、宰相のリシュリューはそれまでのフランスの軍隊制度を改造しつつあった。フランスではそれまでの軍隊は、地方の有力貴族や傭兵隊長たちが請負制によって組織されていたので、フランス軍とは実際には、それらの組織者たちの軍隊であり、有力な貴族の私兵となっている場合もあった。

そこでリシュリューは軍の改革に乗り出した。まずリシュリューは軍隊の規模そのものを拡大した。貴族の私兵たちだけではなく、新たな臨時軍を創設し、軍を大幅に増強した。一六一〇年にルイ一三世が即位した頃には軍隊は二万人ほどの常備軍とその他の少数の臨時軍で構成されていた。しかし一六四八年にウェストファリア条約が締結された頃には、フランスは臨時軍を大幅に増強して、兵力は二十万人に達していた。これは「政府に批判的な中小貴族にポストを与え、また、貴族の貧窮化に対処するねらいがあったとみられる」[64]。さらに軍隊の指揮系統を一新して、シヴィリアン・コントロールらしきものが実現した。「陸軍卿をはじめ、軍政監察官、軍務官など軍事行政の要人はいずれも法服の高級官僚から起用された」[65]のだった。

三十年戦争の末期の一六四二年にリシュリューが死去し、翌年にはルイ一三世も崩御した。王の座をついだルイ一四世は、マザランを宰相として重用した。マザランは三十年戦争を自国に有利な条件で終結させるという任務を果たし、一六六一年に死去すると、国王が親政を敷くようになる。こうして太陽王ルイ一四世の統治が始まる。王の親政のもとで軍制に行われた最大の改革は、国王民兵制が採用されたことである。これは「各教区から兵士を強制的にださせる徴兵制であった[66]」。ただし教区の特権身分などの一部の人々は免除されたり、代人を立てることができたり、ごまかしがあったりするなど、厳密なものではなかったが、兵士の数は着実に増加した。「国王民兵をくわえたフランス歩兵(砲兵を含む)は一六九三年には、約三八万人に達し、これに騎兵、海兵などをくわえて、フランス軍は総計六〇万人に達した[67]」のだった。海軍は、財務総監のコルベールの管理下で、船員や漁師たちの人口調査を行って、限られた年数の兵役を義務づけたが、大きな抵抗もあり、イギリスやオランダの海軍と比較すると見劣りのするものだった。

絶対君主制によるヨーロッパの支配の構造

ルイ一四世の親政のもとで、フランスは数次の戦争を戦った。フランスはドイツやスウェーデンなどの北欧諸国と友好関係を築き、ハプスブルク家の帝国を包囲する体制を構築していた。しかしイギリスやオランダなどの諸国は、フランスがあまりに強大な国家になることに警戒心を抱き、ウェストファリア条約によって確認されたヨーロッパの体制が変革されることを防ごうとした。さらにイギリスとオランダは商業的にもフランスと対抗していたため、フランスの勢力拡大には反対していた。

この時代のヨーロッパでは、社会のうちで工業と商業の勢力が増大し、西欧諸国は海外の植民地の征服に力を入れるようになった。すでに一七世紀の半ばから、君主や貴族は商人たちと協力関係にあった。「王侯とその官僚たちと、資本家や企業家たちとの間には、意識的な協力関係が成立していることの方が常態となった」[68]のである。そのわけは商業資本家たちには、海外を含めた広い市場において展開する事業のために、国家と政府から「はるかに有効ではるかに大きな空間に及ぶ軍事的な保護をあてにすることができた」[69]からであり、国家にとっても資本家階級を保護することは軍隊の維持のために好ましいことでもあったからである。というのも、「かれらの経済活動は税収の総額を増加させ始め、そのことで、かつて十七世紀には財政的に困難であった常備陸海軍の維持が相対的に容易になってきたからである」[70]。

重商主義とは、財の輸出総額から財の輸入総額を差し引いて残った金額を増やすことで国富を豊かにしようとする経済政策であり、そのためには海外市場における自国の資本家階級の活動を保護することが有効な戦略であることが明らかになってきた。この時代の戦争はヨーロッパの内部でも海外植民地でも、軍の活動によって自国の資本家階級の活動を保護することを重要な目的としていた。

この時期の国際商業の分野では、中継貿易によって国際商業の覇権を握っていたオランダと、その商業的な独占を打破しようとするイギリスの間の対立が激しかった。イギリスは国内の毛織物産業の発展とともに国際市場の獲得を目指したのであり、こうして両国は、一六五一年のイギリスによる航海条例の発布にともなって、第一次英蘭戦争を開始していた。この時期にフランスもまた重商主義の政策のもとで、「経済活動に対して国家による強力な統制と保護をおこなって、先進両国に対抗しようとこころみた」[71]のである。産業革命で自生的な資本主義の発展においてリードしたイギリスに追いつくためにも、フランスはコルベールの指導のもとで国家による産業補助を含め重商主義政策を推進していた。

やがてともに重商主義政策を採用したイギリスとフランスは、ヨーロッパの覇権をめぐる争いに突入することになった。七年戦争と同時に海外で戦われたフレンチ・インディアン戦争を含めて、アメリカ植民地の争いもまた両国の間の戦いだった。一七五六年から一七六三年まで戦われた七年戦争は、オーストリア継承戦争で失ったシュレージエンを、ハプスブルク家がプロイセンから奪回しようとしたことに始まり、ヨーロッパのすべての主要な大国を巻き込んだ大陸戦争だった。この戦いはイギリスとプロイセンの連合と、フランス、オーストリア、ロシア、スペイン、スウェーデンなどの諸国の連合との間で戦われたが、結果としてこの戦争はイギリスの飛躍とフランスの勢力の失墜を印象づけたのであり、同時にハプスブルク家はヨーロッパでの勢力を喪失した。

この違いはイギリスとフランスの戦争体制そのものの違いに象徴的に示されている。イギリスは一六九四年にイングランド銀行を設立し、「戦費を調達するための市場最初の効果的な中央集権的信用供与機関を発明した。ところがフランスでは一七二〇年のジョン・ローの計画の蹉跌のために、中央銀行は設立できる状況になかったのである。そしてフランス政府はまさに時を同じくして、凶作によって生じた財政危機の圧力に屈して、海上の国家事業への資金融通を、民間の投資家——つまり私掠船業者たち——に委ねたのであった」[72]。ところがこの私掠船は自分の都合で行動するために、戦争においては国家の指示に従わないことが多かった。さらにこうした私掠船の業者たちによる請負は地方ごとに行われるために全国市場は発生しなかった。「イングランド銀行の信用供与によって持続させられたイギリスの全国的な商業ネットワークに相当するような全国市場は、フランスには発生しなかった」[73]のである。このようにして重商主義戦争の間には、フランスはイギリスに全国市場の形成においても戦争のための資源の確保においても大きく後れをとっていたのである。

トーマス・マンの重商主義の理論と戦争の必要性

このような重商主義戦争の理論的な土台となったのは、経済学における重商主義の理論であった。この重商主義の理論を提出したのは、**ジェイムズ・ステュアート**（一七一三～一七八〇）が一七六七年に刊行した『経済学原理』と、東インド会社の役員として東インド会社の活動を擁護する論文を執筆した**トーマス・マン**（一五七一～一六四一）だった。

ここではトーマス・マンの理論を簡単に確認してみよう。マンはその当時流行していた国家の富は貿易の差額によって生まれるという理論を主張していた。当時は重金主義という理論が流行していた。重金主義とは、重商主義の初期の段階の理論で、自国の所有する金や銀などの貴金属の量が国富となると主張するものである。この理論の考えでは、イングランドがインドから胡椒を輸入するならば、胡椒という贅沢品の輸入のために貴重な貴金属を海外に流出させてしまうので、貴金属でみた国富は失うことになる。その場合には、インドとの貿易を担当する東インド会社は、国富を損なう反国家的な活動をしていることになるだろう。

しかしマンは、イングランドはこのようにして輸入した胡椒をヨーロッパの諸国に輸出して販売することにより、巨額の収入を受け取ることができることを指摘する。この貿易の差額によって国富は増大するのであり、東インド会社は国家のために役立っているというのがマンの主張であり、これが重商主義である。たしかに貴金属の量でみた直接の利益は低減するかもしれないが、国家全体でみれば、貿易差額によって大きな利益が生まれるのである。

しかしその当時のイングランドが、このような貿易差額を手にするためには大きな障害があった。貿易のライバル国のオランダである。一六六四年にトーマス・マンの「外国貿易によるイギリスの財貨」という論文が発表され、そこではその当時のオランダが貿易で重要な国富を獲得していること、そしてかつてオランダの統治国であったスペインが、戦争によってふたたびオランダを支配するようになるならば、イングランドは苦境に陥ることが指摘されている。そこで彼は、オランダと同盟してスペインと戦うべきだと主張するのである。

マンの望んだオランダとの同盟は名誉革命によって実現し、やがて重商主義戦争を通じてイギリスはスペインから制海権を奪って、海の帝国となるだろう。マンはそのための重商主義戦争は必要不可欠であり、推進すべきであると考えていた。外国との貿易は「王国の防壁であり、わが国財宝の源泉であり、わが国の軍資金であり、わが国の敵に対する威嚇である」[74]とされたのである。だからこそ、戦争の力に頼ってでも、外国貿易から生まれる富を守らねばならないとされたのである。この重商主義の理論はその後、近代経済学の父と呼ばれる**アダム・スミス**（一七二三～一七九〇）によって徹底的に批判されることになる。

アダム・スミスによる重商主義戦争の批判

このようにトーマス・マンの重商主義の理論は、当時のイングランドにとっては戦争の必要性を示す理論として役立っていた。これに対して重商主義戦争の完了した時期において貿易と国富についての考察を展開したアダム・スミスは、重商主義の理論にはいくつかの重要な欠陥があると考えた。第一に、重商主義は結局は重金主義と同じように、国富とは国内にとどまる貴金属の量の多さであると考えている。しかしスミスは、国内の富の大きさを決定するのは基本的に取引する商品の価値であり、商品の貿易がもたらす利益であり、貴金属はその指標にすぎないと考える。富の源泉は国内の生産物を外国で販売する貿易活動であり、取引の手段として便利に使われている金銀の多さだけに注目するのは間違いである。だから重商主義者たちが「金銀については他の有益な商品よりも、国内の保有量を維持するか増やすために政府が配慮するべきだとした点は根拠がない。どの商品も貿易が自由であれば、政府が配慮するまでもなく、適切な量がかならず供給されるからだ[75]」と主張した。富の源泉ではなくその指標にすぎない金銀の増減に一喜一憂するのは意味のないことだと指摘したのである。

第二に、金銀はこのように貿易を円滑に行うための手段にすぎず、国家の富を生むのは商品の貿易であり、その貿易の帰結としての金銀の多寡ではない。貿易にはそもそも二つの重要な利益がある。第一に、国内で生産した余剰の商品を外国で販売し、その販売利益で外国の商品を購入して、これを自国に持ち帰ることができる。このように貿易によって、「自国で不足している商品と交換することで、余った生産物が価値をもつようになるとともに、国内の生活が豊かになる[76]」のである。

次に貿易によって国内の余剰の商品が販売できるようになると、国内では得られなかった販路が生まれるので、国内の生産体制における分業が促進され、生産性が向上する。「貿易で大きな市場が開かれ、自国の労働による生産量が国内消費量を大幅に超えても吸収できるようになるので、生産性を向上させて年間の生産量を最大限に増やすようになり、その結果、社会の真の収入と富が増加する[77]」ことが期待できるのである。

第三に、重商主義の理論では貿易の差額の大きさと、その帰結である貴金属の量の増加だけを目的とするために、「国内消費用の外国商品の輸入をできるかぎり減らすとともに、国内産業の生産物の輸出をできるかぎり増やすことが経済政策の大目標になった[78]」。この政策では、外国商品の輸入を減らすために輸入規制策を採用し、国産品の輸出を増やすために輸出の奨励策を採用した。

　ところがこのようにして外国商品の輸入を制限すると、国内の消費者は購入しようとする商品に高い価格を支払わねばならなくなる。「重商主義では、消費者の利益はほぼつねに生産者の利益のために犠牲にされている」[79]のである。さらに国産の商品の輸出を促進するために輸出奨励金を支給する政策が採用されているが、これもまた生産者の利益をはかるためである。このように「重商主義の法規では、国内製造業の利益がもっとも配慮されている。そして消費者の利益よりもさらに、大製造業以外の生産者の利益が犠牲にされている」[80]のである。これらの法規は一部の大製造業者の利益を重んじるばかりで、その他の製造業者の利益も、消費者の利益も犠牲にしているのである。

　最後に、このような重商主義的な外国貿易政策を実行するために、イングランドは不要な戦争という手段に訴えている。イギリスは海外に植民地を獲得し、その市場を確保するために戦う必要があるとされている。「イギリスは大帝国を作ったが、その唯一の目的は本国から供給できる商品をすべて、本国の生産者から購入するよう植民地に義務づけて、顧客を作り出すことにあった。(中略)この目的のために、この目的だけのために、スペイン戦争と七年戦争という最近の二回の戦争で二億ポンド以上の戦費が支出され、一億七千万ポンドの新たな国債が発行されて、それ以前に同じ目的の戦争で負っていた国債の残高がさらに膨らんだ」[81]のである。

アダム・スミスの戦争論

スミスはこのように重商主義という理論がたんに輸入と輸出を規制する政策であるだけでなく、重商主義戦争の根本的な原因の一つとなっていることを明確に指摘したのである。重商主義の政策によると、植民地における貿易を独占することが、貿易差額を確保するための重要な手段となる。「この独占の維持が現在まで、イギリスの植民地支配の主な目的であった。もっと正確にいうなら、おそらく唯一の目的であった」[82]のである。そして近年のイギリスが戦った重商主義戦争は、この貿易の独占を維持することを目的としてきた。「とりわけ七年戦争の戦費の全額と、その前のスペイン戦争（一七三九〜一七四八）の戦費の一部」[83]は、この目的のために費やされたのであり、これが国民の負担となっているのである。

ところでスミスはこのように高い経費のかかる戦争そのものが悪であると考えていたわけではない。重商主義の政策に基づいた貴金属の量を増やす戦争が空しいことを指摘するだけであり、戦争そのものは国家の重要な役割であると考えている。スミスはいわゆる夜警国家論の大本というべき理論家であり、輸入や輸出規制のような人為的な政策は否定し、自由貿易こそが国家の利益を最大にすると考えていた。そして国家の役割は、このような自由貿易を遂行するための枠組みを維持することにあると主張していた。そしてそのためには戦争の遂行は国家の重要な課題なのである。「主権者の第一の義務は他国の暴力と侵略から自国を守ることであり、この義務を果たすには軍事力が不可欠である。そして軍事力を平時に準備し、戦時に行使するための経費は、社会の状態、社会の発展段階によって大きく違ってくる[84]」のである。

スミスによると戦争の準備と遂行は国家の義務であるが、近代にいたって火器が発明されたために、戦争は非常に経費のかかる営みになってきた。しかしこのような新たな技術の発明は一面では、近代国家にとっては好ましいものとなっているとスミスは考える。「近代の戦争では、火器に膨大な経費がかかることから、この経費を負担できる国が明らかに有利になり、その結果、豊かな文明国が貧しい未開の国より有利になった。古代には、豊かな文明国は、貧しい未開の国の攻撃から自国を防衛するのが難しかった。近代には逆に、貧しい未開の国は、豊かな文明国の攻撃から自国を防衛するのが難しくなった。火器の発明は一見、きわめて危険だと思えるが、文明の永続と拡大のためには明らかに有利な条件になっている[85]」と、火器の発明という技術的な革新が文明のために役立つものだと主張するのである。

このように火器に代表される新たな兵器の発明は、原爆にいたる歴史を考えてみれば、残虐さを高めるばかりであると思わざるをえないが、スミスはこうした文明の利器の発明は、戦争における残虐さを減らすために役立っていると考えていた。スミスは古代の戦闘と比較すると、「近代の軍隊は、たがいに敵愾心をかきたてられることが少なくなった。それは火器がかれらを、まえより遠くへだてるからである。かれらがつねに剣を手にして戦ったときは、憤激狂暴は最高度にたっし、かれらは入り乱れて戦っていたので殺戮はずっと激しかった[86]」という。

こうしてスミスは戦争は文明的な世界のために有益なものだと考えるのであるが、それではスミスは戦争はどのような場合に遂行すべきだと考えているのであろうか。自然法の学統をつぐスミスは、戦争論については前世紀の自然法学者のグロティウスの思想から大きな影響を受けている。スミスは『法学講義』においてどのような場合に戦争をすることが許されるかという問いに対して、次の三つの正当な戦争原因を挙げている。第一は、外国からの侵略または権利の侵害である。「ある国民が他の国民の所有を侵犯するか、あるいは他国の臣民たちを殺害または投獄し、あるいは侵害したときに、裁判を拒否するというばあいには、主権者は犯行に対する償いを要求しなければならない。なぜならその成員を外敵に対して保護することが、政府の目的なのだからであり、その補償が拒否されれば、そこに戦争の根拠がある」[87]からである。

第二は、契約が守られない場合である。「一国民が他国民に対する負債があってその支払いを拒否するというばあいのような、契約の破棄は、非常に正当な戦争の理由である」[88]。

第三は、他国の主権者から犯罪行為が行われた場合であり、そのような場合には処罰のために戦争を行うことができる。「一国の主権者の他国の主権者あるいは臣民に対する犯行、あるいは一国の臣民の他国の臣民に対する犯行が、妥当な償いをともなわないならば、戦争の正当な理由となりうる」[89]のである。

これらの三つの戦争理由は、次の節で考察するように、グロティウスが列挙する三つの正当な戦争理由、すなわち防衛、財産の回復、刑罰という理由とまったく同じと考えることができることからも、スミスがグロティウスの『戦争と平和の法』に依拠していることは明らかだろう。

プロイセンとロシアの進出

ところでこの重商主義戦争の時代のヨーロッパの国際情勢に新たな動きを招いたのが、プロイセンの擡頭とロシアの進出であった。この両国の擡頭をきっかけとして、ヨーロッパの辺境地帯の支配権をめぐる戦争が展開されたのである。たとえば東欧ではウクライナ地方のステップ地帯を開拓して農耕をさかんに行うようになったことで、ヨーロッパの食料事情は著しく改善した。そして重商主義の時代の戦争の主要な舞台は、東欧となるのであり、何よりも東欧の新たな権益をめぐるものだった。この地域の戦争においては、巨大な領地を所有していたハプスブルク家と新興のプロイセンとの争いがとくに重要な意味をもっていた。一七四〇年からのオーストリア継承戦争では、フリードリヒ大王はシュレージエン地方をオーストリアから奪い取ることに成功した。

さらにこの時代に抬頭した強国は、ロシアだった。一七七二年のポーランド第一次分割ではロシアのエカチェリーナ二世はプロイセンなどに介入されたために、国境に近い地域をわずかに併合したにとどまるが、一七九三年の第二次ポーランド分割でロシアはポーランドの国土の半分近くを獲得する。やがて一七九五年の第三次ポーランド分割でポーランドはすべての国土を喪失したのだった。

ただしロシアとイギリスでは戦争の背後にある生産方式に重要な違いがあった。「ロシアの場合は、資源の動員は究極的には、国家官吏と国家の特許をうけた民間業者とからなるエリートの命令で動く農奴労働にもとづいていたのに対し、イギリスの場合は、強制よりは、相対的に多数の個人が私的な選択としてどの商品を選んだかに示された市場誘引による資源の動員のほうがはるかに重要だった[90]」という違いがあった。

フリードリヒ大王の軍隊

この時期にプロイセンの国王になったのが、父の軍人王フリードリヒ・ヴィルヘルム王とそりがあわず哲学書に読みふけっていた**フリードリヒ二世**(一七一二〜一七八六)である。後に大王と呼ばれるようになった王は、一七四〇年に父王が崩御して即位すると間髪をいれずにシュレージエンに進軍し、こうしてオーストリアのマリア・テレジア女王との間に宿縁の戦いが始まる。オーストリア継承戦争と七年戦争の長い戦いの始まりである。

父王の設立した士官学校を強化して、大王はプロイセンの将校たちを鍛え上げ、電撃戦に巧みな軍隊を作りあげた。ただし兵士たちは主として国内や国外から拉致して強制的に入隊させられた人々だった。大王はこの軍隊を厳しい教練と規律で鍛えあげて強力な軍隊とした。その機動力と戦闘力はそれまでに例をみないものであったが、兵士たちはつねに脱走の機会を狙っていたために、大王は逃亡を防ぐための規則を定めていた。「軍は森林の付近に野営してはならない、軍の後尾と側方はつねに軽騎兵で監視させる、必要やむをえない場合のほか夜の行軍を

フリードリヒ大王

Friedrich II

1712-1786

軍人王ヴィルヘルム1世の子として生まれる。文学・芸術を好み、軍人教育を科す父王に反発。『反マキアヴェッリ論』を著し啓蒙主義的な君主像を描くが、第3代プロイセン国王就任後はオーストリア継承戦争、七年戦争を通して領土を拡大。戦争終結後は法の整備や農民保護、産業振興など国務に注力した。

避けなければならない、馬糧徴発や水浴にゆくときは隊伍を組んでつねに将校が引率しなければならない、と規定されていた」[91]のだった。

大王はこの軍隊を厳しく教練し、命令に従わない兵士は処刑するように命じた。このようにして鍛え上げた軍隊を駆使した大王の戦闘は、「秩序整然としたものとなる。相対する両軍はあたかもゲームを開始するチェスの駒のように整然と方式どおりに配置される」[92]のだった。ただし敵軍が敗走しても追撃することはしなかった。追撃すると隊列が乱れるために、兵士が逃亡するからだった。「そこでフリードリヒの戦争は、ますます陣地取り戦争、すなわち複雑な機動と小さな勝利を巧みに蓄積してゆく戦いになっていった」[93]のである。この規律正しい大王の強力な軍隊を時代遅れなものとしたのが、フランス革命の後に登場したナポレオンの軍隊だった。

第3節 近世の国家論と戦争論

グロティウスの自然法の理論と戦争論

この時代に、近代の国民国家が擡頭して枢要な政治的な役割を果たすようになるが、その背景として、人々が国家を樹立することの意味と、戦争と平和が国家の存続に果たす重要な役割についての原理的な考察が誕生していた。この節では国家と戦争の意味についての思想をめぐって具体的に考えてみることにしよう。

スペインからのオランダ独立戦争の立役者の一人であった法学者の**フーゴー・グロティウス**（一五八三～一六四五）は、それまでの近世スコラ哲学者たちが法学と神学を結びつけていたのとは異なり、自然法を神とはまったく独立させて考えた。スコラ哲学では、自然法は神の永遠の法

フーゴー・グロティウス

Hugo/Huig de Groot
1583-1645

オランダのデルフトの名家に生まれる。14歳で大学卒業。弁護士、官僚として活躍するも、宗教対立により投獄されフランスに亡命。30年戦争を機に『戦争と平和の法』を著し、国家や宗教の枠組みを超えた自然法に基づく国際法の基礎を提唱。「国際法の父」「自然法の父」と称される。►3章

にいたる現世の通路のようなものとして考えていたのだが、グロティウスは古代の自然法の理論と同じように、自然法とは人間の理性に自然にそなわる法であると考えた。「自然法は正しき理性の命令である」[01]というのである。これは神の永遠の法とは独立して存在するものであり、存在すべきものなのである。

グロティウスは伝統的な自然法の思想と同じように、人間には社会を設立する欲望がそなわっていると考える。動物は自己の利益だけを考えるが、人間にはこの社会的欲望がそなわっているために、社会を設立するが、この「社会というものは、種類を選ばぬものではなく、平和な、そして彼の知性の様態に従って同種の人間とともに組織する社会である」[02]という。この社会を設立して生きようとする人間性が自然法の土台となるのであり、これが自然法の源泉である。「人間の知性と一致するこの社会的秩序（societatis custodia）は、本来の意味における法の淵源である」[03]。

このようにして人間の社会的欲望から生まれた自然法というものは、神の法とは独立したものとして考えられている。「自然法は、神もこれを変え得ないほどの不変なものである。神の力は測り知られぬものとはいえ、その力のおよばぬものが存するといい得る。（中略）神さえも、二の二倍が四にならないようにはできないと同じように、本質的に悪しきものを悪しからずとなすことはまったくできない」[04]というのである。

この文章にグロティウスの自然法の論理が明確に示されている。神の法は永遠の法であるが、人間の法は神の法とは独立して存在しうる。それは代数と同じように独立した科学的な方法に基づいたものである。自然法の基本的な命題は代数と同じように自明なものとしての性格をそなえているのである。グロティウスのこの自然法の理論は、同時代のデカルトの『方法序説』と同じように、理性に依拠した科学的な推論に基づいたものであり、神学の論理構造とはまったく独立したものとされていた。グロティウスは神の意志という神学的な前提に依拠せずに、人間に自然にそなわる理性の働きに基づいた法の理論を構築しようとしたのであり、その意味で自然法の歴史において重要な転換点となったのである。

グロティウスは戦争については「戦争とは力によって争う人々の状態である」[05]と定義したうえで、この法律の規定に基づいて、公的戦争、人的戦争、混合戦争の三種類の戦争を規定する。公的戦争は国家と国家の間の戦争であり、人的戦争は私人の間の戦争、混合戦争は国家と私人の間の戦争である。グロティウスはこの戦争の規定に基づいて、すべての戦争について、それが「正しい戦争」となるために必要な三つの条件として、防衛、回復、刑罰の三条件を挙げている。「正しき原因は、防衛、我々に属するものまたは我々に当然なものの追求、および刑罰から生じる」[06]というのである。アダム・スミスがグロティウスにならって正義の戦争の前提条件としてこの三条件を提起したのは、すでに確認したとおりである。

ある論者が指摘するように、「自然法によってのみ、なにが戦争の十分な理由であり、何が不十分な理由であるか、戦争そのものにおいてなにが許されない行為であるかが、決定される。グロティウスは、国際関係についての、つまり戦争と平和についての思考の枠組みを実質上はじめて創ったのであり、われわれは意識するにせよしないにせよ、今なおその枠組みのうちで活動している」[07]と言えるだろう。

ただしこの正戦論は、ローマ法とキリスト教の思想的な伝統に依拠したものであり、ヨーロッパのウェストファリア体制のもとでの国家間の戦争に適用されるものであることは、確認するまでもないだろう。国家と国家の正規の戦争ではなく、文明国と未開の民族の間の非正規の戦争では、このような正戦の規定はほとんど意味をもたない。銃で武装したヨーロッパの兵士と、侵略に抵抗するアメリカン・インディアンとの戦争や、植民地とされたアフリカやアジアの民との戦争は、「人狩り」に近いものであり、正戦の議論は適用されない。植民地の兵隊たちとアメリカン・インディアンとの戦いではインディアンたちは、宣戦布告なしのゲリラ的な戦法を採用せざるをえなくなる。「〈彼らは宣戦せずに敵対行動に出る。平地に出てきてわれわれに戦闘開始を合図しようともしない〉とニューイングランドの牧師は怒っている」[08]としても、その正戦の議論は滑稽としか言いようのないものになってしまう。

ホッブズの戦争状態の理論

他方で、ピューリタン革命が勃発していたイングランドでは、それよりも一世紀ほど前から、国家の成立や存続と戦争と平和の関係についての原理的な考察が展開されていた。国民国家の確立期の政治思想家である**トマス・ホッブズ**（一五八八〜一六七九）は、イングランドで一六四二年に内乱が発生する前の一六四〇年に、『法の原理』という書物を執筆していたが、この書物が国王の統治権を認める王党派の書物ではないかという疑いをかけられ、議会改革派からの攻撃を受け始めていた。そこでホッブズはフランスに亡命して、そこから自国の国王軍と議会派の軍隊の戦争の行方に注目することになった。そして一六五一年には『リヴァイアサン』を刊行したのである。

このピューリタン革命は、イギリス国教会とピューリタンの間で戦われた宗教戦争という側面をそなえていたのであるが、ホッブズはこの宗教的な対立の根底に、欲望によって動く人間のあり方と、そのようなあり方を組織する経済的な原理である資本主義の社会の現状をみつめていた。ホッブズは、社会において人間は他者を害してでも自分の欲望を実現しようと願うものであると考えた。このような欲望する人間が作り出す社会では、人間どうしの関係は、戦争状態にならざるをえない。これは、万人が万人にとって狼となり、他者の所有を奪い合う関係であり、人間と人間が自然のうちで出会ったときに生じる自然状態だとされた。この自然状態の考え方は、人間のうちに秩序を作り出す本性のようなものがあると考える自然法の理論に正面から反論するものであった。この書物は近代的な人間観を作り出すための端緒となったのである。

具体的に考えてみよう。ホッブズはこの書物において、人間たちの自然な状態がこのような戦争状態になる理由として次のことを挙げていた。まず人間の本性は、「競争、不信、虚栄」[09]という三つの要素によって規定されると考える。人間は社会のうちで平等な立場で他者と競争する存在である。たしかに他人よりも優越した力や才能をもつ人間は存在するが、身体的に比較してみても精神的に比較してみても、他者を完全に圧倒するような力をもってないという意味で、平等な存在なのである。どれほど強い人でも、夜間に寝ていて無防備なときに襲われれば、弱い者に殺されてしまうだろうし、複数の人が共謀すれば、どんなに強い者でも殺すことができるだろう。

人間はまた、どの人も同じような欲望をもつという意味でも平等である。ということは、人々は誰もが同じようなものを欲望する傾向があるということである。しかし社会のうちの資源は稀少である。二人の人が、同じ寝心地のよい場所、同じ魅力的な配偶者、同じ豊かな財産などを同時に分け合うことはできない。

こうした欲望の平等性と資源の稀少さのために、人間の間で競争が発生するのは避けられないとホッブズは考える。もしも社会において、人々のこうした欲望のありかたを抑え、競争心と他者への不信と自己の虚栄心を抑える上部の機関が存在しない場合には、他者との間で戦争状態が発生することになる。こうした社会で、「すべての人々を威圧しておく共通の力なしに生活している時代には、かれらは戦争と呼ばれる状態にあるのであり、かかる戦争は各人の各人に対する戦争である」[10]。こうして万人の万人に対する戦争状態が発生する。ホッブズはこれを自然状態と呼ぶ。この状態においては「人間の生活は孤独で、まずしく、険悪で、残忍で、しかも短い」[11]という。だからホッブズは、国家の外部に、専制的な権力を上から行使する統治機構が存在しない状態では、人間の生活がこれほど悲惨なものになるのは避けられないと主張するのである。

このような戦争状態から離脱するためには、人々が集まって国家を樹立し、社会契約を締結することで、人々の欲望を抑えることのできる政府を設立しなければならない。そしてこの政府は、市民の利害から離れて市民のあいだの紛争を解決できるように、市民は参加しないものでなければならない。この政府は第三者として紛争を調停する必要があるのであり、市民はこの第三者としての政府の裁定には無条件で従わなければならないとされた。

この国家は君主による統治となることが多いとされており、それがたとえ専制的な君主の権力だとしても、こうした戦争状態を防ぐ機構が存在することにおいて、自然状態よりはすぐれていることになる。ホッブズはこのようにして当時のイングランドの国王の専制政治を擁護する理論を展開したのだった。ただし国家の正統性の理論においては、君主の統治だけでなく、人々が集まって社会契約を締結することによって正統な統治者となる道筋も認めていたために、議会派の権力掌握も正統なものと認める理論構成となっており、革命後には無事にイングランドに帰国することができたのだった。

ルソーの「戦争法原理」

このホッブズの社会契約の理論を受け継ぎながらも、自然状態と戦争状態についてまったく異なる概念を提起したのがフランスの思想家の**ジャン＝ジャック・ルソー**（一七一二〜一七七八）だった。ルソーの社会契約の理論はホッブズの理論とは二つの点で明確に異なる。第一はこのように、こうした野生のうちに生きる人間の自然状態は戦争状態ではなく、人々が孤独でありながら、他者に無関心に、争わずに生きている平和な状態であると考えることである。第二は、ホッブズの指摘するような戦争状態は、野生のうちに生きる人々がたんに社会を形成するだけでは発生せず、国家が形成された後で発生すると考えることである。ルソーがどのような経緯からそのように考えたかを調べるために、ルソーの戦争状態の概念を点検し、ホッブズの理論との違いを確認してみることにしよう。

ルソーは「戦争法原理」という論文において、神の被造物である人間の社会は、もともとは社会を作って共同で暮らしながら、自分だけではなく、他者の存在も愛しながら、平和のうちに生きていたはずだと考えている。しかしそれでも実際に戦争は起きている。それは人間が国家という社会状態を形成しているからである。「個人と個人の間には、真の戦争はこれまで決してなかったし、ありうるはずがない。これまで戦争があったのは、本当に敵同士と呼ぶことができる者たちの間においてであった。すなわち公人の間においてであった。それでは公人とは何か。主権者と呼ばれる道徳的存在である。主権者に存在を与えるのは社会契約であり、およそ主権者の意志は法という名をもつことになる[12]」。

このようにしてひとたび生まれた国家は、いかなる自然的な制約にも束縛されない。その大きさには自然によって定められた限界のようなものはないし、競争心にも限りがない。そして国家は自分よりも大きな国家があると、競争力の働きによって、さらに大きな国家になろうとする。国家にとっては、「より強大な国家がある限り、おのれを弱小国だと感じる。国家の安全と保全のために、近隣のいかなる国家よりも強大であることが求められる。勢力を拡大し、養い、行使するために近隣諸国を犠牲にしなければならない」[13]。このようにして国家は他の国家との競争関係のうちで他国を征服するための戦争へと駆り立てられるというのである。

これは国家と国家の間では戦争が発生するのは避けがたいということである。ルソーの時代のヨーロッパでは勢力均衡の原理に従って、戦争が絶え間なく行われ続けたことの背後には、こうした状況が存在していた。どの国家もまた他国の侵略を恐れて軍備を増強せざるをえず、その経済的な負担も大きくなることを、ルソーはこの論文で明確に指摘している。そして戦争が個人の間ではなく国家の間で行われるものであることを明らかにしながら、国家による戦争がいかに他国の人民だけでなく、自国の人民も苦しめるものであるかを示そうとした。

ルソーがこの論文を執筆したのは、ルイ一五世のもとで重商主義戦争の最後の段階の戦争である七年戦争が戦われていた一七五六年の頃とみられている[14]。この時期にルソーは『社会契約論』の草稿である『ジュネーヴ草稿』を執筆し、国家の主権者がルイ一五世のような国王ではなく国民となるような民主主義的な体制構築論を検討していた。この論文ではまだ主権者は勢力の拡大のために隣国に戦争をしかける国王のような存在とされているが、国民が主権者となる真の意味での社会契約が締結されるようになれば、このような戦争は廃絶され、真の意味での国家の防衛のための戦争だけが許容されるようになるだろう。そしてルソーはこのような真の国家においては国民はみずからの生命を賭して国家を守るために戦争に従事すべきだと考えるようになるだろう。このルソーの思想はフランス革命とその後の革命戦争の思想に受け継がれるのである。

また同じ頃にルソーは、やや前の時代の政治理論家である**サン＝ピエール**（一六五八〜一七四三）の「永久平和論」に感銘を受けて、永久平和論の構想を執筆していたが、その実現にはあまり大きな期待を抱いていなかったようである。サン＝ピエールは当時のヨーロッパの勢力均衡の状態にあった諸国の主権者たちに対して、理性的に判断するならば永久平和を実現することが望ましいことは明らかなはずだと訴えようとした。しかしルソーはこの時代の国家の君主たちに理性的な判断を求めるのは、すなわち「狂人たちの真中にいて思慮分別をもつことは、いわば狂気」[15]のようなものになってしまうことを指摘する。戦争が国王や諸侯の戦いではなく、国家の間の戦いになると、もはや戦争と平和は君主の名誉心や道義心などによって始められたり、終結させられたりするような性質のものではなくなる。その時にはもはや平和を国や君主の理性や意志に訴えかけて実現することは空しい試みにすぎなくなるのである。

カントの永久平和論

ルソーから強い影響を受けたドイツの哲学者の**イマヌエル・カント**（一七二四〜一八〇四）は、論文『永遠平和のために』において、ヨーロッパの勢力均衡の状態における戦争だけではなく、そもそも戦争というものをなくして平和を実現するためにはどのようにすべきであるかという永遠の問いに取り組んでいる。この論文は、当時の平和条約の形式にならって、永遠平和を実現するための予備条項と確定条項という二つの部分で構成されている。カントはさらにこれを二つの追加条項で補足する。第一追加条項では、一つは永遠平和を保証することのできる〈自然の意図〉について考察する。第二追加条項では、永遠平和のために、秘密は許されるかという問いについて考察する。この論文ではさらに付録として、この条項部分につづいて、政治と道徳、理論と実践という二元論的な対立についての考察が展開されており、ここでカントの豊かな思惟が展開されていることに注意しよう。

まずカントは六項目の予備条項を定めている。これは永遠平和を実現するための前提条件となるものであり、戦争原因の排除、国家を物件にすることの禁止、常備軍の廃止、軍事国債の禁止、内政干渉の禁止、卑劣な敵対行為の禁止である。これは戦争が起こらないようにするとともに、戦争の後で和平を実現するのを妨げるような戦時中の行為を禁止するものである。

次にカントが提示する確定条項は、公法の三つの構成にしたがって提案される。カントは『人倫の形而上学』で公法を国家法、国際法、世界市民法という三つの伝統的な領域にわけて考察した。国家法は、さまざまな国内法を意味するのではなく、国民が自然状態から離脱して、国家を構築するための法律である。「国家とは、法的諸法則にもとづいて、一群の人間たちを統合したものである」[16]。カントにとっての国家法とは、自然状態にある人々を国民として形成するための社会契約を締結する行為を表現したものなのである。この国家法（憲法）は大衆が国家を構成するためにみずから選択したものとみなされることに注意しよう。国家を構成するのはつねに大衆であり、外部からそれを強制することはできないとされている。

この国家がどのような手続きで樹立されるのかという問題は、ここではごく概略的に語られている。カントは国家の樹立は「根源的な契約」[17]によるものであり、「この契約にしたがって、人民に所属する一切の者たち、万人と各人は、彼らの外的自由を、ある公共体の、すなわち国家としてみられた人民の統合体の成員として、直ちに再びそれを受領するために放棄する」[18]と述べるだけである。この自由の放棄と同時に自由を受領するというメカニズムは、ルソーが『社会契約論』で語ったものであり、カントは国家を樹立する根源的な契約を、ルソーの社会契約と同じ道筋で考えているようである。

このようにして成立した国家は、世界においてさまざまな国家と競合して存在している。これらの国家は自国を統治するための国家法をすでにそなえていて、正邪を判断するための法的な審級をそなえているが、まだ他の諸国との間では自然状態が支配している。「国家は他の諸国に対しては道徳的な人格として登場し、自然的自由のうちにあり、したがって絶えざる戦争の状態のもとにあるとみなされる」[19]のである。

だから一つの国と他の国はまだ自然の戦争状態にあるために、紛争が発生した際には、その主張の正邪を判断する審級が存在していない。この審級を形成するのが国際法であり、この法を形成し、施行するのが国際的な国家同盟である。この国家同盟には国家のような主権は付与されておらず、「諸国家がたがいに現実の戦争の状態に陥ることを防ぐ」[20]ことを目的として設立されるのである。ホッブズの社会契約では、自然状態にある個人は潜在的に戦争状態にあり、実際に戦争が発生することを防ぐために国家を樹立する契約を締結するのだった。そしてカントにおいても国際関係のうちにある国家はたがいに自然状態にあるため、潜在的に戦争状態にあるのであり、実際に国家と国家の間で戦争が発生するのを防ぐには、このような国際的な国家同盟が必要とされるのである。そしてこのような国家間の紛争を解決するための法律が国際法である。

　このようにヨーロッパにおける国家と国家連合が当時としては考えられるかぎりの最大の機構であり、これらの組織を規制するのが国家法と国際法である。しかしこのような国家連合を設立するための動機として、カントはこのような国家法と国際法の規定だけでは不十分であると考えた。そこでこれを補足するものとして、世界市民法を考案したのである。国家法は一つの国家の中の国民相互の関係を規制し、国際法は世界の中の国家相互の関係を規制する。ところがこの第三の世界市民法は、世界において「相互に現実的な関係に入りうる地上の一切の諸民族が、たとえいまだ友好的ではないとしても、平和的に行き来する共同関係を締結する」[21]という理念を法的に定めるものである。

　カントがこのような世界市民法という新たな概念を提起したのは、国家を設立する根源的な契約の次元と、国家が契約によって国家連合を形成する次元では、その契約の主体の性質が明確に異なっているからである。国家を設立するのは市民であり、市民は国家なしでは無力な一人の個人にすぎない。しかし国家連合を設立するのは国家であり、国家は単独においてすでに市民を保護する重要な役割を果たしている独立した政治体である。国家は根源的契約の解消によって廃絶され、その後は無権利の人間しか残らないが、国家連合が契約の解消によって廃絶されても、その後には連合を設立する以前の国家が残存しており、この国家のうちには、社会契約の締結によって、公民であることの重要性を認識した国民が存在するのである。

カントは国民が国家の樹立の際に蓄積した公民としての経験が、こうした国家連合の設立を望み、維持する力をそなえるようになっていると考えるのである。カントはこうした公民に大きな期待をかける。「世界全体の保全を重視するすべての諸国のうちに、ある感情が芽生え始めているのである。そしてこのことが、体制を改造するための多数の革命の後に、ついに全般的な世界市民状態が樹立されるという希望をいだかせるのである」[22]という。

カントはこのような国家をつなぐ国家連合の可能性について「永遠平和のために」の論文では、「人間と国家が外的にたがいにつきあう関係にありながら、一つの普遍的な人類国家の市民としてみなすことができる場合」[23]があることに期待をかけている。このように世界法の次元では国家のうちで育ってきた世界市民たちが、国家の狭い領域を超えて交流し、それが普遍的な人類国家の樹立につながる希望を抱かせるのである。この普遍的な人類国家の構想は、その後の国際的な連合のための重要な土台となり、実際に国際連盟の設立の際には、カントのこの構想が重要な指針とされたのだった。ハーバーマスが指摘するように、「第一次世界大戦の恐怖を経て、カントの考えは、法政策においても、法理論においてもさまざまな影響力をもつようになった」[24]のであり、「国際連盟の設立とともにカントのプロジェクトは初めて政治のテーマとなった」[25]のだった。そしてカントのこの構想は、戦争の禁止と永久平和の実現の試みにおいて、かならず参照されるものとなったのだった。こうした国家を超越した世界公民の思想は、たとえば現代では「国境なき医師団」のようなＮＧＯによる活動のうちにもうかがうことができる。

カントの戦争論

なおカントはこのように永久平和を実現する道筋を考察しながらも、戦争そのものについてはたんに否定的に捉えるのではなく、戦争という営みにそなわる積極的な要素に注目していたのだった。カントは戦争をたんに国家の間の自然状態のもとで発生する忌まわしい事態とはみなさず、戦争には独自の意義があると考えたのだった。カントは戦争には次のような価値があると考えた。

第一に戦争は、国家がみずからの利益を守るために始めるものであるが、この戦争の結果として、国家は自己を超越した国際的な組織を希求せざるをえなくなるとされている。人間は自分の生命と財産の保護という利己的な利益を実現するために、国家を形成するのであるが、国家もまた自国の利益を追求するために戦争を始めるのである。そしてこの戦争は、たんにそれぞれの国が自国の利益を追求するために役立つだけではなく、ヨーロッパが複数の大国の間で分割され、統治されている現状を否定して、国家の上位にさらに国際的な連合を設立することを促すという役割を果たすとされている。

カントはこの動きを「自然」のもたらす働きとみなして、こう語っている。自然は「この被造物が作る大きな社会と国家にみられる協調性の欠如を利用し、諸国家を避けがたい敵対関係のうちにおき、そこから平穏と治安を樹立しようとするのである。すなわち自然は戦争を通じて、そして戦争にそなえて決して縮小されることのない過剰な軍事力を国家に準備させ、こうした軍備のために平時にあっても国内の窮迫を実感させるのである」[26]。

国家がエゴイズムの働きで他国と敵対関係に置かれ、そのために過剰な軍備をそなえて国民を圧迫するようになるが、世界市民としての教養を積んできた国民はやがて、こうした敵対関係をなくすためには、国際的な連合が不可欠であることを実感するようになり、それが原動力となって国際的な連合が設立されるのは、理性的に判断するかぎり避けられないことだとカントは考える。すでに考察したように、国家と国家はそのままではたがいに戦争状態にあり、これは「戦争だけが支配する状態[27]」である。これから抜け出すには、「国家も個々の人間と同じように、法の定めにしたがわない未開な状態における自由を放棄して、公的な強制法に服し、つねに大きくなりながら、ついには地上のすべての民族を含むようになる国際国家を設立するほかに道はない[28]」のであり、その国際国家の設立の原動力となるのが、世界市民としての国民だとカントは考える。

戦争の第二の価値として、このようにして設立された国際国家が圧制的な世界国家となることを防ぐために、さまざまな民族と国家の多様性が維持されるために戦争が役立つとカントは考えている。それには二つの道筋が考えられている。一つの道は戦争の力によって、人々が地球の狭い範囲に集まって住むのを防いで、地球のあらゆる場所に民族が分散するようになることである。自然は「人間がその好みに反してでも、いたるところで生きるべきであることを独断的に望んだ[29]」のであり、「この目的を実現するために戦争を選んだ[30]」のである。

第二の道は、このように人々が分散して国家を設立するようにさせるだけでなく、さまざまな国家において言語や宗教の違いを維持させるためにも、戦争という手段が利用されることである。そもそも戦争は、国家と国家が連合国家を形成するために、否定的な意味で役立つとされていた。この「否定的な意味で」ということは、戦争の惨禍を防ぐためには連合国家を設立して、諸国家に戦争をやめさせる外的な強制法を確立するために、戦争が役立つということである。しかし戦争はこのような否定的な意味だけでなく、連合国家が設立された後にも、統一された世界王国が樹立され、それによってすべての文化と文明の多様性が喪失されるようになるのを防ぐためにも役立つとされているのである。

カントは「ある一つの強大国があって、他の諸国を圧倒し、世界王国を樹立し、他の諸国をこの世界王国のもとに統合してしまうよりも、この戦争状態のほうが望ましい[31]」と指摘している。もしもこのような世界王国が樹立されたならば、「魂のない専制政治が生まれ、この専制は善の芽をつみとるだけでなく、結局は無政府状態に陥る[32]」恐れがあるからである。

カントはこの段階での戦争の価値について、「自然は、諸民族が溶けあわずに分離された状態を維持するために、さまざまな言語と宗教の違いという二つの手段を利用しているのである。言語と宗教の違いは、諸民族のうちにほかの民族を憎む傾向を育み、戦争の口実を設けさせるものではあるが、一方では文化を向上させ、人々が原理において一致して、平和な状態でたがいに理解を深めあうようにする力を発揮する」[33]と語っている。戦争についてのこの逆説的な見解は、カントの戦争についての両義的な見方を象徴するものとして興味深い。カントは人々が国家を形成する根拠として、人間には社会を作り出そうとする根底的な欲求が不可欠なものとしてそなわっていると同時に、孤独を愛し、社会での交わりを嫌悪する「非社交的社交性」というものが本質的にそなわっていると考えた。カントは国家についても戦争についても、同じような複眼的な思考を発揮していることは注目に値するだろう。

第4章 近代の戦争

フランス革命をクーデターで終わらせ他国に侵攻する皇帝ナポレオンに、ヘーゲルは歴史における世界精神を見、クラウゼヴィッツは戦争とは政治的な行為であると喝破した。一方、ロシアでは共産主義革命が起き、世界は第一次世界大戦という未曽有の事態に突入する。

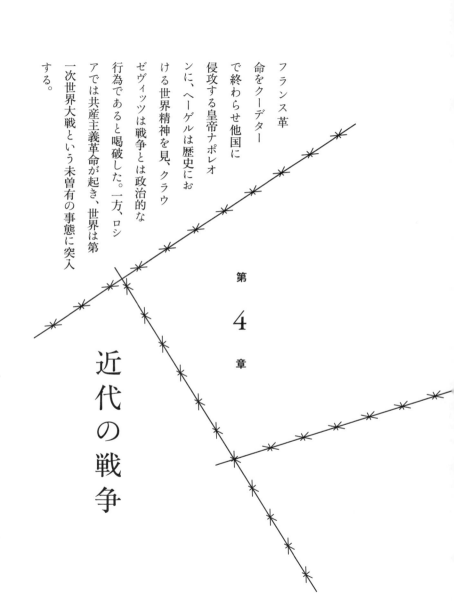

カール・フォン・クラウゼヴィッツ

Carl Philipp Gottlieb von Clausewitz

1780-1831

プロイセン王国の陸軍少将、軍事学者。ナポレオン戦争に敗れ、捕虜生活を送る。ロシア軍従軍後、再びプロイセンに戻り、国家と一体となった近代戦争の性質を精緻に分析した『戦争論』の執筆を始める。没後、マリー夫人が遺稿をまとめ発表。戦争は「異なる手段をもって継続される政治」の言が特に有名。

シモーヌ・ヴェイユ　Simone Weil　1909-1943
ユダヤ系フランス人の哲学者。学生時代から組合活動に参加。哲学教師として勤務中、休職し、複数の工場で労働。43年渡英するも肺結核と栄養失調で客死。遺されたノートを友人が編纂、『重力と恩寵』として刊行した。►第5章

アントワーヌ＝アンリ・ジョミニ　Antoine-Henri Jomini　1779-1869
スイスの軍人、軍事専門家。ナポレオンのフランス軍に従軍するも、上官とうまくいかず、ロシア皇帝の軍事顧問に。戦略、戦術、兵站を分析した『戦争概論』を執筆。マハンらに影響を与えた。

ヨハン・ゴットリープ・フィヒテ　Johann Gottlieb Fichte　1762-1814
ドイツの哲学者。カント哲学の自然と自由という二元論に対し、自我を中心とした一元論を展開。自我と外的世界である非我の弁証法により絶対自我が得られるとする。ナポレオン占領下での講演「ドイツ国民に告ぐ」が有名。

ゲオルク・ヴィルヘルム・フリードリヒ・ヘーゲル
Georg Wilhelm Friedrich Hegel　1770-1831
ドイツの哲学者。カント、フィヒテの影響とフランス革命への共感から哲学の道へ。キリスト教的絶対者ではない形でカントの二元論を克服しようと、弁証法を軸に論理学、自然哲学、精神哲学を展開、巨大な哲学体系を構築した。

カール・マルクス　Karl Marx　1818-1883
ドイツの革命家。ジャーナリストとして活動後、イギリスに亡命。資本家による労働者搾取の構造を分析した『資本論』を著し、階級のない社会を目指す社会主義運動の理論的支柱に。後世の経済学、社会思想に影響を与えた。

フリードリヒ・エンゲルス　Friedrich Engel　1820-1895
ドイツの経済学者、社会主義者。カール・マルクスの盟友。マルクスとともに労働者の団結を呼びかける『共産党宣言』を著す。マルクスの活動を物心両面で支え、マルクス没後は遺稿を整理し、『資本論』第2、第3巻を編纂。

ヴァルター・ベンヤミン　Walter Benjamin　1892-1940
ドイツのユダヤ系哲学者。ナチス政権樹立後フランスに亡命し都市と人の関係を考察する『パサージュ論』の執筆を開始。第二次世界大戦中、アメリカへの亡命途上、拘束され服毒自殺。独自の文芸批評を散文の形で残す。

エルンスト・ユンガー　Ernst Jünger　1895-1998
ドイツの小説家、哲学者。第一次・第二次世界大戦に従軍。第二次大戦中はパリの参謀本部に勤務し、同時代の作家と交流。ヒトラー暗殺計画に関与したとして罷免される。戦争体験を軸にした随筆や小説を多く著す。

ジークムント・フロイト　Sigmund Freud　1856-1939

オーストリアの心理学者、精神科医。パリ留学中、ヒステリーの催眠治療に接し、神経症治療に興味を抱く。無意識の存在を確信し、治療技術としての精神分析を確立。コンプレックス、幼児性欲などを提唱した。

►第1章

第1節 フランス革命と戦争

国民戦争の誕生

近世の戦争の掉尾を飾るプロイセンのフリードリヒ大王の戦争技術も、やがては無用なものとなる時代が訪れようとしていた。一七八九年にフランスで革命が勃発したのである。このフランス革命とその後のナポレオンによるヨーロッパ征服戦争によって、近代の戦争の幕が開かれたと考えることができるだろう。戦争の四つの観点として、技術革新、軍の新しい組織方法、戦術と戦略の革新、リーダーシップの改革を挙げてきたが、近代の戦争の幕開けとともに、戦闘と兵器の技術が一新され、傭兵から徴兵へと兵士の組織方法が一変し、戦争の戦略と戦術にも革新がみられ、指導陣もそれまでの国王から参謀本部のような専門の戦争指揮形態へと変わってきたのである。戦争がこれまでの王の火遊びから、国民の総意を集めた重要な政治的な事件となったのである。

革命に成功した憲法制定国民議会は、「アンシャンレジームの〈社団〉的な国家構造を否定し、自由・平等の原則に立脚する〈国民〉と国家の創出をめざして、憲法制定をはじめとする一連の作業を進め[01]」ようとしていた。当初は国王を戴く立憲君主制を採用しようとしていたが、国王ルイ一六世の一家が、国外の亡命貴族たちの集まっている地に逃れようと試みて、ヴァレンヌにおいて国境を越えようとするところを捕まってしまった。この知らせを聞いた神聖ローマ皇帝のレオポルト二世とプロイセン国王フリードリヒ・ヴィルヘルム二世は共同で「ピルニッツ宣言」に署名し、フランス国王の地位の回復と保全を求めた。この国王一家のヴァレンヌ逃亡事件によって、革命はフランス国内だけでなく、ヨーロッパ諸国を巻き込んだ政治的な問題となり、戦争の危険が差し迫ったものとなった。

フランス国内ではジロンド派が「民衆の革命的情熱を外に向け、亡命貴族や宮廷の反革命運動をいっきょに粉砕しようとして[02]」開戦を唱えた。軍人のラファイエットたちも、軍部の発言力を高めるために開戦を主張した。モンタニャール派のロベスピエールは、「本当に危険な敵は亡命貴族よりも〈国内の敵〉であり、戦争は彼らを利することになる[03]」として、当初は開戦に反対していた。しかし世論は圧倒的に開戦を支持したため、一七九二年にオーストリアに対して宣戦布告が行われた。その後、国王は監禁されて王制は廃止され、議会は全市民に武器の携帯を許可した。

好戦的な雰囲気のもとで、民衆は次々と召集に応じて、志願兵として前線に向かった。そして九月二〇日に有名なヴァルミーの戦いで、プロイセン軍を退却させて勝利を収めたのだった。その時に兵士たちは、もはや廃位された国王のためにではなく、国民のために戦うという意志を明確に示し、「国民万歳！」と叫んで突撃したと伝えられる。ワイマール侯の付き添いとして現地でこの情景を目の当たりにしたゲーテは、プロイセン軍の敗亡を目撃して失望していたお付きの人々に向かって、「この日、この地において世界史の新しい時代が始まったのです。あなたがたはそれを目撃したことを誇ってもよいのです」[04]と語ったと伝えられる。

フランス軍がたとえばプロイセン軍との戦闘で何よりも優位に立ったのは、自分たちの国を守ろうとする熱意に燃えた多数の兵士たちが、素早く散開して行動できることによってであった。「フランス軍の兵士たちは、食糧をもたず革命的情熱だけを頼みに、何であれ途中でひろいあげたものを腹に入れるだけで、田野を横切って通常のほぼ二倍の行軍速度で移動することができる」[05]のだった。これは逃亡しないように将校たちに見張られながら行進するだけのフリードリヒ大王のプロイセン軍との大きな違いだった。「最速度の行軍、戦略的集中、戦場での攻撃的戦術がそれ以後フランス陸軍の十八番となった。散兵を自由自在に活用する能力において、フランス陸軍は他国の陸軍にくらべて、規律が自発的である度合いが高かったために卓越しており、このために、昔ながらの戦闘横列を組むことがほとんど不可能な、起伏の多い地形や木の生い茂った地形においても攻撃に出ることができた」[06]のである。

シモーヌ・ヴェイユの慧眼

その後はフランス軍は革命の防衛という使命を超えて、ベルギーやラインラントに進軍するようになる。その後に**ナポレオン・ボナパルト**（一七六九～一八二一）が登場して、やがてヨーロッパの全土にまで軍を差し向けるようになる。皮肉なことにフランス軍に支配されたこれらの諸国にも革命の理念が輸出され、これらの諸国のうちで、フランス軍から自国を防衛するために国家体制を変革しようとする運動が生まれるのだった。それと逆行するかのようにフランス国内ではナポレオンが皇帝に即位し、かつての王朝政治が復活する。国外におけるフランス軍の勝利によって、民主的な革命の成果は軍を率いるナポレオンに奪い取られたのである。戦争は愛国心を掻き立てることによって革命の成果を横取りし、革命を流産させたのである。

この成りゆきを鋭いまなざしで指摘したのは、ヒトラーの時代に生きたフランスの思想家の**シモーヌ・ヴェイユ**（一九〇九～一九四三）だった。彼女は戦争とは本質的に敵の軍隊との戦いなどではなく、むしろ「国家諸機関と参謀本部との連合体と、武器をもちうる年齢の壮丁全体との戦い」[07]にほかならないと喝破する。そしてそれが防衛戦争であるとか、帝国主義戦争であるとかいう規定は、本質的なものではないと考える。「兵士一人一人が自分の生命そのものを軍事装置の要請に犠牲にすることを強制され、その強制については国家権力による否応なしの処刑の威嚇がつねに彼らの頭上につきまとっている」[08]のはたしかである。兵士たちは国家権力によって「大量殺戮へと送りこまれる」[09]のであり、それは革命家たちが指導する戦争であっても同じことである。自由のための戦争などありえないと彼女は断言する。「最高国家機関に操られる武器はいかなる人間にも自由をもたらすことはできない」[10]のである。

フランス革命において開戦を叫んだジロンド派が扇動した戦争は、「国内の抑圧者と自分らをおびやかす他国の暴君どもに対して同時に反抗して立ち上がった民衆の自然発生的な激発ということになっているが、実は民衆の自由に反対して共謀した宮廷と上層ブルジョワジーの側からの挑発だった」[11]と彼女は明断に分析する。ロベスピエールたちのモンタニャール派は、真の民主主義の確立を目指していたとしても、「歴史の血なまぐさい皮肉によって、ただただ戦争のゆえに彼らは一七九三年の憲法を文字に記し、中央集権機構を作り上げ、血なまぐさいテロを行いながらこれを富者に向けることさえできず、あらゆる自由を消滅させ、つまるところナポレオンの軍事的、官僚的、ブルジョワ的独裁の先導者とならざるをえなかった」[12]と言えるだろう。シモーヌ・ヴェイユは「革命戦争は革命の墓穴である」[13]と明言する。武器をもった市民が戦う戦争が真の意味での自由を目指す戦いとして遂行されたのは、パリ・コミューンだけだった。しかしこれも華々しい戦闘の後に失敗に終わる。「戦争に巻き込まれた革命は、反革命の血なまぐさい攻撃に屈服するか、それとも軍事的闘争のメカニズムそのものによって、それ自体が反革命に変化してしまうか、そのどちらか」[14]であるというシモーヌ・ヴェイユの断言はわたしたちに多くのことを考えさせてくれる。

ナポレオンの天才的な才能——ジョミニ

このようにして愛国心の喚起と巧みな徴兵方法によって、フランス陸軍は六十万人もの巨大な兵員を擁するようになった。フランス軍が隣国を征服すると、その地でさらに徴兵制を敷くことによって兵士を増員することができた。「ベルギーやラインラントやピエモンテやトスカナを併合したために、〈フランス人〉の数は一七八九年の二五〇〇万人から一八一〇年の四四〇〇万人へとほとんど倍増した」[15]のだった。ナポレオンの軍隊は一八〇〇年から一八一二年までに百三十万人の新兵を徴募したが、その半数近くはこうした新たな領土から集められたものだった。

問題はこのようにしてかき集めた新兵をどうするかということだった。フランス国内にとどめておくことはもちろん不可能であるから、これからは転戦に転戦を重ねて、外国の領土で戦うしかなかったのである。「かくして、フランスと革命の防衛のための戦争として始まったこの戦争は、最初は略奪の、次いで征服の戦争に変えられた。フランス軍とその将軍たちが外国にいる限り、フランス軍がどこに向かおうと、時の総裁政府にはどうでもよかった。若いボナパルトは、飢えたぼろぼろの軍隊を、略奪という約束だけで、一七九六年にイタリアに入れた。それによって、それ自体の弾みを得た征服の道を、開始することになった」[16]のだった。この軍隊はスペインへ、ドイツへ、ポーランドへ、最後はロシアへまで転戦に次ぐ転戦をつづける

ナポレオン・ボナパルト

Napoléon Bonaparte

1769-1821

フランス領コルシカ島の貴族の家に生まれる。士官学校卒業後、砲兵将校としてフランス革命に参加。1799年、総裁政府を軍事クーデターで倒し第一執政に。国民の熱狂的な支持を得、1804年皇帝即位。近代的な民法典や教育制度の整備を行う。ワーテルローの戦いに敗れ、セントヘレナ島に流され逝去。

ことになる。

ナポレオンは自分の野心に合わせてこのような征服を行う将軍として、天才的な才能をそなえていた。彼には何よりも、自分の目指した政治的な目的に合わせて軍を指揮することに長けていた。彼にそなわっていたのは「軍事作戦が行われるその目的を認識する能力である。それは一七九六年ピエモンテとの場合のように動揺する敵に対する遮断と懐柔であろうと、一八〇六年プロイセンとの場合のように強敵の全面的破壊と除去であろうと[17]」同じことであった。彼においては「政治的目的が戦略計画を支持した。そして戦略計画は、敵の陣地に決定的地点を見分け、それを抵抗できない力で攻撃することに向けられた[18]」。ナポレオンは自分の政治的な野心に応じて戦略を立て、敵陣と自陣を見渡す概観能力に傑出していた。何よりも決定的に重要と思われる場所に迅速に軍を集中させて、そこで敵軍に決定的な打撃を与える能力に優れていたのだった。

ナポレオンの時代に当時の戦争を目撃していたのが、スイスの軍事専門家**アントワーヌ＝アンリ・ジョミニ**（一七七九〜一八六九）だった。彼はナポレオンの軍事的な成功の秘密は、戦略的な原則を忠実に適用したことにあると考えていた。彼によると戦争には基本的な原理があり、「すぐれた計画を立てるに際し、必ずやこれに準拠せねばならぬ[19]」ものであり、それは基本的には「軍の主力を、戦争舞台の決勝点に、また可能な限り敵の後方連絡線に向け、自己自身と妥協することなく、戦略的移動により、継続的に投入すること[20]」である。そのためには部隊を適切に機動的に配置しなければならないし、適切な時期に、「部隊主力を決勝点か、または打倒することの最重要な敵線の一部に向け投入すること」[21]が必要である。これはまさしくナポレオンの戦略をそのまま表現したものと言えるだろう。

さらにナポレオンには軍の一兵卒にいたるまで、大きな栄光を獲得するという夢を抱かせることができたのであり、そのことによって、兵士の能力を最大限にまで発揮させることができたことも重要である。「アンシャンレジームの固定した型が崩れると、個人の武勇と智恵と幸運が勝ち取るものに限界はなかった」[22]のだった。スタンダールの小説『赤と黒』では、若いジュリヤン・ソレルは幼い頃からナポレオンの物語に心を奪われていた。「幾年も前からジュリヤンは、名もなく金もない一中尉ボナパルトが、剣をとって世界の覇者となったことを片時も忘れずに心に繰り返していた」[23]のだった。俺だって必ず……と彼は心に誓うのだった。「その時代の芸術の多くを刺激した浪漫的英雄主義の精神は、大陸軍において、戦利品へのよりあからさまな関心と、うまく共存した。それはフランス人が何世代にもわたり、階級に関係なく、ノスタルジアをもって振り返るのも無理のない時代であった」[24]のである。

解放戦争の始まり

しかしこのナポレオンの海外遠征軍は、明確な侵略であった。ナポレオンは皇帝に即位し、フランスで王朝を樹立することに成功したが、それだけでは満足できず、あたかもヨーロッパでも王朝を樹立することを目指したかのようである。ドイツ全土はナポレオンの支配下に入り、西南ドイツ諸邦はライン連盟を結成してフランスと同盟した。ハプスブルク帝国も敗北し、神聖ローマ帝国は崩壊し、一八〇六年に皇帝は退位した。ライン左岸の諸邦はライン連邦となり、ナポレオンが国王となった。スペイン王国には兄のジョゼフを国王に据え、ナポリ王国には義弟のミュラを国王とし、ワルシャワ公国とスイスおよびイタリア王国などはフランスの封臣国として、フランス風の近代的な制度を導入した。ロシア、オーストリア、プロイセン、デンマーク、スウェーデンなどの諸国はフランスの封臣国とはならなかったが、「ナポレオンの勢威を恐れ、イギリス封鎖政策にしたがう同盟国[25]」となった。

ナポレオンの支配は、領土のフランス化をもたらすことが多く、それが支配された諸国の近代化を進める原動力となった。ドイツのライン左岸のフランス領の諸邦では、旧来の諸侯が一掃されて、フランス的な改革が導入された。「身分制の廃止と法の前の平等の確立、旧領主の封建的諸権利の無償廃棄と、わずかな〈私権的〉諸権利の有償廃棄、都市におけるツンフトの廃止と営業の自由、ナポレオン法典の施行をはじめとするフランスの法律体系と陪審制にもとづく新裁判制度の導入[26]」。これらがドイツの社会と国家の近代化に役立ったのは明白だった。

バイエルンを中心とした西南ドイツのドイツ連盟の諸国でも、近代化はまったなしの課題だった。能力主義に基づく近代的な官僚制の確立、貴族の多数の特権の排除、修道院の廃止とその所領の国有化、一般兵役義務の導入による平等な軍役義務などが採用され、近代的な立憲君主制への道が開かれた。征服されなかったプロイセンでも近代化は避けることのできない課題であり、プロイセンの首相を務めたシュタインとハルデンベルグの建白書を軸に「上からの革命」による近代化が推進された。とくに農民の人格的な自由の確立と土地売買権の確立によって進められた農民解放は、プロイセンの農業の資本主義化を推進するための基礎となるものであり、営業の自由が認められ、国民的な軍隊の構築を目指す軍制改革も進められた。

とくにプロイセンでは、このような近代化が必須の課題であることが認められるとともに、ナポレオンの支配から逃れるための「解放戦争」の思想が強い力を持ち始めた。ナポレオンはたしかにドイツに自由の理念をもたらしたが、征服によって強制された自由というのは形容矛盾でもある。フランス的な改革や理念がどれほど近代的なものであり、そうした理念に基づいた制度を採用することが自国にとってどれほど好ましいものであり、不可避なものであるにせよ、ドイツにおいて真の意味の自由が希求されるようになるのは避けられないことだった。

フィヒテの戦争への訴え

この時点でドイツに真の意味での自由をもたらすための解放戦争を訴えたのが、カント哲学を受け継いだドイツの哲学者の**ヨハン・ゴットリープ・フィヒテ**（一七六二～一八一四）であった。フィヒテはナポレオン軍の支配下にあるベルリンで、一八〇七年一二月から一八〇八年の三月にかけて一四回にわたって『ドイツ国民に告ぐ』と題された連続講演を暗殺の危険を覚悟の上で「命賭けで」[27]行ったのだった。フィヒテはフランス文明による「恩恵」を認めながらも、これをローマ帝国による征服によってもたらされた恩恵になぞらえる。

ゲルマン民族を征服したローマ帝国は高い文明を誇っていた。そして後のフランスとなるフランク王国はこの文明を享受していたのだった。「そこで営まれている洗練された楽しみ、法律、裁判官の座[28]」などをフランク王国は目撃した。そして「このような人類の恩恵者に対する戦いは反逆であるという表明を発する[29]」君主たちにはたしかに恩恵が与えられたのだった。しかしこうした表明を行ってローマ化したフランク王国とは異なり、「ゲルマン人と呼ばれたドイツ人たちは、押し寄せるローマ人たちの世界支配に抗して、勇敢に立ち向かったのでした[30]」。それはこうした支配によってゲルマン人たちは奴隷のような者にされたためだった。だからこそゲルマン人たちは自分たちの子孫の世代における幸福を目指して、「嬉々として自らの血を飛び散らせたのです[31]」とフィヒテは語る。

現代ではこのフランク王国を受け継いだナポレオンの帝国が、かつてのローマ帝国と同じように圧倒的な近代的な理念と制度をもってゲルマン人の国ドイツを征服し、こうした理念を採用するように求めている。そして皇帝ナポレオンは、このヨーロッパにおいて「世界君主制[32]」を樹立しようとしているのである。

この世界君主制がドイツに求めているのはどのようなことだろうか。第一は、ドイツの兵士たちを自分たちの戦争に利用することである。ライン左岸の諸国はすでに大量の兵士をフランス軍に提供している。「彼らは自分たちの戦争を遂行するのにドイツ人の勇敢さが役立つこと、ライバルから獲物を奪い取るのにドイツ人を使うことが得策だということに気づいたのです[33]」。

第二は、ドイツをヨーロッパの勢力均衡に利用することである。そのためにはドイツ国内の宗教的な分裂を利用することが得策だった。この分裂のために「〈一つの〉国民の胎内から、いくつもの特殊な国家が成立しました。外国［フランス］はこれらの国々に互いがいつも警戒しておかねばならない天敵であるかのように思い込ませ、一方自分自身については、この同胞に発する脅威からその国々を守る自然な同盟者であるかのように見せかけることができました[34]」。そして三十年戦争の惨禍がまざまざと示したように、何らかの問題が発生すると、「それはすべてドイツ人の種族間の軋轢となりました。何を理由にして始まった戦争であれ、ドイツの地でドイツ人の血を流して戦われねばなりませんでした[35]」というのは確かなことだった。

第三は、ドイツを「世界のための工場[36]」に仕立てあげることである。ドイツは製造業に専念することで、世界貿易で大きな利益をあげることができるという幻想が掻き立てられた。しかし「世界貿易に関するあのいっさいの幻惑的な理論、世界のための工場といった考えは、なるほど外国人［フランス人］には好都合で、昔から外国人がわれわれに戦いを挑む際のまさしく武器の一つでありましたが、こういった考えはわれわれドイツ人のもとでは適用しようがない[37]」のであり、「ドイツ人たちの自己自身のもとでの統一、その内的な自立性がドイツ人たちの幸福の、そしてそれを通じたヨーロッパの幸福の第一の手段であるとすれば、商業上の独立がその第二の手段なのです[38]」。ナポレオンはこうしたドイツの商業的な自立を阻むのである。

フィヒテはナポレオン帝国がこのような方法で世界君主制という理想の実現を目指しているとしても、「近くで見れば、獣じみた粗暴さが、そして厚かましくも恥知らずの略奪欲が、どんな愚かな者の目にも歴然としています[39]」と断言する。そしてすでに指摘されてきたような手段では、「なるほど、地上を略奪し尽くし、荒廃させ、陰鬱な混沌に解体することはできるでしょうが、しかし地上を世界君主制へと整備することなどとても不可能です」[40]と主張する。このようにしてフィヒテはナポレオン軍の支配下のベルリンにおいて、ドイツ人が銃をとってドイツの解放戦争に赴くことを訴えたのだった。

フィヒテの戦争論

なお、フィヒテはそれ以前に、カントの戦争論を受け継いだ独自の戦争論と永久平和論を展開していた。フィヒテはドイツ観念論の系譜においてカントとヘーゲルを結ぶ環となる哲学者であるが、戦争論においてもカントとヘーゲルの媒介をなすという意味で注目される。

フィヒテは人間の根本的な特質として自己についての意識をもつ存在であることから出発するが、この自己は他なる自己の存在を想定したものである。自己についての意識が存在するということは、同じような自己についての意識をもつ他なる自己が存在していることを前提とする。すでにして自己は他者との関係のうちに巻き込まれて存在しているのであり、ホッブズのように社会契約の結果として社会が成立するのではないとフィヒテは考える。社会のうちですべての自己は、自由な理性的な存在者として、他者との相互的な承認関係のもとにあるのであり、こうして法関係のもとで自己と他者はたがいに承認しあう関係のうちにある。この相互承認の関係のもとで人々は一つの法関係として国家を形成する。そして国家と国家もまた相互承認の関係にあるべきである。しかし現実の世界においては、この承認を拒む国家あるいは社会が存在しうる。その承認の拒否の理由としてフィヒテは二つの重要な原因を考えている。文明の未発達による国家の欠如した社会の野蛮さと、文明化した後の国家のエゴイズムである。

文明が未発達な社会においては、他なる社会を承認することを拒むことがありうる。その場合には他なる国家はそうした社会に戦争をしかけて征服することができるとフィヒテは主張する。「いかなる行政府ももたず、それゆえ国家を欠いているような民族に対しては、その隣国は、その民族を服従させるか、隣地から立ち退かせるか、という権利をもっている」[41]というのである。さらに隣国が自国の利益のために侵略してきた場合には、「侵略された国家は、不正を働いた国家に対し、その国家を独立国家としては抹殺し、その臣民を自国に併呑してしまうまで戦争をしかけるという完全な権利を有している」[42]とまで主張するのである。

このような戦争の権利は、フィヒテにおける承認論のもつ理論的な過激さを示すものであり、『ドイツ国民に告ぐ』においてナポレオンの軍の征服下において語られる場合には、文明的に優越したフランスのナポレオンによるドイツの征服を正当化する危うさをそなえているのである。

他方でフィヒテは、国家と国家の間の相互的な承認の関係が円滑に進んだ場合には、世界に平和が訪れる可能性があることを指摘している。「地表に住むあらゆる人間は、次第に唯一の国家内で合一するようになるだろう」[43]。この唯一の国家のうちに地上のすべての国家は統合されることになる。これはカントが否定した世界国家の成立を示すものである。「この同盟が普及し、次第に地上の全体を覆うようになると、永遠平和が訪れる。これは国家間に唯一権利にかなった関係である」[44]とされている。カントは国家と民族の個別性が消滅するこのような世界国家の成立は、民族の差異を否定する抑圧的なものとなることを警戒して、このような世界国家の成立には否定的なまなざしを向けたのであり、この道によって永遠平和が訪れるとは考えなかったが、フィヒテはこの道こそが人類の永遠平和を実現するものであると考えるのである。

ヘーゲルの相互承認論

このフィヒテの理論と比較すると、ドイツの哲学者の**ゲオルク・ヴィルヘルム・フリードリヒ・ヘーゲル**(一七七〇～一八三一)は、カントのもともとの着想を生かしながら、フィヒテのようなオプティミズムとペシミズムとが混じりあった戦争と平和の理論の道を避けようとするところに特徴がある。ヘーゲルはフィヒテと同じように、理性的な存在者の間では相互的な承認の関係が発生していると考える。人間の自己意識は、他なる自己意識との出会いのもとでなければ成立しないのである。ただしこのようにして生まれた人間の自己意識は、他なる自己意識に出会ったときに、相手の自己意識を否定するような戦いに直面すると考える。家族の圏域から生まれた自己意識は、家族という他なる自己意識との愛のこもった関係のうちで育つのであり、自己意識は他なる自己意識なしではみずからの意識そのものが成立しないことを知っているのである。

しかし愛によって支配された家族の圏域から外に出て、愛によって結びつけられていない疎遠な他なる自己意識と出会うときには、そうした他者の自己意識を否定することによってしか、みずからが自己意識であることを証明することはできない。そこで二つの自己意識のあいだの戦争が始まる。これはホッブズの戦争状態の理論を、自己意識の発達のプロセスにおいて再現したものである。この戦いにおいて自己意識はたがいに他の自己意識を否定するのであるが、すでにみずからの人格としての自己意識は、他なる自己意識の存在によって初めて可能となるものであることを認識している。というのも、わたしが自分の財産を財産であると他者によって認めてもらわないかぎり、それはわたしの財産とはならないからである。また同時に他者の財産も、わたしによってそれが他者の財産であることを認めないかぎり、それは他者の財産とはならない。それと同じように、わたしが自分は自由な存在であることを他者によって認めてもらわないかぎり、わたしは自由な存在となることはできない。同時に他者も、わたしが他者が自由であることを認めないかぎり、自由な存在となることはできない。この二つの人格のあいだの相互の承認によって初めて社会というものが形成され、人間の自由と財産が成立することになる。「人格は権利能力をもち、抽象的・形式的な権利(法)の概念をなりたたせる、抽象的な土台である。したがって法(権利)の命令は、〈人格たれ、そして、他人を人格として尊重せよ〉となる」[45]のである。

このようにして人々は法の支配する社会のうちで、たがいに他者を人格として相互に承認しあうことで所有権と自由を認められ、共存していくようになる。この社会において人々は自分にとって利益となることを実現するためには、他者の力を借りなければならないことを学ぶ。

単独では実現できないことが多いのであり、一人では生きていくことすらできないだろう。わたしたちはもはやルソーの考えたような野生の人間ではないので、食べ物を自分で育てることも、自分の住む家を一人で作ることもできないのであり、社会のうちで生きることで初めて生存し、自分の所有と家族を守りながら生きていくことができる。そしてわたしたちは自分にとって得意なわざをなすことで、社会のために役立つことができる。社会のうちで誰もがこのような相互の依存関係のうちで生きている。

ヘーゲルはこのような市民社会を、「全面的な相互依存の体系」と呼び、これを「外的な国家」と規定する。「利己的な目的を実現するには、そのように共同性（一般性）に媒介されねばならないから、そこに全面的な相互依存の体系ができあがり、個人の生存としあわせと権利が、万人の生存としあわせと権利にからみあい、それに依存し、それとのつながりのなかでのみ実現され、確保される。この体系は、さしあたり、外的な国家──強制と分析的思考の国家──と見なすことができる」[46]のである。

ホッブズにおいては社会の形成と国家の樹立は同時に行われるのであり、そもそもこの二つに明確な区別は考えられていないが、ヘーゲルはこうした市民社会は人々の欲求の体系であり、このような社会では、人間は自分の個別的な欲求を満たすことはできても、真の意味で自由な存在とはなりえないと考える。「具体的な自由とはなにかと言えば、個の人格とその特殊な利益が完全に開花し、その正当性がそれとして（家族と市民社会という組織のなかで）承認されるとともに、個人がみずから進んで共同の利益とかかわり、知と意志にもとづいて、共同の利益こそがおのれの土台をなす精神だと認め、共同の利益を最終目的として活動することにある」[47]とされている。

個人は市民社会のうちで、私人として自分の欲望を満たすことはできるが、それは真の意味での自由ではなく、人間が公的な存在として自由になることができるのは国家においてであるという。「国家は具体的な自由の実現体である」[48]のである。この国家において初めて、社会は有機的な統一性をそなえ、人々が自分の生存としあわせだけでなく、自由を実現することができるようになるというのである。

ところがこのように市民社会が国家として意識されるようになるのは、その社会が別の社会との比較のうちに認識され、他の社会と異なる自分の社会に対する愛の意識、すなわち愛国心が芽生えるときであるとされていることに注意しよう。国家が市民社会であるだけではなく、一つの国家であるのは他の国家との対立関係が意識されることによってである。この「愛国心は国家に対する信頼[49]」のことであり、これは「わたしはプロイセン人だ、わたしはイギリス人だ、という単純な意識、わたしはこの国の国民だ、国家そのものだ、国家がわたしの存在だ、という単純な意識[50]」なのである。この愛国心こそが、「わたしの生活上の特殊な利益が他者（国家）の利益と目的のうちに、つまり、個としてのわたしと国家との関係のうちに、保存され、ふくまれる、という意識である。が、まさにこの意識ゆえに、国家はもうわたしにとって他者ではなく、わたしは自由である」[51]ということになる。

このように国家というものは、国際社会における他の国家との相互承認の関係において真の意味での国家となる。「国家は、他の国家に対して、独立した主権国家として対峙する。そのようなものとして他の国家に対峙し、他の国家から承認されることは、国家にとって第一の絶対的な権限である[52]」のである。そしてそのような国家のうちに生きる国民は、国家においてみずからの自由を実現するとともに、そのように自由の実現を可能にしてくれる国家の防衛のために、戦争においてみずからの生命と財産を犠牲にする覚悟をもたねばならないとされる。国民の義務とは、「自分の財産や生命、自分の思惑や日常生活におのずとふくまれる一切を危険にさらし、犠牲にして、この共同の個体性としての国家の独立と主権を守ることである[53]」というのである。

戦争の必要性――ヘーゲルの戦争論

したがって国家という存在において、他の国家との「戦争は外から偶然にやってくるものではなく、国家の必然的な要素[54]」と考えねばならないことになる。ヘーゲルによるとこの戦争という営みは国家の生存にとって必要不可欠であるだけではなく、愛国心の発露において国民の精神にとっても必要不可欠なものであるとされている。平和がつづくことはこうした愛国心の発露を妨げるために、国民の精神を腐敗させかねない事態である。「戦争のなかで、国民は、有限な生活条件が確固としてあることなどには目を向けなくなるので、そのことによって、国民の健全な共同体精神が維持される。それはちょうど、風の動きが海を腐敗から守るのに似ている。長く凪が吹かないと海が腐敗するように、長い平和や永久平和は、国民を腐敗へと追いやるのである」[55]。

ヘーゲルはカントが目ざした永久平和は、「理性の要求するところであり、人類のめざすべき一つの理想」[56]であることを認める。しかし国際社会においては国家は個として存在するものであり、個というものは、自らの個たることを否定するものとの関係において真の意味での個体性を維持することができると考える。そのようにして国家は他の国家との関係において初めて国家たりうるものである。そして国家はみずからの利益を守るためには他の国家と戦争せざるをえない。このことは、国家はたがいに、ホッブズが指摘したような自然状態のもとに、潜在的な戦争状態のもとにあるということである。この戦争状態は、実際に戦争となれば、個別の国家の独立性と存立を危うくするものである。「戦争状態によって諸国家の独立性が賭けられる」[57]ことになる。

これはホッブズやカントの考えたように、国家はたがいに潜在的に戦争状態にあり、たがいに生存と独立性を賭けた戦争に入るのは必然的であると考えるものである。しかしヘーゲルの考えた国家関係は、すでに考察してきたように、個人と個人との対立関係が相互承認の関係であったことをふまえている。国家が国家であるのは、他の国家との関係において、そして他の国家によって一つの個的な国家であることが承認されることによってである。ホッブズは戦争状態を解消するために社会契約による国家の樹立が必要であると考えたのであり、カントもまた国家の間の係争を解決するためには国家連合が必要であると考えた。いずれも国家と国家は独立した個体として戦争状態にあるために、国家の間の係争は、その上部にある超越的な機関によって解決するしかないと考えた。

しかしヘーゲルにおいては、国家と国家はたがいに承認の関係にあり、このような国家の間の係争は、戦争によって解決されることがあるとしても、さまざまな国家を支配する国際法によって規制できると考える。「戦争状態によってもろもろの自由な民族的個体間の相互承認が引き起こされ、永久に持続するとされる平和条約によって、この一般的な承認と諸民族相互の特殊な諸権能とが確立される」[58]ことが可能となるはずだという。このように相互承認論に基づくことによって、ヘーゲルの国際関係論と戦争論はホッブズやカントの理論から大きな飛躍を遂げたと考えることができるだろう。ヘーゲルの論理では、戦争は他の国家の独立を奪い、滅ぼすだけではなく、他の国家の承認関係に基づいて、永遠平和を実現する力をそなえているのである。カントにおいては、国家の自然状態の理論のもとで、平和は戦争の廃絶のもとに可能となるが、ヘーゲルにおいてはその相互承認論に基づいて平和は戦争そのものを媒介として可能となるとされているのである。

さらにヘーゲルはこれとは別の道筋から、歴史の狡知という理論のもとで、諸国家は戦争という否定的な手段を用いながら、世界における自由の実現という世界史の目的を達成することができると考えている。ヘーゲルは世界史は人間の精神の完全な熟成という目的を実現するプロセスであると考えており、戦争もまたこの目的のために役立つ手段とされている。このプロセスを実現するためには特定の民族が選ばれるのは当然のことであるという。「ある特殊な民族の自己意識は、一般的な精神が自分の現存在のなかで行うそのときの発展段階の担い手であり、一般的精神の自分の意志を織り込む客観的現実態である。この絶対的意志に対しては、他のもろもろの特殊な民族精神の意志は無権利である。すなわちその特殊な民族は世界を支配する民族である」[59]ということになる。世界史を自由を実現するプロセスとみなすならば、ゲルマン民族が世界を支配する民族ということになるのは、ヘーゲルの歴史哲学の結論でもあった。東洋人では一人だけが自由であり、ギリシア人では少数の人だけが自由であるが、ドイツやフランスなどの「ゲルマン諸国民にいたって初めて、キリスト教のおかげで、人間が人間として［すべての人が］自由であり、精神の自由が人間の最も固有の本性をなすものであるという意識に達した」[60]とヘーゲルは主張する。

具体的にはナポレオンがヨーロッパの征服戦争を遂行したことは、ヨーロッパにおける自由の精神の伝達という重要な意義をそなえたものとされている。「そこでナポレオンはその偉大な個性の力をもって国外に向い、全ヨーロッパを席巻し、いたるところに自由の制度を布いた。その勝利にまさる勝利はいまだかつてなかったし、その遠征にまさる天才的な遠征もかつて行われた例がなかった」[61]と認めている。ヘーゲルは、プロイセンを征服した後にヘーゲルの住んでいたイエナの町を馬上から視察していたナポレオンを目撃して「世界精神」と呼んでいるが[62]、ナポレオンがヨーロッパのほぼ全域を支配したこの戦争の結果として、ヨーロッパに自由の精神と理念が広まったことを寿ぐのである。

クラウゼヴィッツの戦争哲学

このようなプロイセンの雰囲気のうちで、近代的な戦争についての本格的な思想が始まる。**カール・フォン・クラウゼヴィッツ**の登場である。ナポレオンとプロイセンとの戦争の際に、親王アウグストの副官としてナポレオンの軍隊に降伏し、捕虜としてしばらくパリに留め置かれたクラウゼヴィッツは、帰国してからはフランス軍に敗北したプロイセンの政治と軍事の改革を進めようとした参謀本部付きのシャルンホルストの個人的な補佐官のような役割を果たすことになった。その後は政治的には不遇な立場に立たされながらも、『戦争論』として没後にまとめられた著作において、戦争の本質についての考察を深めた。それまでもそれ以後も、戦争についての書物は多く書かれてきたが、戦争とは何かという問いに答えようとする書物として、この『戦争論』は傑出した書物でありつづけている。

すでに第1章の「戦争の定義」の項で考察してきたように、戦争とは何かという問いに対してクラウゼヴィッツはまず戦争は政治的な行為とみなすべきであることを指摘した後に、さらに「戦争は、政治的行為であるばかりでなく、政治の道具であり、彼我両国のあいだの政治的交渉の継続であり、政治におけるとは異なる手段を用いてこの政治的交渉を遂行する行為である」[63]と詳しく規定している。この戦争の定義は、戦争を政治的な行為と規定する点において、二つの重要な意味をそなえている。一つは、戦争を軍事的な観点からのみ考察してきたそれまでの多くの書物とは異なり、戦争の目的をたんに戦闘において敵の軍隊に対して勝利を収めることに求めるのではなく、政治的な目的に従属するものとして捉えたことである。この定義によると、政治的な目的に適うのであれば、実際の戦闘において敗北したとしても、戦争においては勝利したとみなすことができることを意味している。第二は、戦争の遂行にあたって軍の司令部は、戦争の目的を定めた国家の最高機関である君主あるいは政府の指示にしたがわなければならないことを意味している。軍の武官は、政府の文官のシヴィリアン・コントロールのもとに行動しなければならないのである。この第二の点は、軍の独行を禁じるものであり、軍事筋からは反感を抱かれるものであったが、戦争の歴史における多くの愚行を防ぐ重要な役割を果たすものである。

ただし彼の戦争についての規定は、あくまでも近代の国家の間の戦争、とくにウェストファリア体制のもとにあるヨーロッパの勢力均衡体制に適用されるものであり、戦争そのものの定義はさらに広く考えるべきであることは、原始社会における戦争や、ヨーロッパの先進国と未開社会との戦争を考えてみれば明らかであろう。さらに十字軍の営みなども、戦争についてのこうした規定にはそぐわないものである。そのことはクラウゼヴィッツ自身も認めていることであり、この戦争についての規定の前のところで、この規定は文明国のあいだの戦争にとくに該当するものであると明記していることからも明らかだろう。彼は「共同体における戦争、換言すれば彼我双方のいずれにも全国民が参加し、また特に文明国民のあいだに行われる戦争は、常に政治的状態から発生し、政治的動因によって惹起される。それだから戦争は政治的行為である[64]」と明確に規定しているのである。

さらにクラウゼヴィッツは戦争についての本質規定ではなく、戦争という現象を構成する三つの要素を規定する。第一の要素は、戦争という行為を支える感情的な要素、とくに憎悪と敵意である。「戦争の本領は原始的な強力行為にあり、この強力行為は、ほとんど盲目的な自然的本能とさえ言えるほどの憎悪と敵意とを伴っている[65]」のである。これは戦争の行為を遂行する兵士にみられる感情であり、さらに戦争の背後にある国民の感情であると考えることができるだろう。第二の要素は、戦争には偶然性に支配されたゲームという性格がそなわっていることである。それを指揮する将軍にとっては、「確からしさと偶然がまつわりつくある種のゲーム（シュピール）[66]」という性格を帯びていることを彼は指摘する。軍隊の指揮をすることは、あたかもチェスのゲームをするかのような性格を帯びており、これは実際の戦闘の予行演習がボードゲームのようなものとして演じられることにも示されている。第三の要素は、戦争は政治的な目的を実現するための「政治の道具[67]」であるということであり、政府が遂行する「もっぱら打算をこととする知力の仕事となる[68]」ことである。

この三つの要素は、戦争をどの観点から考察するかによって戦争の本質的な要素として捉えることができるものである。すでに示した政治の手段としての戦争という規定は、「政治の道具」というこの第三の要素に注目したものである。そして第一の要素と第二の要素から戦争を規定することもできるのであり、実際にクラウゼヴィッツはもっと前のところでは、戦争をそのように定義していたのである。すなわち「戦争は拡大された決闘にほかならない[69]」のであり、

「戦争は一種の強力行為であり、その旨とするところは相手にわが方の意志を強要することにある」[70]と規定していたのであり、この規定は戦争が行われるための感情的な要素と、そのための実際の戦闘としての要素の観点から、戦争を決闘とみなすものであったのである。戦争は決闘であるというこの規定は、政治的な目的を実現するための政府の冷徹な意志の表現としての戦争とはそぐわない感情的な要素を考慮に入れながら、戦争には偶然性に左右されるある種のゲームとして戦われる戦闘という性格があることに留意を促すものである。

このような「暴力、偶然、政治の三位一体は、国家の間の暴力が、敵対行為の準備と開始から講和の締結、さらにはそれ以降まで展開される範囲を包含する」[71]ものであり、戦争のほんらいの定義を補う形で、戦争という営みのさまざまな側面を考察するために役立つものである。さらにこの『戦争論』という書物では戦争の具体的な遂行にあたって戦争にまつわる二つの重要な要因として、摩擦と天才という概念が提起されている。この二つの要因は、戦争という現象について指摘された第二の要素であるゲームと偶然性という要素から戦争を考察する際にとくに注目される要因であり、戦争のほんらいの性格にかかわるものである。クラウゼヴィッツの『戦争論』の重要な部分は、戦争についての概念的な規定よりもむしろ、ナポレオン戦争をはじめとして多くの戦闘の現場に立ち会ってきたクラウゼヴィッツが経験したこうした戦争という現象にかかわる考察で構成されているのである。

この「摩擦」という第一の要因は、戦争の遂行の際に避けがたく発生する〈偶然性〉という要素と深くかかわるものであり、戦争という現象の本質にかかわるものである。「戦争においては、摩擦はいたるところで偶然と接触し、前もって推測しえないような現象を生じさせる。というのも、これらの現象の多くは、偶然と密接に結びついているからである」[72]。こうした偶然とはたとえば自然の天候のことであり、雨が降れば行軍が妨げられて、ある部隊が予定した時刻に目的地に到達できなくなれば、戦闘に敗北するかもしれないのである。

第二の要因は「天才」であるが、ここで天才は、芸術的な天才の場合のように、なにか一つの技術で卓越している人物を指すのではない。「軍事的天才は、心的能力の調和ある合一」[73]の状態のことである。ここで軍事的天才に必要とされる心的能力とは、偶然性に左右される戦争につきものの不確実性のうちで的確に判断をくだす「透徹した鋭い知性」[74]のことである。

絶対戦争

なおクラウゼヴィッツはこのように戦争を規定する三つの要素と、戦争という現象に特有の二つの重要な要因を指摘したが、戦争は暴力的な強力行為であるという戦争の最初の規定に基づいて、戦争はつねにこのような暴力の行使の極限にまで到達せざるをえなくなる可能性があると考えている。「軍事的行動は中途で休止するはずがなく、両者の一方が実際に打倒されるまでは、この軍事的行動に静止はありえないということになる」[75]はずである。これは戦争という営みのもつ本質的な欠陥であり、クラウゼヴィッツはこのような状態を「絶対戦争」[76]と呼ぶ。この絶対戦争はどちらかの当事国を破滅させるものとなるだろう。そして戦争の本質に基づいたこのような帰結を招くことは、戦争のどちらの当事国にとっても、あまりに犠牲の大きすぎるものとならざるをえないのであり、現実の戦争がこのような絶対戦争に落ち込むのを防ぐことが必要だろう。それだけに戦争の遂行はシヴィリアン・コントロールのもとで、政治的な判断に従属するものでなければならないのである。

この絶対戦争という概念からみえてくるのは、クラウゼヴィッツが二つの異なる戦争の定義を提起したのはなぜかということである。すでに述べたように、彼は「戦争は一種の強力行為であり、その旨とするところは相手にわが方の意志を強要することにある」と規定していたのであり、これが彼のほんらいの戦争の定義であっただろう。この戦争は三つの相互作用の力で絶対戦争に行き着かざるをえないものである。だからこそ戦争とは「政治におけるとは異なる手段を用いてこの政治的交渉を遂行する行為である」という定義が提起されるのである。この定義は戦争は暴力であるという規定とは違い、戦争の本質そのものを示すものではないだろう。この定義は、戦争はこのような政治的な目的のための行為であるべきであるという当為を示すものにほかならない。クラウゼヴィッツは戦争はこのようなものでなければならないと確信していたのである。

そして彼は現実の戦争において、この戦争の定義にしたがわない諸国が国家の富を失い、国民を損ねてきたことを目撃してきた。戦争はその極限においては国を滅ぼすものであり、戦争の遂行にあたってはそのような結末を招いてはならないのである。軍の指導者はこの「真理」を肝に銘じて戦争を文官たる政府の目的にしたがって、戦争を遂行しなければならないのである。彼は「戦争とは別の手段による政治の継続であって、この真理に目をつぶる国家はどこでも、しっかりと目を開けている国家によって過酷な扱いを受ける運命にある」[77]ことを教えたのである。このようにして「彼の考えは全ヨーロッパの軍事階級に沁みわたっていった」[78]のだった。

第2節 帝国主義と戦争

ウィーン体制後の戦争

ナポレオンの敗北によってヨーロッパではウィーン体制のもとで、それ以前の専制的な絶対主義国家が復活することになった。このかりそめの平和は、平和というものが戦争に劣らず抑圧的な性格のものでありうることを明らかにした。この体制を変革することは、当時のヨーロッパの思想家たちにとって重要な課題となった。この変革の「のろし」となったのは、一八四八年革命、一八五三年から一八五六年にいたるクリミア戦争、一八六一年から一八六五年のアメリカの南北戦争、一八七〇年から一八七一年の普仏戦争と一八七一年のパリ・コミューンなどだった。これらの戦争の果てに一九一四年の第一次世界大戦が勃発するのである。

この時代の戦争の理論を考察するのに最適な視点を与えてくれるのがマルクス主義の軍事論と、ローザ・ルクセンブルクとレーニンの帝国主義論である。**カール・マルクス**（一八一八〜一八八三）と**フリードリヒ・エンゲルス**（一八二〇〜一八九五）にとって、戦争は革命のための重要なきっかけを与えてくれるものだった。それだけに戦争については素人だったこの二人の政治理論家は、同時代の戦争に熱いまなざしを注いだのである。ナポレオンの没落後に打ち立てられたウィーン体制は、ヨーロッパの勢力均衡の体制を復活させたものであったが、この抑圧的な均衡体制を打破しようとする営みとして、ヨーロッパの主要国で発生したナショナリズム運動が挙げられる。このナショナリズムの運動は、既存の体制を打破しようとするものであるだけに、内乱や戦争を招き、必要とするものだったからである。そしてこのようなナショナリズムの運動は、革命と密接な関係をもつものだった。

マルクスとエンゲルスの戦争論

一八四四年の八月にパリでマルクスとエンゲルスは初めて出会い、意気投合した。その後にマルクスはイギリスに移って、ロンドンの図書館に通いながら、エンゲルスとの協力のもとで執筆を始めた。研究活動の中心は資本主義の経済だったが、マルクスは当時の社会主義運動の中心人物の一人として革命運動にも積極的であった。資本主義はかならず不況と恐慌をもたらし、そこに革命が可能となるきっかけがあると考えられていた。革命は不況と恐慌の結果として可能となる。これはマルクスとエンゲルスの強い信念だった。ただし戦争もまた革命と分かつことのできないものであり、一八四八年革命の失敗の原因が国際問題と深い関係にあることが認識されていた。そこで二人は、ヨーロッパの革命は、一つの国だけで単独に遂行できないことも認識されていた。そこで二人は、革命のきっかけをもたらすのは先進国における経済恐慌であると信じていたものの、先進国と後進国のあいだで発生する戦争にも注意深いまなざしを注いでいたのである。

マルクスは『フランスにおける階級闘争』において、一八四八年六月のプロレタリアートの蜂起が、ブルジョワ政府の指揮下にある国民軍との戦闘の後に敗北したありさまを描いている。「労働者にはもう選択の余地がなかった。彼らは餓死するか、それとも戦端をひらかざるをえなかった。六月二二日に彼らは巨大な反乱をもってこたえた。それは現代社会における二階級間の最後の大会戦であった[01]」。

このようにして一八四八年革命の結果として、一八三〇年に成立したオルレアン家のルイ・フィリップによる七月王政は崩壊し、ここに第二共和政が成立することになった。これは共和政とはいいながらも、プロレタリアートを抑圧した後に成立したブルジョワ権力の国家だった。一八四八年の二月革命において蜂起したパリの民衆は、もはやそうした共和政を支持しなくなっており、プロレタリアートは革命のためには労働者階級の独裁が必要であることを認識していた。国内でこのように大衆を抑圧することに専念したブルジョワ階級は、対外的には平和を必要としたのであり、「その民族の独立のための闘争を開始していた諸民族は、ロシア、オーストリア、プロイセンの優勢な力に引き渡されてしまった」[02]のであり、ヨーロッパは神聖同盟による専制政治が支配することとなった。「ヨーロッパは、神聖同盟が勝利したので、フランスのプロレタリアートのどんな新しい叛乱も直接世界戦争といっしょに起こるという状況になった」[03]とマルクスは総括している。ヨーロッパの労働者の運命は、このヨーロッパ全域にわたる戦争の行方と不可分なものであることが明確に認識されたのである。

この時代において、社会変革の運動がナショナリズムと結びつくことによって、世界を戦争に巻き込む可能性があること、そのようにして世界の歴史を一変させる可能性があることを明確に表現し、革命運動と戦争の結びつきについて思考を深めていたのは、マルクスたちだけであったと思われるのであり、これはマルクス主義の運動の重要な思想的な長所と言えるだろう。マルクスたちは後のクリミア戦争の考察においては、イギリスという文明国における革命のために、戦争を利用しようとする姿勢をかいまみせるなど、戦争とそれによって生じる社会不安を、革命の好機とみなす傾向をときに示しており、戦争が発生した地域での労働者たちの苦境について十分に配慮しないという傾向があったのはたしかである。彼らの革命運動はどこまでも先進的な資本主義諸国における革命をめざすものだったからである。それでも彼らの鋭いまなざしは、戦争というもののもつ意味についての深い洞察を伴うものであり、こうした洞察がレーニンに引き継がれ、ロシア革命を成功させる力となったと言えるだろう。

フランスでは第二共和政は短命で、わずか四年後の一八五二年にはルイ・ナポレオン・ボナパルトが人民投票によって皇帝に選ばれ、第二帝政が始まった。マルクスたちはこのナポレオン三世の冒険的な外交戦略、とくに戦争による領土拡大と他国への干渉活動を鋭く批判した。皇帝はフランス革命の遺産である民族自決権を尊重する姿勢を示し、「これに基礎をおいたあらたなヨーロッパ秩序を創出しようとした。そして、そのような外交政策によって、フランスは、栄光・利益・道徳的権威を同時に獲得できるものと考えていた。そういう意味では皇帝の政策は、ウィーン体制崩壊後のヨーロッパに新しい均衡をつくりだすのに貢献したといえよう。ナポレオン三世の民族主義に対する支援は、それを手段にしてロシア・オーストリアに対抗するという目的があったとしても、民族主義に共感を示す彼の思想そのものにも由来していた[04]」のだった。この外交政策のもとで皇帝はさまざまな戦争に介入して新たな領土を獲得したのである。「第二帝政下にフランスの植民地の面積は三倍に拡大した[05]」ほどである。

マルクスとエンゲルスはこの時期の主要な敵をフランスのボナパルティズムに見定めており、ナポレオン三世の戦争戦略を激しく批判した。ナポレオン三世はイタリアと手を組んでオーストリアとの戦争を始めていた。この戦争の際にドイツ国内には神聖ローマ帝国を復活させようとする運動が起こっていた。そしてイタリアのポー川の確保とライン河の確保を結びつける論調が盛んになっていた。この風潮に対してエンゲルスは、ナポレオン三世の目的はたんに領土を拡大することにあるだけではなく、戦争という手段に訴えかけることが、国内での世論を統一する最適な手段になっていることを指摘した。「おそらくライン河国境をめぐる戦争だけが、フランス国内でボナパルティズムを脅かしている二つの要素、つまり革命大衆の〈みなぎる愛国心〉と〈ブルジョワジー〉の沸き立つ不満との双方に対して避雷針の役目を果たすことができる」[06]と、指摘したのである。

同時にエンゲルスはドイツ国内でのこうした神聖ローマ帝国の復活の議論もまた、国内の労働者の不満をイデオロギー的に逸らすものであることを指摘していた。ドイツ、イタリア、オーストリアにまたがる旧神聖ローマ帝国の領域では、民族主義の沸騰が戦争を招き、それが革命運動の妨げとなりかねない状態になっていた。たとえばチェコスロヴァキアの民族自決運動には、汎スラブ主義の傾向があり、これはロシアと結びついて、反動的な意味をもつものとなりかねなかった。第一次世界大戦はこの地域の地政学的な状況から勃発するのであり、このときに各国の社会主義政党は、ナショナリズムの感情に動かされて、インターナショナリズムの精神を忘却するのである。こうしてその後の社会主義と共産主義の運動は、この地域の民族自決問題と密接なかかわりあいをもつことになる。

ポーランドと民族運動——ローザ・ルクセンブルクの戦争論

一八八九年にパリで第二インターナショナルが設立され、国際的な労働運動は新たな局面を迎えていた。かつてのポーランド王国は、一七九五年の第三次ポーランド分割の結果として、ロシア、オーストリア、プロイセンの三か国に占領されていた。ナポレオンはこの地にワルシャワ公国を設立したが、一八一五年のウィーン体制のもとでは、国土の四分の三はロシアが占領し、ポーランド立憲王国とされ、西部はポズナン大公国としてプロイセンが支配し、南部の都市クラクフとその周辺だけは、クラクフ共和国としてどうにかある程度の自治が許されていた。

この状態では民族自決と独立の運動が沸き起こるのは避けられないことだった。しかしポーランド生まれの革命家の**ローザ・ルクセンブルク**（一八七一～一九一九）はロシアからのポーランドの独立という民族的な課題を掲げることは、ツァーリの専制政治の打倒というロシアの革命運動を妨げるものにすぎないと考え、ロシア絶対主義の打倒そのものを目的とすべきだと主張した。ロシアでの革命の成功のためには、民族自決の理論と、それに基づいた民族的な戦争は支持できないと考えていたのである。

後に考察するように、ロシア革命の途上にあったレーニンは、ロシアの支配下にある諸民族が独立を目指して民族的な独立戦争に赴くことは、ロシア帝政の打倒に役立つものであると考えて、プロレタリアートの階級的な利益に適うかぎりで、民族自決の原理を支持していた。これに対して彼女は、民族自決とそのための民族独立戦争というものは、ブルジョワジーが主張することも、プロレタリアートが主張することもあるものであり、誰の主張であるかを無視して、民族自決という原理だけを独立させて容認することはできないと考えた。

そもそも彼女にとっては戦争とは、労働者がその生命を捧げさせられる営みにすぎないと考えることで、シモーヌ・ヴェイユの慧眼を共有していたのである。彼女は日露戦争が勃発した時点から、これについては明確な姿勢を示していた。そして日露戦争は「おそかれはやかれ、資本主義世界全体を渦中に巻き込む危険がある。したがって、自己の死活にかかわる問題としてすべての戦争に反対し、労働者の国際的連帯をめざすインターナショナルなプロレタリアー

ローザ・ルクセンブルク

Rosa Luxemburg

1871-1919

ポーランドのユダヤ系商人の家に生まれる。高校時代から革命運動に参加し、スイスに亡命。偽装結婚でドイツ国籍を得て、ドイツ社会民主党（SPD）に加入。党の戦争協力路線を批判しドイツ共産党（スパルタクス団）を結成。党による労働者蜂起の弾圧の最中、殺害される。

ト全体にとって、ゆるがせにしえない危険がある」[07]と指摘していたのである。

『資本蓄積論』における戦争の理論

やがてドイツに移住したローザ・ルクセンブルクは、マルクスの『資本論』を研究しながら『資本蓄積論』を著わし、その時代の植民地における帝国主義の戦争について透徹した見解を示した。彼女は、資本主義社会の内部では生産技術の合理化とともに、資本の蓄積は無限に進行することはできず、資本主義化されていない外部の世界に市場をみいだすことによってしか解決できないことを指摘した。資本主義はまだ資本主義化されていない地域に進出することによってしか、国内の経済的な矛盾をごまかすことはできないと考えたのである。このメカニズムについて彼女は三段階のプロセスを想定している。第一段階では、帝国主義諸国は「世界政策や植民政策によって、非資本主義的な諸国および諸社会の生産手段や労働力をわがものとするために、ますます戦力的に軍国主義を適用する」[08]ようになる。これは資本の蓄積を高めることになるが、思わざる結果を招くのである。というのも第二段階としてこうした軍国主義のために、資本主義国と非資本主義国の民衆の購買力が低下するからである。それによって国内での市場が販路を失い、「恐慌の姿をとった周期的な経済的破局」[09]が発生することになる。そして第三の段階として、資本の蓄積が不可能になるだけでなく、「資本支配に対する国際的労働者階級の反乱」[10]が必然的に生じる段階にいたる。ここで重要なのは、資本主義国における蓄積であるよりもむしろ非資本主義国おける資本蓄積であり、それがそうした諸国の国民に及ぼす影響である。「その舞台は世界劇場である。ここでは植民政策の方法として、国際的な借款体制、勢力範囲政策、戦争が支配的に行われる。そこではまったく隠すところなく公然と、暴力、詐欺、圧迫、略奪があからさまに行われる」[11]と彼女は指摘する。

ドイツのマルクス主義者などの資本主義の理論家たちは、国内での労働者との対立だけに焦点を合わせ、非資本主義諸国でのこうした略奪は政治的なものとして考慮の外に置こうとする傾向があった。しかし「政治的暴力は、この場合にも、経済的過程の媒介者にほかならぬのであって、資本蓄積の両方向は、資本そのものの再生産諸条件によって相互に結びつけられているのであり、それらが一緒になって初めて、資本の歴史的生産が生じる」[12]のである。

これは帝国主義の時代になって初めて生じた事態ではなく、帝国主義時代にそれがとくに明白になってきただけのことである。資本主義は「世界的形態たらんとする傾向をもつと同時に、その内部的不可能性のために、生産の世界的形態たりえない最初の形態である。それはそれ自体において一個の生きた歴史的矛盾であり、それの蓄積運動は矛盾の表現であり、矛盾のたえざる解決であると同時に強大化である」[13]と彼女は喝破する。

この段階の資本主義は非資本主義的な諸国の存在によって初めて存続しうるものとなっていたのである。それだけにまだアフリカやアジアの資本主義化されていない地球の部分をめぐって戦われる帝国主義戦争は、資本主義の延命のために必要不可欠なものとなる。「膨張の可能性をもった地域はますますせばまり、これまで手をたずさえて資本主義的強奪を行っていたもの相互の間に、まだ占有されずに残っている非資本主義地域や植民地の再分割をめぐる戦いが始まる、帝国主義の時代が始まるのである」[14]。彼女はこの書物によって、その時代における戦争が主要な資本主義諸国における資本主義の延命のために必要不可欠なものであることを明確に示したのである。

これに対してドイツ社会民主党の内部では、戦争の評価について意見が対立していた。反帝国主義宣言を採択しながらも、アフリカの分割においてイギリスと協力することを唱える党員などもいたのである。彼女はこうした傾向を厳しく批判し、資本主義国家の外交政策は、諸国民を抑圧し、略奪することを目指すものであり、軍縮や平和の実現を望むのはユートピア的なものにすぎないと指摘した。やがて第一次世界大戦が勃発すると、社会民主党も国内での融和の方針を採用した。「帝国議会の諸政党は、世界大戦の勃発とともにすべての諸力を戦争に集中するために、諸政党相互の、また帝国議会と政府との対立を断念した。ここに〈城内平和〉といわれる事態が現出したのである。この城内平和によって、政府は社会民主党に対して活動上の諸制約の緩和（駅の売店や軍隊内での出版物の販売など）を認める一方で、他方では社会民主党をつうじて、政府に対する労働者大衆の支持を調達できたのである」[15]。ローザ・ルクセンブルクは社会民主党のこのような戦争政策を激しく批判したが、ドイツの敗戦のどさくさのうちに、同志のカール・リープクネヒトとともに虐殺されたのである。

帝政ロシアの戦争――レーニン

二〇世紀初等の帝政ロシアは、日露戦争を初めとして数次の戦争を遂行していた。ツァーリのこの帝国は戦争の帝国であった。第一次世界大戦の勃発とともに、帝国はドイツに宣戦布告し、戦端を開いた。一九一四年八月のタンネンベルクの戦いでは手痛い敗北を喫したが、オーストリア方面では戦果をあげていた。この開戦にともなってロシア国内の社会主義運動は、戦争支持派と反対派に分かれた。カウツキーなどの著名な社会主義者たちはこの戦争がドイツの帝国主義的な野心を挫くものとみなして自国の戦争を支持する祖国防衛論を展開した。第二インターナショナルを構成するヨーロッパの資本主義諸国でも祖国防衛派が圧倒的な勢力を占めた。このように各国の社会主義が自国の戦争を支持するならば、各国の労働者の連帯を訴えた第二インターナショナルが崩壊するのは必然的なことだった。これは明らかに「ヨーロッパ社会主義の日和見主義的な一翼こそ社会主義を裏切り、排外主義に走った」[16]と言わざるをえない事態であり、ロシアの革命家の**ウラジーミル・レーニン**（一八七〇～一九二四）が指摘したように「第二インタナショナルの崩壊」[17]は明白であった。

レーニンらはこうした排外主義は、「現在の帝国主義競争で祖国防衛の思想を認め、この競争で社会主義者が〈自〉国のブルジョワジーおよび政府と同盟することを正当化し、〈自〉国のブルジョワジーに対するプロレタリア的＝革命的運動を宣伝し支持するのを拒絶する」[18]もの

ウラジーミル・レーニン

Vladimir Lenin
1870-1924

ロシア帝国シンビルスクで教育者の家庭に生まれる。17歳のとき、兄が皇帝暗殺計画に参加した罪で処刑されたのを機に革命思想に接近。マルクス主義活動家となりボリシェビキ党（ロシア共産党）を創設、ロシア十月革命を指導し、世界初の社会主義国家（ソビエト連邦）を樹立した。

であると、鋭く批判した。

レーニンの戦争についての論理の中心は、このように排外主義を否定し、排外主義に含まれているブルジョワジーとプロレタリアートとの和解の路線を拒否することにある。そして軍隊の内部で叛乱を起こして、国内での内乱を引き起こすように訴えた。これが有名な「帝国主義戦争を内乱へ」というスローガンである。このスローガンは一九一二年にバーゼル国際社会主義者大会で発表され、「戦争と戦争に対する戦術についての社会主義者の見解を、最も正確かつ完全に、最も厳粛に正式に叙述した」[19]バーゼル決議を受け継ぎながら、戦争という危機に醸成された革命的な雰囲気を活用し、国内で革命を実現することを目指したのだった。

この時点でのレーニンの戦争に対する論理には、三つの側面が考えられていた。第一にロシア帝国内では、戦争を内乱に転化させるという方法で革命を推進することを目指した。社会主義者にみられる排外主義を否定し、帝国主義戦争の本質を明らかにすることを目指したのである。さらに外国との連帯においては、この戦争に反対する他国の労働者と連帯しようとした。この外国の労働者との連帯においては、二つの側面が考えられる。ドイツとの戦争のように他の帝国主義国との戦争においては、そうした帝国主義国が抑圧し、植民地としている諸国との連帯を模索しようとした。他方では敵とされた帝国主義の国家に所属する国内の少数民族と連帯し、そうした民族の自決権を擁護することで、敵国の戦争を挫折させようとしたのだった。

具体的にはレーニンは帝国主義戦争とは「三重の意味で奴隷制強化のための奴隷主の戦争であるという真実を、人民にまず何よりも語らなければならないである」[20]と総括し、その三つの意味を次のように指摘する。「第一に、これは植民地をいっそう〈公平に〉分配し、そのあとさらにいっそう〈仲良く〉搾取することによって、植民地の奴隷制を強化するための戦争である」[21]ことを暴く必要がある。これは敵国の植民地の人民との連帯の道である。「第二に、これは〈大〉国自身内の他の民族に対する抑圧を強化するための戦争である」[22]ことを暴く必要がある。これは敵国の内部の少数民族の人民との連帯の道である。「第三に、これは賃金奴隷制を強化し延引させるための戦争である」[23]ことを暴く必要がある。これこそが国内の労働者との連帯の道であり、この道が「帝国主義戦争を内乱へ」というスローガンで表現されたのである。

民族自立権と戦争

このようにレーニンにとって戦争は、なによりも国内でプロレタリアートが武装し、ブルジョワジーを打倒するための重要な機会となるものであったが、それだけでなく、ロシア帝国の内部の民族の自立運動に対してどのような姿勢を取るかも重要な問題となっていた。ツァーリの軍隊は、こうした独立運動の抑圧のためにも用いられたからである。それだけでなく、ロシアは国外のスラブ諸国との戦争も遂行していたのであり、これらの諸国との戦争についての見解も明らかにする必要があった。

ここではレーニンとソ連がその後に少数民族の民族自決の権利に対してどのような姿勢を構築していたかを詳しく検討してみることにしよう。民族自決の原理は、ナショナリズムと結びついて、その後の国際政治においてきわめて重要な役割を果たすことになるからである。レーニンは、民族自決そのものに反対するのではなく、それが労働者の結集のために役立つ場合にかぎって要求すべきだと主張した。革命の推進に必要なもの、「その第一は、民族自治の要求ではなく、政治的ならびに市民的自由と完全な同権との要求である。その第二は、国家の構成に加わっているあらゆる民族にとっての自決権の要求である」[24]とレーニンは要約する。

さらに「われわれの綱領における民族問題」という論文では民族自決問題をさらに詳しく考察しながら、党が要求すべきであるのは、あらゆる民族の自決ではない、要求すべきなのは、「あらゆる民族のプロレタリアートのもっとも緊密な団結」[25]であると主張した。民族自決の要求は、「プロレタリアートのもっとも切実な利益を、民族独立のブルジョワ民主主義的な解釈の犠牲にする」[26]恐れがあるために、この要求については慎重でなければならないと考えたのである。このようにレーニンは、「プロレタリアートの階級闘争の利益に、民族自決の要求を従属させる」[27]かぎりで、民族自決の要求を承認したのである。

ローザ・ルクセンブルクは、ロシアからのポーランドの独立の要求は、ロシアのツァーリを助けることになるという理由で反対したが、レーニンは、民族自決の要求が労働者階級の利益に適う場合もあることに注目して、この要求そのものには反対しなかった。そしてこの時代における民族独立戦争は原則的に支持する姿勢を示したのだった。

またローザ・ルクセンブルクは資本主義は植民地の獲得と維持のための戦争なしには延命できないことを示したが、レーニンもまた、帝国主義においては戦争は不可避であると考えていた。

「資本主義の発展が高度となればなるほど、原料の欠乏がより強く感じられれば感じられるほど、また全世界における競争と原料資源に対する追求が先鋭化すればするほど、植民地獲得のための闘争はますます死にものぐるいになる」[28]と、帝国主義の諸国は世界中で戦争を繰り広げざるをえないことを指摘した。

帝国主義においては、その支配地における民族自決闘争は、支配の根幹を揺るがすものであるだけに、抑圧されざるをえない。「金融寡頭制の抑圧と自由競争の排除とに関連する、あらゆる方面にわたる反動と民族的抑圧の強化とは帝国主義の政治的特質である」[29]のであり、こうした抑圧に抵抗する民族自決を目指す戦争は、革命のためには好ましいものであることになる。こうした民族的な戦争を抑圧するために、帝国主義諸国は「平和的同盟」を締結することもあるだろうが、「平和的同盟は戦争を準備するか、それはまた戦争から生まれるのであって、この両者は相互に制約しあいながら、世界経済と世界政治との帝国主義的関連および相互関係という同一の地盤から、平和的闘争と非平和的闘争との形態の交代を生み出す」[30]にすぎない。

ただしレーニンは、民族自決を求める戦争のように、戦争のもたらすさまざまな惨禍にもかかわらず、人類の進歩につながる戦争というものがあることを認めていることに注意が必要だろう。一七八九年から一八七一年までの「戦争のおもな内容と歴史的意義は、絶対主義と封建制を打破し、それらを掘り崩し、外国の圧制を除去することにあった。だからそれらは進歩的な戦争である」[31]とされているのである。これは「正義の防衛戦争」[32]というものがありうることを主張するものだった。

第3節 第一次世界大戦

新たな戦争としての第一次世界大戦

第一次世界大戦は一九一四年に始まり、一九一八年に終結したが、この戦争はそれまでの戦い方を一変させた画期的な戦争だった。注目に値するのは、開戦当時の戦闘は、それまでとまったく変わりがなかったのに、終戦の頃の戦闘は、最初の頃からはまったく想像もできないものに変貌していたことである。「一九一四年の戦争遂行は、翼側攻撃、包囲、殲滅を強調する軍事原則による一次元的戦闘状態であった。その状態は物理的遭遇による近接戦闘が主体であった。すなわち多数の歩兵部隊と騎兵の機動、砲兵の直接火力支援、散開して展開する射程の短い鉄砲であった」[01]。これはそれまでの戦争とほとんど同じ戦い方だった。ここでいう「砲兵の直接火力支援」とは、砲兵が実際に敵を目視して、その敵に向かって大砲を発射するという方法のことである。この戦いは伝統的な戦闘方法に基づいたものであり、フリードリヒ大王が率いていたとしても、それほど困惑せずに戦うことができただろう。戦闘は大地の上で、たがいに敵軍に遭遇した軍隊の間で、直接的な戦いとして「一次元的に」遂行されたのである。

しかし一九一八年に戦争が終わる頃には、戦場は一変していた。その鍵となるのは、砲兵が間接照準射撃を行うようになったことである。この射撃においては砲兵は、敵を目視することなく、偵察隊の情報に基づいて敵の居場所に照準を合わせて大砲を発射するのである。これが可能となるためには、偵察隊から、敵の居場所の情報を伝達してもらい、実際に射撃してから、それが目的を外している場合には、照準を修正するための情報を伝達してもらう必要がある。

やがて航空機が上空から視察して、敵の所在の情報を伝達するようになり、必要な場合には爆弾を投下できるようになる。さらに海軍が敵国の都市を爆撃することも、海岸に接舷して、兵士を送りこむこともできるようになった。また一九一八年にはイギリスの航空母艦「フューリアス」号は「トンデルンのドイツの飛行船基地に対する最初の航空母艦発進による航空攻撃を実施した」[02]のだった。このようにして陸、空、海の「三つの次元から」敵軍と敵地への攻撃が行われるようになったのである。そのためには通信技術などの新たな技術革新が必要だったのであり、戦争の遂行の必要性がこうした技術革新を促進したのだった。

この大戦は、「戦車と対戦車戦闘、空中空戦、戦略爆撃、航空偵察、防空戦闘を生みだし、航空機が機甲作戦を支援する〈空飛ぶ砲兵〉として活動できるかもしれないという魅惑的な見通しをも生みだした。兵站は内燃機関に頼るようになり、作戦上と戦術上の指揮統制は、エレクトロニクスによる戦場通信に依存するようになった。化学戦の恐怖は、普遍的な問題となってしまった[03]」のである。

この戦争の第二の重要な特徴は、フランス革命の際にかいまみられた総動員体制が、初めて世界中で本格的に確立されたことにある。フランス革命が引き起こしたナショナリズムの情熱が、この時代には西洋のすべての国に伝染しており、人々は戦争のために、国家のために命を捧げるようになった。労働者もその例外ではなかったことは、第二インターナショナルが国境を超えた労働者の連帯という理念を忘れ去り、自国の戦争への支援を惜しまなかったことに象徴される。

この戦争では「政治的かつ民族的熱狂、他国の侵略に対する自国の防衛は、国民の人的資源を根こそぎ動員し、また社会を巨大な戦時動員の工場に変えさせて産業化社会を活性化させてしまった[04]」のである。総動員体制は、戦争の戦い方を変えただけでなく、社会の経済と産業の体制そのものを変革した。最終的には経済力がものを言った。ドイツは経済力において全体的に他の先進国に劣っていたために、大戦に敗北したのである。

第一次世界大戦のもたらした経験の貧困化——ベンヤミン

第一次世界大戦と戦時下の総動員を契機として、西洋における人々の意識に重要な転換が生じたと考えているのが、ドイツの思想家の**ヴァルター・ベンヤミン**（一八九二〜一九四〇）である。第二次世界大戦のさなかにドイツからアメリカ合衆国に亡命しようと試みて失敗してみずから命を断ったベンヤミンは、第一次世界大戦の頃には二十歳近い年齢だった。ベンヤミンは第一次世界大戦からというもの、経験という概念が意味を失いつつあると指摘する。第一次世界大戦というのは、人類初めての本格的な総力戦であり、それまでの経験をひっくり返してしまうようなものだった。陣地戦、空爆、化学兵器の使用など、それまでの戦争でえられていた知識は、まったく通用しないものとなった。戦後のインフレは、市民の蓄えの意味をなくした。爆弾の降る中での戦闘は身体的に大きな痕跡を残した。さらに戦後になっても、そのショックが退役した軍人たちを精神的に苦しめた。

この大きな変転についてベンヤミンは、「まだ鉄道馬車で学校に通った世代が、いまや放り出されて、雲以外には、そしてその雲の下の、すべてを破壊する濁流や爆発の力の場のただなかにある、ちっぽけでもろい人間の身体以外には、何一つ変貌しなかったものとてない風景のなかに立っていた」[05]と描写している。この大戦の後には、それまでの経験というものがまったく意味を失ったとベンヤミンは感じていたのである。

この第一次世界大戦がもたらした「経験の貧困」という状態は、ベンヤミンによると全人類的な意味をもつものだった。「この経験の貧困はたんに私的な経験の貧困であるだけでなく、人類の経験そのものの貧困にほかならないのだ。そしてそれとともにこの経験の貧困は、一種の新たな野蛮状態なのである」[06]という。そしてこの野蛮状態は、二〇世紀のいくつかの重要な特徴を作りだしたとベンヤミンは指摘する。

第一は、まったく新しい世界観が作りだされたことである。未開で野蛮な状態に落ち込んだ人々は「新たに始めること、わずかばかりのものでやりくりすること」[07]を強いられるようになる。その実例として彼は、アインシュタインの宇宙理論を挙げている。アインシュタインは「ニュートンの方程式と、天文学的な経験のあいだのたった一つのわずかな不一致以外には、もはやまったく何にも関心をもたなくなった」[08]ことから、それまでに考えられなかったような新しい理論を生み出すようになったという。絵画の分野でキュービストたちの発明した画法も、そうした新しさに依拠したものだとベンヤミンは考えている。

この傾向はまた、世界の有機的なありかたを無視した恣意的な構成を優先するものだったという。それを代表するのが、バウハウスやル・コルビュジェの鋼鉄やガラスの建築である。「ガラスでできている事物は、いかなるアウラももたない」[09]ことを特徴とする。バウハウスの鋼鉄の建物は、「痕跡を消すということを遂行した。すなわち彼らは痕跡を残すことが困難な部屋を作りだした」[10]のだった。そこにあるのは「恣意に依拠する構成的なものへの傾きであり、それはつまり、有機的なものに対立する傾向である」[11]。

さらに第一次大戦の後には、経験が語り伝えられることがなくなったと彼は主張する。経験というものは、過去の伝統の継承のもとでのみ成立するものである。それは過去の記憶に依拠することで、初めて可能となる。たしかにこのような経験なしでも人々は生きつづけることはできるだろう。しかしその場合には、人々は「経験」(エアファールング)について語ることはできず、ただ「体験」（エアレープニス）について語ることができるにすぎないとベンヤミンは指摘している。この新たな時代において、人々が手にすることができるのは、たんなる断片的な情報であり、それまでのようなまとまりのある物語ではなくなったという。情報というものは「出来事それ自体を伝える」[12]ことがその使命である。いわば個人の体験そのものを正しく伝えようとするのが情報であり、それを伝えるのが新聞の役割である。ここでは伝え手は基本的に無名である。誰が伝達しようと、出来事が正しく読み手に伝えられることが重要なのである。

これに対してかつての見聞録のような物語が目指すのは、体験としての出来事そのものを伝達することではない。出来事の体験が、経験に変えられた後に、これを伝えるのである。物語は、「出来事を報告者の生のなかに沈める。出来事が経験として聞き手に与えられるようにする」[13]ことがその使命である。だから「陶器の皿に陶工の手の痕跡が残っているように、物語には語り手の痕跡が残っている」[14]のである。

このように情報が体験を伝えるのに対して、物語は経験を伝えるのである。この経験のうちに含まれるのはたんなる情報ではなく、そこにはそれを体験した人の記憶が生きている。しかも物語には個人的な出来事の体験だけではなく、それまでに語り伝えられた集合的な経験も含まれており、それを基礎として語られるのである。物語におけるこの経験と記憶の結びつきについてベンヤミンは、「厳密的な意味での経験が存在しているところでは、個人的な過去のある種の内容が、集合的な過去のある種の内容と、記憶の中で結合する」[15]ことを強調している。

儀式や祝祭は、個人がそれに参加して体験することで、集合的な過去の内容を個人として経験し、過去の集合的な記憶を再現し、それを新たな記憶としてさらに育てあげることを目的としている。儀式や祝祭が伴われる「礼拝はある決まったときにおいて、想起《アインゲデンケン》を誘発し、生涯にわたって想起のきっかけとなるものであった」[16]。第一次世界大戦は、そのような人間の集合的な記憶を消滅させてしまったのであり、そのことが戦後に生きる人々に重要な影響を与えたのだとベンヤミンは考えた。

内的な体験としての戦争――ユンガー

ベンヤミンはこのように第一次世界大戦とともに、それまでの経験というものが失われて、人々は個別の体験をするしかなくなったと考えたが、この経験の喪失という事態を裏返して、人々が過去と密接なつながりをもつ経験ではなく、これまでにない新たな体験をするようになったことに意味をみいだしたのが、ドイツの小説家で哲学者の**エルンスト・ユンガー**（一八九五～一九九八）である。ベンヤミンのように戦争を外部から眺めるのではなく、現場で将校として兵を指揮し、塹壕で戦争を体験したユンガーは、この塹壕体験というものに、それまでの価値体系を揺るがすような意味をみいだした。

塹壕を掘って前線で戦うというのは、第一次世界大戦から始まった新しい戦闘形式である。塹壕からは相手の兵士までも見えることが多く、飛び交う砲弾の雨で死傷する兵士も多かった。戦争小説として有名になったレマルクの『西部戦線異状なし』では、もはや経験とは言えなくなった偶然まかせの塹壕の体験について雄弁に語っている。「戦線というものはまるで籠だ。僕らはその中で神経を尖らして、ある起こるべきことを待っていなければならない。僕らは砲弾の弧が縦横に交叉する下にいて、何もわからないものに対して緊張して生きているのである。僕らの頭の上に浮かんでいるものは、ただ偶然があるのみだ。弾丸が飛んでくれば、首をちぢめる。これがすべてである。どこへその弾丸が当るか、そんなことははっきりわからないし、またどうすることもできはしない[17]」。塹壕が砲弾の飛び交う中に置かれた籠のようなものであり、そこで生き残るかどうかはまったくの偶然任せであること、そこではいかなる経験も蓄積されえず、たんなる体験しか残らないことを、この小説はまざまざと語っている。

ところがこの籠のような塹壕を体験したユンガーは、この状態を逆手にとる。『内面的体験としての戦闘』という書物において彼は、戦争というものはヘラクレイトスが語ったように、あらゆるものの父であると主張する。「戦争はわれわれを今ここにあるようなものとして叩き上げ、彫琢し、鍛え上げた。生命というものが震動する車輪のようなものであって、それがわたしたちのうちで回転しているかぎりは、この戦争はそうした車輪が唸りながら回転する軸のようなものだろう[18]」という。ただし戦争は人間にとっての父であるだけではなく、息子でもあるとユンガーは指摘する。「戦争はわたしたちの父であるだけでなく、わたしたちの息子でもある。戦争がわたしたちを作りだしたのと同じように、わたしたちが戦争を作りだしたのである[19]」。現実に塹壕のうちに身を潜め、武器を駆使しているのは人間だからだ。

この塹壕のうちに潜む兵士として戦争を戦ったユンガーは、そこで体験したこと、これまでの歴史では知られていないことを人々に伝達し、そこに形而上学的な意味を付与することで、この体験を人間にとっての新たな「内面的な体験」にしようと試みるのである。これまでの経験はすでにその価値を失ってしまったのだとすれば、経験の通用しない戦場での体験の意味を考え、そこに新たな価値をみいだすしかないと考えるからである。

この塹壕での戦闘体験のうちには詩となるような美しさがあるとユンガーは考える。「わたしたちは今、鋼鉄と鉄筋コンクリートの構成要素で作られた詩を書いている。出来事が機械のような精密さをもって絡み合う戦いのうちで、われわれは権力を獲得するために戦っているのである。この地上の戦い、水上の戦い、空中の戦いのうちでは、力の奇跡的な制御のもとで、電《いなずま》のような熱き意志がみずからを制御し、表現することのうちには、美しさがあることをすでに予見することができる」[20]という。

そしてこのような戦いを体験した者だけが、新たな「内面的な体験」を積むことができるのだという。「すべての目的はすでに過去のものであり、動きだけが永遠のものである。この動きこそが、心を暖めるようなすばらしい見世物を絶え間なくもたらしてくれる。芸術作品や星辰のきらめく天空のように、崇高な無目的性のうちに沈み込むことができる者こそが、それを享受することのできるごくわずかな人々なのである。しかしこの戦争のうちに否定的なものやみずからの苦しみしかみいだすことができない者、肯定的なものや高次の運動をみいだすことができない者は、奴隷として生きているだけの者なのである。こうした者は、内面的な体験をすることはできず、戦争をただ外面的に体験するだけのことである」[21]。

このように第一次世界大戦の前線で生命を賭した「塹壕の武装した男性共同体が、〈生命なき〉工業社会に対するユンガーのユートピア的代案になっていた[22]」と言えるだろう。産業活動を主体とする資本主義社会での生き難さに代わって、戦場での体験とそうした体験を共有してきた兵士たちの作り上げる共同体が、さまざまなイデオロギー論争に片をつけることができると考えたのである。「戦争の〈体験〉は、政治的綱領やイデオロギーについての主知主義的な押し問答に対して優位を占めるべきであった[23]」ということになる。

さらにユンガーはこの塹壕体験のうちにドイツ人の「血」のありかをみいだしていた。そして戦争はドイツの兵士たちの血のうちに宿ると信じたのである。「塹壕の兵士たちにとっては戦争は、もっとも固有な境地（エレメント）である。兵士は血の中に戦争を担っている[24]」のである。兵士のあげる叫びは、「これまでのあらゆるものよりも美しく、心を魅惑する響きをもった崇高な力の言語であり、この言語には独自の価値と独自の深さが備わっている。この言語はごくわずかな人々によってしか理解されず、それだけに崇高なものとなるのである[25]」。

この塹壕体験とドイツの兵士たちの血との結びつきについての信念が、その後のユンガーの「保守革命派」としてのイデオロギーを支える重要な土台となったのである。

第一次世界大戦における文明の幻滅——フロイトの戦争批判

一九一四年から始まった第一次世界大戦は、さまざまな帰結をもたらすものであったが、フロイトがとくに大きな関心をもったのは、第一次世界大戦が総力戦として戦われ、銃後の人間まで戦争にまきこまれ、人々が死に直面するようになるとともに、西洋社会において大きな幻滅が生まれたことである。

フロイトは原始的な民族のあいだでは戦争は不可避なものであるとしても、文明国のあいだの戦争ではこれまでのところ、「人類のさまざまな集団のあいだの倫理的な関係や、民族や国家のあいだの倫理的な関係の発達を妨げることはないと考えられていた」[26]ことを指摘する。しかし現実の第一次世界大戦においては、このような幻想が完全に破壊されたのだった。「この戦争では攻撃と防衛の目的で強力な武器が完成され、利用されたために、かつての戦争では考えられなかったような長期的な流血と損害をもたらしただけではない。これまでのどの戦争に劣らず残酷であり、破壊的で、情け容赦のないものだった。平和なときには義務として定められ、国際法と呼ばれていたあらゆる制約が踏みにじられた。負傷者や医者の特権も、兵士と戦闘に従事しない住民の区別も、私有財産の保護の要求も無視されたのである」[27]。

このような現実の戦争のおぞましさを実感した西洋の人々は、さまざまな形で幻滅を経験したとフロイトは診断する。第一の幻滅は、文明と平和の幻想のうちで抱かれていた国際的な協和の関係についての幻滅である。「この戦争でたがいに死力をふるって戦う民族のあいだにかつて存在していたあらゆる共同性の絆が断ち切られ、激しい怒りだけが残された。もはやこれから長い将来にわたって、これらの民族がふたたび共同の絆で結ばれることがありえないようにしてしまったのである」[28]。永遠平和の夢ははるかに遠いものとなってしまった。

第二の幻滅は、このような事態を招いてしまった自国の国家と政府に対する幻滅である。これまで国家は不正を行うことを禁じていたが、それは道徳性のためではなく、「国家が不正を独占しようとするため[29]」だったことを思い知らされた。というのも、「戦争を遂行した国家は、個々の国民が行った場合には名誉を失うことになるあらゆる不正と暴力に手を染めたのである。国家は敵国に、許されうるかぎりの策略を用いた。そのうち意識的に嘘をつき、意図して欺いた。しかもこれまでの戦争でみられたよりもはるかに大規模な形で実行した[30]」のだった。

第三の幻滅は、自分自身に対する幻滅であった。それまでは文明諸国の人々は自分もまた文明的な人間であるという幻想を抱いていることができたが、戦争の厳しい現実に直面させられ、そして国家という共同体が悪を抑える力を喪失したために、文明国に住む人々は自分たちもまた欲望を満たすためには悪をなすことをはばからない生きものであることを知らされたのである。「共同体が悪を批判しなくなれば、悪しき情欲を抑える力はなくなる。そして人間は残酷で悪辣な行為を、裏切りと野卑な行いを、平然と犯すようになるのである。たとえこうした行為が、その文化の水準にそぐわないものとみなされていたとしてもである。こうして、かつての文明世界の市民たちは、見知らぬものとなった世界のうちに力なく佇《たたず》むようになる。〈偉大な祖国〉は崩壊し、共同で所有していた財は荒廃し、ともにこの世界の市民であった人々がたがいに対立し、品位を汚しあったのである[31]」。

このような幻滅に対するフロイトの診断は厳しいものである。大戦までの文明的な共同体についての幻想は、たんなる虚妄にすぎず、人間はもともとそうした生き物であり、「心理学的な研究からも、厳密な精神分析の研究からも、人間のもっとも根深い本質は、欲動の動きにあることが示されている。欲動の動きは、すべての人のもっとも深いところで同じように働いている基本的な本性なのであり、これはある根源的な欲求の充足を目標とする」[32]ものであることを認める必要があるという。フロイトは戦前の文明的な幻影を追い求めるのではなく、戦争の示した厳しい現実に直面しながら、人間の真のありかたを直視し、そのことによって「すべての人々が、人間同士の関係においても、人々と支配者の関係においても、できるかぎりの誠実さと正直さを示す[33]」ようになるための新たな一歩が、しかも幻想にまどわされない確実な一歩が踏み出されることを期待するしかないと考えるのである。

第5章 現代の戦争

人類は二度目の世界大戦に突入。陸、海、空の次元から国の生存圏を考察する地政学がヒトラーに影響を与える。ヒトラーのナチス体制とファシズムは同時代の思想家に新たな課題を生んだ。大戦後、相次いだ植民地の独立戦争は暴力をめぐる抵抗運動の課題を突きつける。

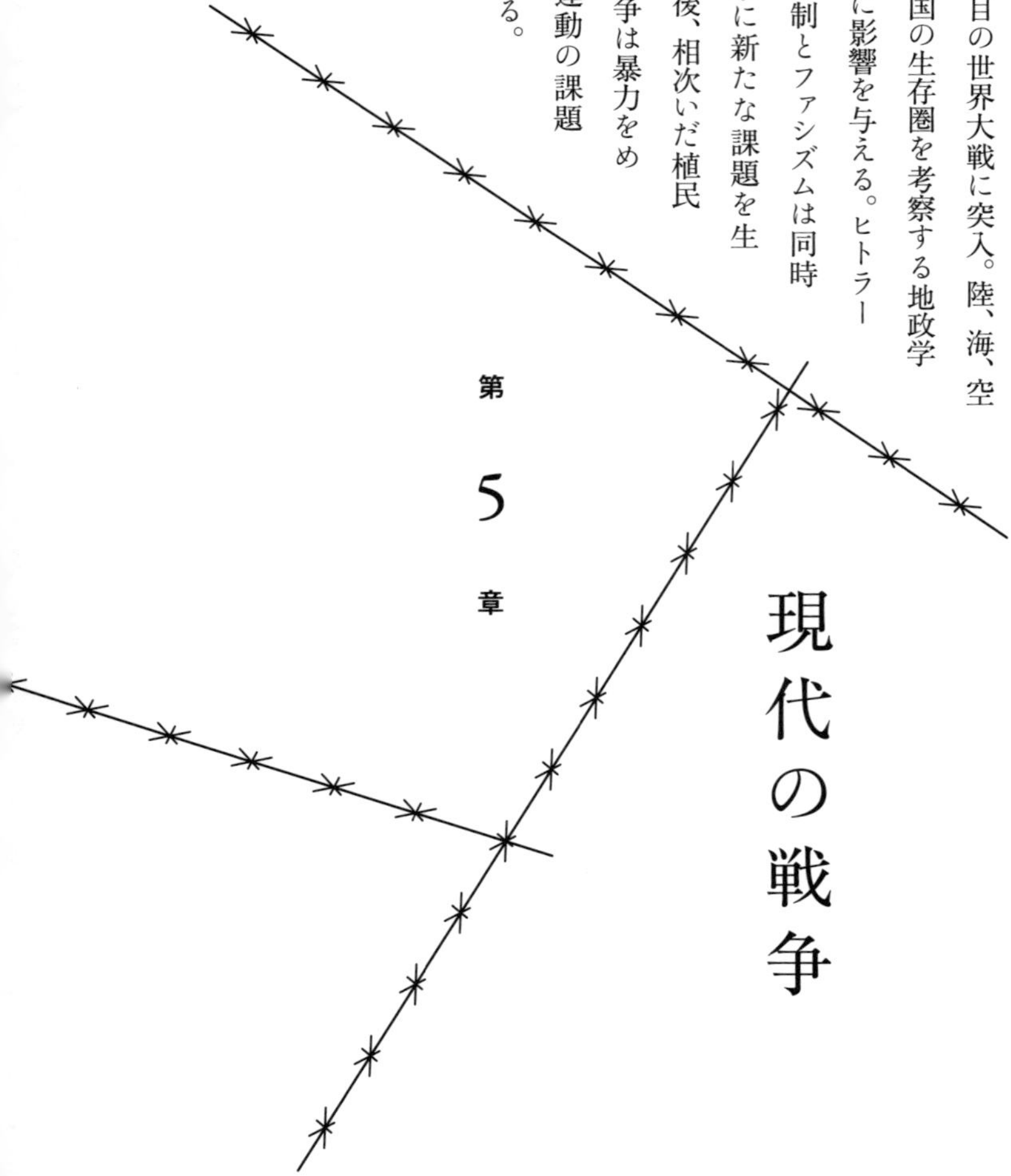

ハンナ・アレント

Hannah Arendt

1906-1975

ドイツのユダヤ系家庭に生まれる。ハイデガーとヤスパースに師事。ナチ政権成立後、1933年にパリ、41年にアメリカへ亡命。20世紀の全体主義を生み出した大衆社会の思想的系譜を考察し、現代精神の危機を訴えた。著書に『人間の条件』『全体主義の起源』『エルサレムのアイヒマン』など。

フリードリヒ・ラッツェル　Friedrich Ratzel　1844-1904
ドイツの地理学者。人類と地理的環境との関係を考察する人文地理学の体系化に貢献。民族の発展はその地理的状況に影響されると考え、「生存圏」の思想を主張し、ハウスホーファー、ヒトラーに影響を与えた。

アルフレッド・セイヤー・マハン　Alfred Thayer Mahan　1840-1914
アメリカの軍人・歴史家。海軍将校として南北戦争、硝石戦争（太平洋戦争）に従事。海洋戦略（シーパワー）を研究し、海軍力が戦争の決定的要素であることを主張した。著書『海上権力史論』は世界各国で研究されている。

カール・シュミット　Carl Schmitt　1888-1985
ドイツの思想家。独裁と民主主義の共存、友と敵を峻別する政治概念を提起し、体制を批判。ナチス政権後は法学者として重用され、第二次大戦後はアメリカ軍に逮捕されるが不起訴となり、以後は故郷で執筆活動を続けた。

ハルフォード・マッキンダー　Halford Mackinder　1861-1947
イギリスの地理学者、政治家。オックスフォード大学地理学院の初代院長。海洋国家イギリスの防衛の観点から地理学を分析し、ユーラシア大陸の中央部「ハートランド」を支配する国が世界を支配すると論じた。

ニコラス・ジョン・スパイクマン　Nicholas J.Spykman　1893-1943
アメリカの政治学者、地政学者。オランダに生まれ、ジャーナリストとして中東・極東に赴任後、アメリカに移住。マッキンダーのハートランド論を踏まえ、ハートランドの接触地帯をリムランドと名づけ、その重要性を考察した。

ジュリオ・ドゥーエ　Giulio Douhet　1869-1930
イタリアの軍人。大学卒業後、陸軍に入隊し砲兵将校となるも、航空に関心を抱く。航空部隊による制空権と戦略爆撃の意義を論じ、第二次大戦での航空戦力の運用に大きな影響を与えた。

カール・エルンスト・ハウスホーファー
Karl Ernst Haushofer　1869-1946
ドイツの軍人、地理学者。ミュンヘン大学地理学教授時代の教え子にルドルフ・ヘスがいたことからヒトラーと知り合うも対ソ連政策を巡り疎遠に。息子アルブレヒトがヒトラー暗殺計画に関わり処刑された翌年、服毒自殺。

ジョルジュ・バタイユ　Georges Bataille　1897-1962
フランスの思想家、作家。古文書学校卒業後、国立図書館司書となる。理性を中心とする西洋哲学の絶対知を批判。文芸批評や絵画論、小説など、無神論の神秘主義的な作品を多く著し、「死とエロチシズム」の思想家と呼ばれる。

ボリス・スヴァーリン　Boris Souvarine　1895-1984

フランスのユダヤ系ジャーナリスト。10代での航空工場勤務の際に社会主義運動に出会う。第一次大戦後、共産主義インターナショナルに参加し、フランス国内の反スターリン主義の様々な組織・言論活動に関わった。

シモーヌ・ヴェイユ　Simone Weil　1909-1943

ユダヤ系フランス人の哲学者。学生時代から組合活動に参加。哲学教師として勤務中、休職し、複数の工場で労働。43年渡英するも肺結核と栄養失調で客死。遺されたノートを友人が編纂、『重力と恩寵』として刊行した。►第4章

ミシェル・フーコー　Michel Foucault　1926-1984

フランスの哲学者。狂気の復権を提唱した『狂気の歴史』、近代世界の監視と懲罰の歴史を描いた『監獄の誕生』、社会における快楽と知の関係を考察した『性の歴史』(未完)などを著す。エイズにより死去。

クレメンス・ブレンターノ　Clemens Brentano　1778-1842

ドイツの文学者、詩人。大学でゲーテに学び、フィヒテ、ノヴァーリスらと知己を得る。文学におけるゲルマン民族の起源を辿るべく、古くから伝わる民謡を集めた『少年の魔法の角笛』を編纂。グリム兄弟とも親交があった。

エマニュエル＝ジョゼフ・シエイエス

Emmanuel-Joseph Sieyès　1748-1836

フランスの政治家。司祭であったが、第三身分(平民)こそが国民の代表であると主張する『第三身分とは何か』を著し、革命運動に影響を与えた。ナポレオンの軍事クーデターに参画するが、王政復古後に国外追放となった。

ポール・ヴィリリオ　Paul Virilio　1932-2018

フランスの思想家、都市計画家。パリ建築学校で教鞭を執る傍ら執筆活動を始める。先へと競わせる近代の原理を「速度学(ドロモロジー)」と名付け、技術やメディアの発達が人間社会に与える影響を考察した。►第6章

ジャン＝ポール・サルトル　Jean-Paul Sartre　1905-1980

フランスの哲学者、小説家。ベルリンでフッサールに学ぶ。『存在と無』で提唱した実存主義により、時代の寵児となる。行動する知識人として、アルジェリア戦争では民族解放戦線を、キューバ革命後は革命政権を支持した。

第1節 第二次世界大戦と地政学

第二次世界大戦の三つの重要な特徴

第二次世界大戦は、第一次世界大戦と比較すると、総動員体制がさらに強化されただけでなく、植民地からの動員によって、超国家的な戦争となった。これが第二次世界大戦の第一の重要な特徴である。第一次世界大戦は総力戦とはいっても、主要な交戦国の国民の大多数が何らかの形で動員されるようなことはなかった。しかし第二次世界大戦においては真の意味での国民総動員が実現された。国家の隅々まで徴兵の影響はおよび、さらに航空機からの爆撃によって、交戦国の多くの都市が被害をうけた。その最たるものは広島と長崎に落とされた核爆弾による被害だった。

さらにこの戦争においては主要な交戦国は自国だけではなく、植民地からも動員した。「一九四二年以降、ドイツは超国籍的な戦争遂行努力を組織統括する立場に立った。時の経過とともにドイツはいよいよ仮借なく、実力の行使と脅しとによって制圧地域から資源をしぼりだしにかかった。一九四四年には、外国人労働者の数は七五〇万人に達し、ドイツで使用されている労働力のほぼ五分の一を占めていた[01]」ほどだった。それはドイツに限ったことではなく、日本やイタリアでも同じ傾向は見られた。「ドイツにかぎらず、交戦国のうち大国の戦争遂行努力はすべて超国家的な広がりをもっていたといってよい[02]」のである。

この戦争がこのような超国家的なものとなったのは、「一国家というのは、もはや戦争らしい戦争を戦うには小さすぎる単位となった[03]」ためであり、そのため「国家主権は昔ほど神聖不可侵ではなくなった[04]」という思わざる帰結をもたらした。

第二次世界大戦において国家の役割が縮小されたことの背景に、それ以前の時期から誕生していた地政学の思想の果たした役割を考えることができる。地政学は、地理学と政治学を組み合わせた学問であり、諸国の政治的な活動において、その国の位置する地理的な条件をとくに重視していたが、国家の既存の国境を重視せず、その国家の生存にとって望ましい範囲まで国境を広げようとする傾向があった。この学問の端緒となったのは、ドイツの地理学者の**フリードリヒ・ラッツェル**（一八四四〜一九〇四）であり、一八九七年の著作『政治地理学』では、国家はその国と隣接する諸国と「生存圏」を競い合う有機体のようなものであると主張し、これが後のドイツの国際政治の理論に大きな影響を与えた。国家は有機体として成長するものであり、そのためには生存圏の確保が必須であるというこの理論は、国境を接する国々のあいだで、それぞれの生存圏を確保しようとする戦争が不可避であると主張するものであり、それまでの勢力均衡に基づいた国際法の理論を根本から覆す力をもっていた。

このように戦争において一つの国家のもつ重要性が相対的に低下するだけでなく、技術革新がこれまでになく重要な意味をもったことが、第二の重要な特徴だろう。「重要度において超国籍的組織形成に匹敵する第二次世界大戦のもうひとつの革新が、武器の設計への科学知識の組織的な応用であった[05]」。核爆弾の存在を考えてみれば、「長期的にいえば戦争遂行努力のこの側面の方がずっと重大だと主張できるだろう[06]」とも言えるほどである。兵器における科学知識の利用というこの傾向は戦後もさらに進み、科学的な進歩と戦争遂行との密接な結びつきはその後も強まる一方である。

第三のそしてもっとも重要な特徴は、これまでの国際法の枠組みを完全に破壊するようなファシズムと全体主義の犯罪が遂行されたことである。ドイツなどの諸国はたんに他国を征服するだけでなく、ユダヤ人を含めて自国の国民に対してそれまでの国際法によっては想定されていないような罪を犯したのである。後に「人道に対する罪」と呼ばれるこのような国家の犯罪は、伝統的な国際法の枠組みでは想定されていないものであった。「ナチス体制のもとで犯され、ヨーロッパ・ユダヤ人の抹殺にいたった大量犯罪、さらにはもっと一般的に全体主義体制が、自国の国民に対してすら行った国家犯罪を見ると、国際法の主体としての主権国家の原則的無罪という前提は、その基盤が失われてしまった。身の毛もよだつこうした犯罪は、国家の行為は道徳的にも刑法上も責任を問われる必要はないという考えを、不条理きわまりないものにした」[07]のである。

この第二次世界大戦の重要な特徴に基づいて、この第1節では第一の特徴の背景となった地政学の思想について検討してみよう。それと結びついた第三の特徴であるファシズムに対する思想的な批判については、第2節で考察することにしよう。第3節では第二次世界大戦の終結後の冷戦期の思想について簡潔に考察することにしたい。

この節で考察する地政学の思想は、ヒトラーの生存圏の思想やシュミットの広域の思想として、ロシアのウクライナ侵攻にみられるように、第二次世界大戦の後の現代においてもなお、戦争を引き起こす思想的な根拠となっている。そしてファシズム批判は、このような国家犯罪が犯されるにいたった思想的な背景を分析するものとして、今なお大きな示唆を秘めている。

マハンのシーパワー論

地政学の理論が戦争に具体的なかかわりをもつようになったのは、地理的な観点からみて海、陸、空の三つの次元のうちでも、とくに海の次元を重視した地政学者であるアメリカ海軍士官の**アルフレッド・セイヤー・マハン**（一八四〇〜一九一四）の登場いらいのことだろう。マハンは一八九〇年の『海上権力史論』において、イギリスやアメリカ合衆国のような海洋国家においては、「生産、海運、植民地」がとくに重要な意味をもつと主張した。「生産があれば、生産物を交易する必要が生じ、その交易のために海運が必要となる。また植民地があれば、海運の操業を容易にして輸送量を拡大させ、また安全な拠点を増やすことで海運業を保護することができる」[08]というのである。国内の産業活動による生産物を貿易によって海外に販売するためには海運業が必要であり、さらに自国の産物を輸出し、原材料を輸入するためには植民地が必要であると考え、そのためには強力な海軍による海上権力（シーパワー）が必要であると主張した。そして海上権力の歴史は、実際には戦争の歴史にほかならないという。「海上権力の歴史は、主として国家間の抗争、相互の角逐、しばしば戦争にいたる武力行使の記録にほかならない」[09]のである。

彼はこのシーパワーの維持のために次の六つの条件について検討する必要があることを指摘している。第一は地理的な位置であり、イギリスはとくに有利に地理的な位置を占めていた。「一国の地理的な位置は、たんにその海軍部隊の集結を容易にするにとどまらず、その仮想敵国に対して敵対行為に出る際に中枢的な軍事拠点や好個の策源地を提供するという戦略的利点をもたらす」[10]ものである。

第二は地勢的な形態であり、これは海岸線の形態という地理的な条件にとどまらず、こうした海岸線に良港があり、国内産業の産物を輸出するのに適しているかどうかが重要な意味をもつということである。第三は領土の規模であり、これは次の条件である人口の多さを保証するものとなる。ただしシーパワーの観点からはたんなる面積の大きさではなく「海岸線の長さと港湾の特徴」[11]が重要となる。第四は人口であるが、たんに総人口の多さだけではなく、「海員生活を営む者の数、あるいは少なくとも有事の際にはただちに船に乗り組んだり、船用需品の生産に従事したりできる人員が大切になる」[12]だろう。

第五は国民性であり、海外への進出に好ましい国民性をそなえているかどうかである。歴史的にみてこうした好ましい国民性をそなえているのはイギリスとオランダであり、「彼らは天成の実業家であり、商人であり、生産者であり、商議者であるのだ。したがって彼らは本国においても海外にあっても、また文明国、野蛮国、あるいは自国の建設した植民地のいずれに住み着くことになっても、その土地のあらゆる資源を採取し、開発し、増加させようと努めた」[13]のである。第六は政府の性格であり、民主主義国家は国民の意見をまとめるには好ましいが、決断と戦争の遂行には専制君主国家が好ましいこともあるとマハンは考える。いずれにしても平時においては産業を発展させ、戦争準備においては「一国の海運の発展と関連事業の重要度に応じた規模の海軍力を保持する努力」[14]を遂行することが必要である。

これらの条件から見て好ましい国家がシーパワーを握ることができるのであり、自国の利益のためには戦争を恐れてはならず、むしろ武力によって権力を拡張することが望ましいとされている。「法律なるものは正義の侍女にすぎないということ、また世界の発見の現段階においては、もし正義を法の力で擁護できないときは、武力によって擁護しなければならないということ、そして究極的に法は、その制裁力はおろか効力をも武力に依存していること」[15]を忘れてはならないとマハンは強調する。

第二次世界大戦期のドイツの思想家の**カール・シュミット**（一八八八～一九八五）は、マハンのこうした構想は、それまでの陸地を中心とした一次元的な観点から陸を海から眺めるという二次元的な観点に転換したものであると評価しながらも、イギリスとアメリカ合衆国の二つのアングロサクソン民族が「世界の海を支配しつづける」[16]べきであるという保守的な思想にすぎず、「地政学的な安定性を求める保守的な欲求によって生み出されたもの」[17]と評している。シュミットによると、この構想はまだ陸と海と空という三次元的な観点からの「空間革命」を認識できていないという重要な欠点がそなわっているのである。

マッキンダーのハートランドの理論とスパイクマンのリムランドの理論

これに対してイギリスの地理学者で政治家の**ハルフォード・マッキンダー**（一八六一〜一九四七）は、たんに海上権力としてのシーパワーだけでなく、世界全体の地理的な状況と政治的な状況の関係を考察したことで注目される。彼はヨーロッパの歴史というものを、古代のゲルマン民族の大移動の時代から、ロシアという広大な地域を通過してヨーロッパにまでやってきた東アジアの遊牧民の侵略と戦争を軸に考えようとする。五世紀から一六世紀にいたるまでフン族、マジャール人、モンゴル民族などの多数の民族がロシアとヨーロッパを侵略したのであり、その余波によってイングランドへのヴァイキングの進出なども起きているのである。「ヨーロッパの近代史の多くの部分は、事実これらのアジア民族がもたらした変化に対する注釈として書かれてもさしつかえないだろう。われわれアングロサクソン民族の祖先もまた、これらの襲撃による難を避けて、わざわざ海を渡りブリテン島にやってきた結果、英国がつくられたとみなすこともまた十分に可能である」[18]という。ヨーロッパの諸国はこのような東からの異民族の侵入だけではなく、ヴァイキングなどによってその他の三方向からも侵入を経験してきたのであり、こうした異民族との戦争の経験が、国家の形成に重要な役割を果たしたのである。

ヨーロッパはいわばアジアから突き出た「岬」であって、ユーラシアと比較するとごく狭い範囲にさまざまな諸国が次々と勃興してきた。そのために海からの侵入にどのようにして対処するかという問題が国家形成において重要な意味をもつことになった。「世界の陸地がおたがいに離ればなれに存在しているのにたいして、これを取り囲んでいる海はすべてひとつにつながっているという事実は、やがて〈海を制する者は世界を制する〉という制海権の理論に地理学的な根拠を与えた」[19]のはたしかであり、マハンはまさにこの観点から地政学の理論を展開したのである。

しかし近代の産業革命とともに、鉄道による陸地輸送が容易になり、船舶による輸送よりも便利で費用も低くなった。それにともなってランドパワーがシーパワーに対抗できるようになった。こうして世界はランドパワーの地域とそれを囲むシーパワーの領域が対立し、さらに大陸と海洋とが結びついた地域の三つに分けられることになる。マッキンダーは、第一の地域を「完全に大陸的な中軸地域」と名づけ、これを取り囲むシーパワーの地域を「完全に海洋的な地域」と呼び、その中間の地域を「なかば大陸的、なかば海洋的な」地域と呼んだ。[20]

第一の地域はハートランドと呼ばれ、ここにはロシアと東欧の地域が含まれる。第二の地域はこれを取り囲む海洋的な地域で、ここにはアメリカ合衆国、オーストラリア、日本などが含まれる。第三の中間的な地域にはアフリカ、中近東、南アジア、東アジアなどが含まれ、政治的な動乱が起こりやすい地域とされる。彼は世界の歴史はハートランドを軸として展開していると考えるのであり、「東欧を支配する者はハートランドを支配し、ハートランドを支配する者は世界島を支配し、世界島を支配する者は世界を支配する」[21]というモットーを掲げている。国際紛争の多発する地域は、中央にある第三の地域であり、パレスチナ、北アフリカ、インド半島、東アジアの諸国は、このようなハートランドに近接しながら、海洋に囲まれているという特殊な条件のために、政治的に機微な地域となるのである。

この第三の地域はハートランドを囲んで半月形をなしており、オランダ系アメリカ人の政治学者である**ニコラス・ジョン・スパイクマン**（一八九三〜一九四三）は、この地域をリムランドと名づけている。スパイクマンは、マッキンダーの主張との対比において「リムランドを制するものはユーラシアを制し、ユーラシアを制するものは世界の運命を制する」と語ったことで知られる。このことは、ハートランドがリムランドを制圧することは世界の運命を左右することを意味するものであり、現在のハートランドのロシアによるリムランドのウクライナの支配を目指す戦争にも重要なかかわりをもってくる理論である。

マッキンダーの地政学の思想は、世界支配の意図が現実のものとなった現代の状況において、さまざまな諸国の地理的な状況が国際政治に及ぼす影響について考察するための重要な手掛かりになると言えるだろう。ウクライナの戦争もまた、地政学的にクリミア半島にある不凍港を確保しようとするロシアの野心から起こされたと考えることもできるのである。またパレスチナでの戦争も、中東における石油の権益を守ろうとする地域諸国の複雑な関係についての地政学的な考察を抜きにしては考えられないだろう。

ドゥーエの制空の思想

これまで海と陸の地政学の思想を考察してきたので、最後に空という空間がもつ地政学的な意味について、イタリアの軍人の**ジュリオ・ドゥーエ**（一八六九〜一九三〇）の思想について簡単に考察しておくことにしよう。彼の思想の第一の重要な特徴は、空からの攻撃は国民の全体をまきこむ総動員体制になることを指摘したことにある。まず陸からの攻撃にも海からの攻撃にも「前線」というものがあり、戦いはこの前線で行われ、前線を推し進めることが勝利を導く。この前線で戦うのが兵士であり、その他の人々は銃後の空間に存在している市民である。しかし空爆というものは、この前線の兵士と銃後の市民との区別をなくし、無差別的にすべての人々の頭上から爆弾を投下する。「航空戦力は、その行動半径内の全ての領域に同様の脅威となり、攻撃目標に他方向から高速で接近でき、他の手段よりも濃密に集中して、選定した目標に到達することが可能である。防御側は、攻撃の瞬間まで守るべき地点を察知できないから、飛行機は攻勢作戦に適していると言える」[22]という。

逆に言えば、制空権を確保した側は、敵の領土にこのような無差別攻撃をかけて大きな打撃を与えることができるのであり、これが空爆にそなわる第一の特徴である。「制空の獲得には、従来考えられなかったほどの強大な攻撃を敵に加える能力が必要である。別の面から考えると、制空できる国は敵の軍隊を意のままに根拠地から遮断する能力、すなわち敵の陸海部隊の戦闘を阻止し、さらに彼らの活力の根源を破壊する能力を持つことになる。（中略）端的に言えば制空は勝利を意味する」[23]ということになる。

第二の特徴は、空爆は全国民に大きな害をもたらすものであるために、攻撃された側は空爆によって社会が完全に破壊されるのではないかという恐怖心を抱くようになることにある。この恐怖心は、国民に精神的な打撃を与えるものであり、敵側の戦意を失わせることが期待できる。ドゥーエはこの精神的な打撃という特徴は「人道的な」ものであると主張する。敵は防衛を諦めて降伏することが期待できるからである。「航空戦闘は、残虐な特性に関わらず流血が少ないので、高い立場から見れば従来の戦闘よりも人道的と言える。しかしこの方式の戦争に備えない国は間違いなく滅亡する」[24]というのである。

このように空爆の効用を信じるドゥーエは、空爆される側の無害な市民がこうむる精神的および物理的な被害についてはほとんど「副次的被害」として無視するのであり、敵の国民の戦意を喪失させるためには空爆のもたらす害は大きければ大きいほどに望ましいものとされることになる。この空爆の思想の延長上に、東京爆撃や広島と長崎への原爆投下は正義に適う戦闘行為であるという野蛮な理論が生まれることになるだろう。

ヒトラーとハウスホーファーの生存圏の思想

この地政学的な思想を受け入れてドイツでさらに展開したのが、第三帝国総統の**アドルフ・ヒトラー**（一八八九〜一九四五）である。ヒトラーはラッツェルの地政学の思想を受容して、国家は有機体であり、国民が成長するとともに国家の規模も拡大しなければならず、隣国と生存圏を争う戦争になるのは避けがたいことであり、そのためには近隣の国家の併合が必要であると考えた。さらに当時、日本の国家的な発展に注目しながら地政学の理論を展開していたドイツの地政学者の**カール・エルンスト・ハウスホーファー**（一八六九〜一九四六）の生存圏の思想も大きな影響を与えたとみられる。ヒトラーと親しかったルドルフ・ヘスとつきあいがあったハウスホーファーは、ヒトラーとヘスが要塞監獄に収容されていた際に、二人に地政学についての私的な講義を行ったのであり、この講義をきっかけにヒトラーは地政学的な思考を学んだようである。この講義を受けた「ヒトラーは、だんだんと地政学《ジオポリティーク》の魅力の虜《とりこ》になっていった。この要塞滞在中に書かれた彼の『我が闘争《マイン・カンプ》』に盛られたドイツ民族の生活圏のモチーフは、明らかにその影響によるものとみていい」[25]とされている。

ヒトラーは一つの民族の勢力は、その民族の人口の増加によって支えられるのであり、そのように増加した人口を維持するには、生存圏を拡大する必要があると考えた。「民族の将来を確実に推測できるのは、唯一この人口増加によってのみなのだ。とはいえ人口増大には決まって

アドルフ・ヒトラー

Adolf Hitler

1889-1945

オーストリアで税関吏の子として生まれる。第1次大戦従軍後、ドイツ労働者党（ナチ党）入党。共和国打倒を目指すが逮捕され、獄中で『我が闘争』を執筆。出獄後ナチ党を再建し、首相に。ゲルマン民族の生存圏拡大のためにヨーロッパ覇権を目指し第2次大戦を引き起こす。ドイツ降伏前に自殺。

生活必需品への需要の増大がつきまとう」[26]。それだからこそ「人口増加は、生存圏の増大すなわち生存圏の拡大によってのみ解決される」[27]というのである。

それではこのように人口の増加に合わせて生存圏を拡大するにはどうすればよいか。それには戦争による領土拡大が、最善の方法であると彼は考える。生存圏を拡大する方法として「最も自然なのは、増加する人口に合わせてそのつど土地の広さを適合させていく方法である。これは闘争を行う決意と、血を投入することを必要とする。しかしまたこの血の投入こそ、その正当性を民族に認めさせることができる唯一の方法なのだ。何しろこれによってこそ、民族のこれからの人口増加に備えて必要となる生存圏が勝ちとられるのである。（中略）戦争は民族に大地を与えてきたのだ」[28]。生存圏の確保は、民族の歴史と政治の重要な目的なのである。というのも、「政治とは生成中の歴史である。歴史とはそれ自体、民族の生存闘争の過程を表したものである」[29]と考えるからである。

彼は国家の政治と外交もまた、この生存圏の確保という生存闘争の目的に合わせて行われるべきであると考える。「政治とは、ある民族がこの現世での存続を求めて行う生存闘争を実行していくうえでの技術である。外交政策とは、その民族にその時々に必要なだけの生存圏を、大きさと質の両面から確保するうえでの技術である。国内政治とは、かかる生存圏確保のために必要な、投入可能な力を、その人種面での価値および数量の両面から、民族に備えさせるうえでの技術である」[30]と定義されるからである。

ヒトラーは具体的にはドイツの東方にあるオーストリアとポーランドの併合を目指した。「ドイツは、将来を見通した明確な領土政策への移行を決断する。それとともに世界産業上および世界貿易政策上の方向を変更し、それに代えて、十分な生存圏の割当によって次の百年のためにも一つの生存法をわが民族に指示するのに全力を集中する」[31]ことが必要である。そのためには東方への進出が必要である。西方はフランスによってふさがれているからである。「この領土は東部にのみ存する」[32]のであり、「わが民族の領土不足が東部において大規模に解消されるときになって初めて、ドイツ経済は、われわれの頭上に幾千もの危機を呼びこんでいる世界不安要素ではなくなる」[33]と考えたのである。

第二次世界大戦におけるドイツの戦略がこの東方における新たな領土の確保を目指したものであったことは明らかであり、ヒトラーはみずからの立てた政策に実に忠実に行動していたのである。ナチスの国家社会主義運動は「〈伝統〉や先入見にこだわることなく、生活圏の今日の狭さからこの民族を新しい領土に導き出し、それによってまたこの地上で滅亡、あるいは奴隷民族として他の民族の奉仕に心を煩わさねばならぬ危険から永久に解放されるような道を前進するために、わが民族とその勢力を結集する勇気を出さねばならない」[34]とされたのである。

なお生存圏の思想は、ヒトラーにおいてはドイツ国外の諸国に住むドイツ系の住民を統合するという思想と結びついて、これらの諸国に戦争を仕掛け、征服するための重要な思想的な根拠となったことに注目しよう。生存圏の思想が民族自決の思想と結びつくことで、他国の征服と支配の根拠となったのであるが、次のシュミットの広域の思想にみられるように、これはつねにそうであるとは限らない。日本の大東亜共栄圏の思想も生存圏の思想によって刺激されたものと考えられるが、この思想の動因となったのはエネルギーや食料の確保であって、民族的な要素はそれほど濃厚なものではないと思われる。

シュミットの広域の概念と空爆批判

ドゥーエが提起した空域の概念は、すでに第二次世界大戦では常識的なものとなり、空爆が重要な戦争手段として利用されたことは周知のことだろう。カール・シュミットも『陸と海』において「さらに航空機の登場によって、海のエレメントと陸のエレメントに加わる新たな第三の［空という］次元が征服された。今では人間は陸と海の平面から、空へと高く飛翔したのであり、これによってまったく新しい交通手段を、同時にまったく新しい武器を手にした」[35]と語っているのである。

ところでシュミットはそれまでの伝統的な地政学の生存圏とは異なる新たな「広域」という概念を提起していた。生存圏という概念は地理的な由来の概念であるが、彼の考える広域という概念は、伝統的な国家の概念を超克することを目指した法学的な概念である。ヨーロッパの伝統的な国家の概念は、一六世紀にジャン・ボダンが確立したものであり、それは主権の及ぶ範囲という地理的な限界をそなえたものとされていた。当時、ヨーロッパを悩ませていた宗教革命の嵐の中から、主権国家という概念と、政治的な統一体としての国家という概念が誕生した。

この新たに登場した「国家という新秩序原理によって、中世的な封建的・等族的錯綜状態は逐次清算された。国家は領土という閉鎖的一単位をもたらした。国家主権という法的観念の成立は以後数世紀の進展の決定的第一歩であり、その途は、空間的閉鎖性をもち、他国と数学的厳密性をもって境界を画され、集権化され、合理性を貫徹した統一体、すなわち国家へと通じていた」[36]のであった。ところがこのような領土的な閉鎖性をそなえた国家の概念は、地政学的な観点からは大きな限界のあるものだった。こうした国家概念は抽象的な概念として、「全時代・全民族に通ずる普遍的政治秩序形式にまで高められたが、このようなことは国家時代の終焉とともに終わるであろう」[37]と彼は指摘する。

そしてシュミットがこうした抽象的で普遍的な国家概念に代わるものとして提起したのが「広域」の概念である。「〈国家〉の一般概念のうちに存するある抽象的領域観念を超克して、具体的広域の観念およびそれに即した国際法的広域原理の概念を国際法学に導入することが枢要である」[38]というのである。そしてこの広域という地理的な領域に生きているのは国民ではなく民族であり、この領域を支配するのは国家ではなく、帝国《ライヒ》とされている。「新しい概念に適合する具体的な広域秩序の概念は、(中略)民族を保障者・監護者とする広域秩序としてのライヒの国際法的概念でしかありえない」[39]とされるのである。ヒトラーはこのシュミットの広域の概念に共鳴して、みずからも広域という概念を採用したとみられている。[40]

ただしシュミットの広域概念は、国際法の概念であり、ナチスの血と土地の民族的な概念とは異質なものであり、「とりわけ人種・民族主義的な理論家の側から」[41]批判が集中したのだった。またシュミットとしても、こうした帝国《ライヒ》や広域の概念は国際法的な概念であるだけに、ドイツだけではなく他の地域や国家にも適用されうるものであることを認めており、「一種の拡大された主権国家にすぎない」[42]のではないかという疑問から逃れることはできなかったのである。この広域概念は、結局のところ生存圏に対する不干渉を求める「モンロー主義をモデルとした」[43]概念とみなすこともできるのである。そこに国際法学者としてナチスの民族主義的なイデオロギーに抵抗しようとするシュミットの矜持の現れをみることもできるだろう。

このような広域概念を提起することによってシュミットは、国家の概念を軸とする当時の国際法の解釈に新たな視点をもちこんだ。それだけではなく、新たな国家概念を提起するうちで、彼はその時代に発生していた「空間革命」と空爆の思想に批判的なまなざしを向けるようになっていた。シュミットはこの惑星的な空間革命の到来を、そのままで歓迎していたわけではないのである。この第三の空間革命による空戦は、さらに地上の全面的な破壊をもたらす可能性があるからである。陸戦の場合には、新たな領土を取得するためには、その領土の保全が重要な意味をもつ。すべてを破壊してしまっては、戦争の意味がなくなる。海戦は海から陸地を攻撃することによって破壊力は強まるが、それでも領土の保全は重要な事柄である。しかし空爆においてはそのような財産と人命の保全はほとんど考慮にいれられることがない。「空中からの爆弾投下の場合には、土地およびそこにいる敵の住民に対する戦争遂行者の無関係性は絶対的になる。この場合には保護と服従との関連の痕跡ももはや残っていない」[44]のである。この「保護と服従の関連を考察することによっても、現代の空戦が持つ絶対的な場所確定の喪失(Entortung)および同時に純粋な壊滅的な性格を明示する」[45]ことをシュミットは指摘するのである。

第2節

ファシズム批判

第二次世界大戦についての思想的な営みとして重要なのは、この大戦の根本的な原因を作りだしたドイツのナチス体制とファシズム全般に対する批判だろう。この節ではファシズムの政治がいかにして戦争と結びついていくかについて、当時の思想家がどのように解明しようとしたかを検討することにしよう。取り上げるのは、バタイユ、ヴェイユ、アレント、フーコーなど、正統的なファシズム批判とはかなり異質な思想家たちである。マルクス主義や伝統的な自由主義によるファシズム批判は結局はまったく無力であったことを考えると、こうした異端的な思想家によるファシズム批判は今なお、わたしたちに多くのことを考えさせてくれる力をそなえているのである。

バタイユのファシズム批判

一九三〇年代からファシズムの論理に注目していたフランスの文学者で思想家の**ジョルジュ・バタイユ**（一八九七〜一九六二）は、ファシズムという運動にそれまではまったく異なる新しい特徴をみいだしていた。当時のフランスで注目されていた左派の理論家の**ボリス・スヴァーリン**（一八九五〜一九八四）の雑誌『社会批評』に寄稿し、その後には「街頭の人民戦線[01]」の組織を目指した革命的な雑誌『コントル・アタック』を創刊して、活発な政治的な活動を展開した。スヴァーリンのこの雑誌は、「共産党を除名されたか、もしくは諸々の事情により脱退した同志たち[02]」に開放されていたものであり、ヨーロッパで初めての反スターリン主義的な雑誌と目されていた。この雑誌にバタイユは二つの重要な論文を掲載する。「消費の概念」と「ファシズムの心理構造」である。この二つの論文には、バタイユが戦争というものをどのように考えていたかがすでに萌芽的に示されている。

まず一九三三年の「消費の概念」に注目しよう。ここで消費とは、日常的な消費のことではなく、無尽蔵に蕩尽しつくすことであり、生産の概念に対立する。生産を何よりも重視するマルクス主義では消費は基本的に生産された商品の消費であり、労働者がふたたび生産活動に携わることができるようにするためのものである。明日の労働のためのパンの消費であり、これは「生産活動の基本的条件[03]」である。ところがバタイユの考える消費は、生産の概念とは対立するものであり、「奢侈、葬儀、戦争、祭典、豪奢な記念碑、遊戯、見世物、芸術、倒錯的性行為[04]」などの非生産的な消費のことである。この消費は、再生産活動に貢献するどころか、むしろ生産活動の産物を蕩尽し、破壊してしまうような行為である。

資本主義的な社会とブルジョワジーは、生産と蓄積を至上の目的とする。すべての活動はこの目的を目指すかぎりで有用なものとされるのであり、消費にまつわる無駄や損失を最小限にしようとする。消費することのできない貧困の状態は社会から排除すべきものとされるのであり、ブルジョワジーは消費階級として権力を行使しながら「貧困を社会活動の全域から除けものにしてきた。そして貧者は権力の圏内に戻るためには、有権階級の革命的打倒、すなわち血みどろな無際限の社会的消費以外に手だてをもたない[05]」のである。バタイユは資本主義社会で貧困に苦しめられているプロレタリアートは、マルクス主義とは異なり、生産手段の掌握によってではなく、富の無際限の消費によってしか革命を起こすことはできないと主張するのである。

この消費による革命という概念は、マルクス主義とはほとんど関係のないものであり、バタイユの革命理論は当時においてきわめて異質なものだった。この消費の概念を発展させたのが、同年にこの雑誌に掲載された論文「ファシズムの心理構造」である。この論文では、「消費の概念」において有用性を目指して生産するとされていた労働者階級と資本家階級の全体を、社会のうちの「同質的な部分」と呼ぶ。どちらも生産と蓄積という有用性を目指して活動するので「同質」なのである。「社会的同質性の基盤は、生産である。同質的な社会とは、生産する社会、すなわち有用な社会である。有用でないどの分子も、社会全体からではないとしても、その同質的な部分から排除される」[06]のである。ただし社会の同質的な部分を真の意味で構成するのは「生産する者ではなく、生産手段の所有者」[07]である。ブルジョワジーこそが社会の同質的な部分であり、労働者階級は生産活動の側面だけにおいてこの同質的な部分に含まれ、労働の現場から外れると、彼らは同質的な部分との関係においては異邦人であるにすぎない。

　社会にはこのような同質的な部分だけではなく、異質な部分も存在する。しかし当時の社会科学には、この部分を認識する能力がそなわっていない。「科学は諸現象の間に同質性を打ち立てることを目的にしており、ある意味では、同質性の持つ卓越した機能の一つそのものである」[08]からである。異質なものは科学的な認識の対象とならず、つねにそこから逸脱するもの、無意識的なものである。「異質的な要素が意識の同質的な領域の外に排除されることは、こうしてはっきりと、無意識として叙述される」[09]のである。

　このような社会の無意識的な部分である異質な要素は、社会的な意識から排除されて存在しているが、この排除には二つの方向がある。社会の上部に排除されるものと、社会の下部に排除されるものである。上部に排除されるのがファシズムの指導者たちである。彼らは生産秩序の観点からはまったく異質な分子である。「ファシズムの指導者たちは、間違いなく、異質的な存在に属している。デモクラシー制における政治家たちは、さまざまな国で、同質的な社会に固有な平板さを代表しているが、彼らとは反対に、ムソリーニあるいはヒトラーは、まったく別であるものとして、直截に突出した姿で現れる」[10]のであり、「ファシズムの行動は、それ自体は異質的であるけれども、優越的な形態の集合に属する」[11]のである。歴史的には王権がこのように上部に排除された優越的な形態であった。王権はそのうちに軍事的な権力と宗教的な権力を統合した存在になり、王は国家の上部から国家を支配したのである。そしてこの時代においてファシズムは王権と同じように、「軍事的にして宗教的な権威を再度統合して、全体に及ぶ抑圧を実現しつつある」[12]のである。

これに対して、異質なものとして社会の下方に排除されるのは、社会のうちで貧困な階級である。「社会の階層のうちで一番低い部分を、同様に異質なものとして描きだすことができる」[13]のである。この層はマルクス主義の理論ではルンペン・プロレタリアートとして本来の労働者階級からは否定的なまなざしで捉えられていた層である。しかし労働者階級もまた、ブルジョワジーから排除された異邦人としての性格をそなえているのであり、ある意味では社会の下方に排除された人々の仲間なのである。マルクス主義では労働者は貧困階級と連帯して革命を起こすことが目指されているが、ファシズム運動では上部に排除された指導者たちが、下部に排除された貧困階級と労働者階級を統合し、手を結ぶことに成功している。こうした人々はファシズムのもつ反体制的な運動の情動に動かされてファシズム国家に組織されたのである。「各々の階級の主張をもった諸分子が、深い賛同の運動の中に表象され、そしてこの運動が権力の奪取に至った」[14]ために、これらの搾取された階級はファシズムの運動のうちに統合されるようになったのである。

バタイユはこの二つの層は社会にとっては「聖なるもの」という特別な資格をもつものであると考える。ファシズムの支配者が聖なるものとしての権力を掌握していたのは当然であるが、下部に排除された人々もまた、ホモ・サケルと呼ばれ「聖なる悲惨[15]」を体現する人々とみられていた。「ある意味では、栄光と失墜の間、気高く強権的な形態（優越的な）と悲惨な形態（劣等的な）の間には反対物の一致が起こっている[16]」のである。

ここで注目されるのは、このようにして上方に排除された部分と下方に排除された部分を統合することができるのは、フロイトが『集団心理学と自我分析』の論文で指摘したように[17]、大衆という集団とそれを統括する指導者とのあいだに発生するとされた軍隊における心理構造だけであるということである。このファシズムの社会は「軍事的な存在を、強権的なまた純粋な存在理由として、同質的な存在の上方に位置せしめる偏向した形態である[18]」のである。

すでに「消費の概念」の論文において示唆されたように、生産に依拠した資本主義の社会には経済的に固有の難点がある。すなわち生産と有用性を至上の目的とする社会は、その富を消費する手段をもたなくなりうるのである。近代の資本主義以前の社会においては、宗教がこのような富の消費の役割を果たしていた。時代の富の全体量から考えると、教会の豪奢な施設も、贅沢な儀礼も、過剰な富を消費するための手段として役立っていた。「宗教とは過剰資産の消費に対して社会が与える認可[19]」なのであり、「宗教的活動、その供犠、祭礼、豪奢な設備は、社会の超過エネルギーを吸収する[20]」役割を果たしていたのである。そして中世において貴族たちがその贅沢な消費によって、社会のうちに蓄積されていた富を蕩尽していたのだった。

しかし近代の資本主義社会の到来とともに、このような風習は一掃される。プロテスタンティズムの社会は、勤労を至上の価値とし、浪費を憎む社会だった。マックス・ウェーバーが指摘したように、プロテスタンティズムの社会では労働することは自分が救済されるに値する存在であることを示すものであり、世俗社会においては労働と禁欲が宗教的な義務のようなものとなった。信徒たちがみずからの義務として労働し、富を消費することを禁じて禁欲的な生活を送るようになると、社会のうちに無目的に富が蓄積されることになる。こうした「富が危険なものとみなされるのは、怠惰な休息や罪深い生活の享受の誘惑となる場合だけなのである。そして富の追求が危険なものとみなされるのは、将来を心配なしに安楽に暮らすことを目的とする場合だけである。職業の義務を遂行することによって富を獲得することは、道徳的に許されているだけではなく、まさに命じられているのである」[21]。

バタイユはウェーバーの理論にしたがいながら、このプロテスタンティズムの論理によって近代の資本主義の社会においては人々は「心おきなく労働に、諸々の富の、時間の、生計の、そしてあらゆる種類の資源の聖化に、生産装置の発達に専念できた」[22]ことを指摘している。そしてマルクス主義に依拠したスターリン以降のソ連もまた生産性の向上を至上の課題としていた。「ソヴィエト共産主義は非生産的消費の方針を断固として閉め出した。べつだん禁止したわけではないが、それが行った社会的転覆は、その最も贅沢な諸要素を除き去り、またその不断の活動は各人から、人力が及ぶ限りの最大の生産性を要求する方向に向かっている」[23]のである。生産性の向上と有用性の追求という目的においては、資本主義の社会と共産主義の社会にはいかなる違いもないのである。

このようにして目的もなしに蓄積された富は、人間の世界には戦争という災厄をもたらすことをバタイユは予言している。「根本的には、戦争の危険が発生するのは過剰生産の側からである。戦争のみが、輸出の困難な場合には、そしてもしも他の抜け道が開かれていない場合には、飽和した産業の顧客になりうるからである」[24]。過剰な富を放出する手段を失った資本主義社会は、「法外な富を戦争のなかでばらまかねばならなかった」[25]のである。これは資本主義の社会が蓄積した富の使い道をうまくみいだせない場合には、戦争という手段によってしかその富を破壊できないことを示すバタイユの予言である。生産力が向上しつづけ、その産物の使い道をみいだすことができないならば、そして「生産力の余剰分に対して、ただ戦争というはけ口だけを残しておくことは、戦争をみずからに背負いこみ、みずからその責任をとる」[26]ことにならざるをえないのだろう。そして来るべき「第三次大戦の齎すものは、地上の全体がとり返しようもなく一九四五年のドイツの状態に還元されてしまうということ以外に、あまり想像することはできない」[27]のもたしかなことだろう。

バタイユのこのファシズム批判は、ファシズムが帝国主義の思想の一つの帰結であることを示すものとしてはマルクス主義の批判に共通するが、マルクス主義とは異なって、資本主義の根幹である労働と生産の思想を正面から批判し、この生産の思想がもたらす帰結を「一般経済」という観点から考察するものであり、その意味で現在においても重要な意味をもっていると考えることができるだろう。バタイユのこの「無際限の浪費」の思想は、現在の戦争において西洋の軍事産業がウクライナへの軍事援助という形で、旧式になった兵器物資を蕩尽しながら軍事物資の更新を目指していることの意味を考えさせてくれるものでもある。何よりもバタイユの自由な思想の飛躍は、読んでいるわたしたち読者に思考の自由な領域の拡がりを予感させてくれるのである。

シモーヌ・ヴェイユのバタイユ批判とマルクス主義戦争論の批判

バタイユがボリス・スヴァーリンの『社会批評』に寄稿していた頃に、バタイユからこの雑誌に参加することを求められていたシモーヌ・ヴェイユは、バタイユの革命論についてはまったく理解しえないでいた。彼女にとっては革命は人間性と道徳の向上のための理性の重要な営みであったが、バタイユの革命論はそのようなことにはまったく頓着していなかったからである。彼女はその当時に計画されていた共産主義者同盟という組織への参加を求められた際に執筆した書簡において、バタイユの理論について正面から批判する。「かれにとっては革命とは非合理的なものの勝利ですが、わたしにとっては合理的なものの勝利なのです。かれにとってはひとつの破局なのですが、わたしにとっては方法的行為であり、そこでは損害を食いとめるように努力しなければならないのです。かれにとっては本能の解放、とりわけ病理的と一般にみなされている本能の解放でありますが、わたしにとっては高度の道徳性なのです。いったい共通するものがあるでしょうか。(中略)革命について、双方がそれぞれ勝手に相反するふたつのものを意味しているような場合に、どうして同じひとつの革命組織のなかで共存できるでしょうか」[28]と書いている。ここではヴェイユとバタイユの革命についての理論は、まったく反対の方向を向いているのである。

彼女は一九三三年に執筆した「戦争にかんする考察」という文章では、当時のマルクス主義の戦争論について簡明に要約しながら、戦争についてフランス革命とナポレオン戦争を批判したのと同じ視点から、ユニークな批判を提起している。彼女はまずマルクスとエンゲルスの戦争に対する姿勢は、戦争が勃発した際には、「攻勢であれ守勢であれ、ともかく労働運動がもっとも強力に行われている国を守り、もっとも反動的な国を壊滅すること」[29]を目指すべきだとされていたことを指摘する。他方でロシアのレーニンと、ドイツのローザ・ルクセンブルクによると「プロレタリアートはあらゆる戦争において自国の敗北を希望し自国の戦いをサボタージュしなければならない」[30]のが原則とされているが、レーニンはこの一般的な命題に対して、民族解放戦争と革命戦争の場合には、その戦争を支持すべきだと考え、ローザ・ルクセンブルクは、民族解放戦争への支持を否定し、革命戦争だけを支持することを主張していたことを指摘する。

ところがヴェイユはどちらにしてもこのような一般原則にしたがうならば、重要な難問が発生することを指摘する。「この考え方によれば、各国の労働者は自国の敗北のために努力しなければならないのだから、そうすることで敵国の帝国主義の勝利に手を貸さざるをえず、この敵国の勝利はその国の労働者が力を尽くして妨げなければならないということになり、これは国際プロレタリアートの統一行動を打ち壊すように思われるからだ」[31]というわけである。これは当時の第二インターナショナルの陥った難問をその裏側から指摘する鋭い見解である。

シモーヌ・ヴェイユは戦争の目的によっていずれかの戦争を支持するのではなく、戦争の営みそのものに反対することを求める。というのも、戦争で兵士として他者を殺戮し、他者に殺戮される兵士たちは、そして殺戮する相手の兵士たちもまた、いずれもその所属する国では労働者であり、大衆だからである。「要するに大量殺戮は抑圧のもっとも徹底的な形式だということである。兵士たちは死に身をさらすのではない。大量殺戮へと送りこまれるのである。抑圧機関は、ひとたびでき上がれば破壊されるまで生きつづけるものだから、戦略行為を動かす任務をもつ機関を大衆の上に押しつけ、大衆に無理に行為集団の役をつとめさせる戦争というものは、たとえ革命家たちに指導されるものであっても、すべて反動の一要素とみなされなければならない」[32]のである。

この論理は、フランス革命が戦争によって流産させられたことを指摘するものとしてすでに引用してきた（二五九～二六〇ページ参照）文章の前提となる論理を示したものである。そうであるならば兵士たちは戦闘において他国の兵士たちを殺戮することを拒否し、兵舎において「真の敵」に抵抗の刃を向けるべきだということになる。兵士にとっての真の敵は帝国の兵士ではなく、自分たちを戦争の道具とする自国の支配者たちである。「真の敵は行政、警察、軍事機関であることに変わりはない。われわれの兄弟の敵である限りにおいてだけわれわれの敵である正面の敵が真の敵なのではなく、われわれの保護者であると称しながらわれわれをその奴隷としている者が真の敵なのである」[33]という指摘は鋭い。ヴェイユはフランス革命が祖国防衛戦争に転化した時点で、革命の成果は失われたことを指摘していたが、民族解放戦争という名の戦争においても同じ事態が発生していることを明晰に示しているのである。

ヒトラーの人種主義批判――アレント

ローザ・ルクセンブルクは、資本主義は外部市場を必要とするために必然的に帝国主義に転化せざるをえないこと、そしてそこから植民地支配のための戦争と植民地支配をめぐる他の帝国主義との戦争が不可避になることを示したのだった。このローザ・ルクセンブルクの洞察をさらに一歩推し進めたのが、彼女から強い影響を受けていたドイツ生まれの哲学者の**ハンナ・アレント**（一九〇六～一九七五）だった。

世界は有限である。一九世紀末の日本の開国によって世界がその全体の姿を示したことを指摘したのはマルクスだったが、植民地もまた有限である。新興の帝国は、他の帝国がすでに領有している植民地のほかに残されたわずかなおこぼれを確保するか、他の帝国との戦争によって植民地を奪わねばならない。こうした戦争は先進的な帝国主義と戦うものであるために、非効率で不利なものである。それではドイツのような後進の帝国主義はどうすればよいか。その答えは国内の植民地化、すなわち内植民地化である。国内の少数民族をあたかも植民地の民族であるかのように搾取するのである。そしてそのために使われたのが人種思想だった。

この人種思想は国民国家の成立と同時期に登場し、国民国家のナショナルなものという理念を正面から否定するものだった。フィヒテの啓蒙の理念では国民であるのはドイツ語を話す人々であり、言語を共有することでナショナルなものという理念を共有する人々であった。しかしアレントが指摘するように人種思想は、「最初からナショナルな性質の境界を、地理的境界であれ、言語的境界であれ、あるいは伝統的慣習によって決まっていた境界であれ、まったく無視していた。ナショナルな政治の存在意義そのものを原理的に否定していたのである。国民国家とそれに基づくヨーロッパの均衡との発展に絶えず影のようにつきまとい、ついには国民国家に最後の一撃を与えうる武器にまで成長したのは、反ナショナルな人種思想であり、階級イデオロギーではない[34]」のである。

アレントはナショナリズムには西欧型のナショナリズムと東欧型のナショナリズムがあると考えていた。西欧型のナショナリズムはフランスやイギリスでみられたものであり、国民国家の理念を支えることができた。しかしドイツなどの東欧型のナショナリズムは、国家の一体性を確保するために役立つ国民国家の理念を破壊する力を発揮したのだった。アレントはこの東欧型のナショナリズムを「種族的《フェルキッシュ》ナショナリズム」と呼んでいる。このナショナリズムは国民国家の理念ではなく、人種イデオロギーを取り入れたものだった。「この中欧および東欧のナショナリズムは、そもそもの初めから種族的要素、人種イデオロギーに近い要素をとりいれていたという点で、西欧のナショナリズムとははっきり違っている[35]」のである。

そしてドイツではこの種族的なナショナリズムは、自国の国民に向けられた。たとえばドイツの文学者の**クレメンス・ブレンターノ**（一七七八～一八四二）は国内の俗物たちを非難する言葉遣いで、他なる民族を非難していた。「彼らしい点は、俗物が直ちにフランス人とユダヤ人という他民族、つまり国民の敵と同一視されていることである。この時以来、ドイツのナショナリスティックな市民階級は、ドイツ貴族がドイツ市民階級に与えた侮辱的形容詞をあきもせず他民族になすりつけてきた」[36]のである。そしてドイツ国内には、そのように他民族とみなすことのできる少数民族が多数存在していたし、新たに征服した諸国の民族もそのような劣等民族として規定することができた。このようにして国内において少数民族を迫害することで略奪しうる富は、すなわち内植民地化によって新たに絞り出すことのできる富は巨大なものだった。

そしてそのためにとくに役立ったのが、ユダヤ人を国内の最悪人種として規定することだった。ヒトラーこそが「反ユダヤ主義を使えば人種の疑似ヒエラルヒー的原理を組織原理に転化しうることを最初に理解した」[37]人物だったとアレントは考えている。「〈最悪〉人種を確立すれば〈最良〉人種を支配者としてその他の被征服民族・被抑圧民族を適宜変更可能なようにその間に格付けした秩序を創り出すことが可能になり、そこでは〈最良〉人種を除くすべての人種は自分より上位の人種を仰ぎ見ねばならず、だが〈最悪〉人種以外はどの人種も何ほどかの優越感を抱けるようになる」[38]というわけである。

戦争と革命の意味

アレントの生涯は戦争とともにあったと言えるだろう。ゲシュタポに逮捕され、どうにか釈放された後にひそかにドイツから抜け出してフランスに亡命し、後にアメリカに帰化して国籍を獲得するまで、無国籍者としての生活を送り、その間はずっと戦争のさなかで生きつづけたのである。アレントはずっと戦争に祟られていたとも言えるだろう。しかしアレントは戦争を正面から否定することはない。戦争という暴力が必要な歴史的な局面もまた存在することを認識していたからである。

アレントがファシズムによる支配を批判するために執筆した『全体主義の起原』という書物は、二十世紀がいかに戦争の世紀であったかをまざまざと描きだしている。そしてこの時代における真の政治的な活動とは、議会における討論などではなく、戦争と革命にほかならない。「二十世紀の根本的な政治的経験を形成したのは、議会政治や民主制政党機構ではなく、戦争と革命である。それらを無視することは、現実に私たちが暮らしている世界に生きていないということに等しい」[39]と言えるからである。

この戦争と革命に共通する特徴は、それらが暴力的な行為であるということである。「もし戦争と革命が私たちの時代における基本的な政治的経験だとするなら、それはつまり、私たちは本質的に言って、政治的活動を暴力と同一視するように私たちを駆り立てる暴力的経験の領野を横断しているということなのである」[40]。しかしアレントは政治的活動を暴力と同一視することは、政治の意味そのものを破壊することにほかならないと指摘する。というのも、政治という活動が意味をもつのは、「個人や民族、国家や国民の間で往ったり来たりする言論のやり取りにおいて、他のあらゆる事柄が生起するための空間がまずはともあれ創られ、その後も持続されるからである」[41]。そして暴力は政治を存続させるために必要不可欠なこのような言論の空間を破壊してしまうのである。政治的な活動が終焉するのは、この「中間的空間《イン・ビトウイーン・スペース》の放棄」[42]によってであり、「その空間こそは、暴力的活動が、その空間を間に挟んで生きる人々を絶滅させる前に、最初に破壊するものなのである」[43]。暴力は人々が政治的に活動するためのこの「あいだの空間」を破壊してしまうのであり、それによって政治を破壊するのである。

ここには奇妙な自己矛盾があるのは明らかだろう。アレントによると現代の政治的な経験は議会における討議ではなく、政党における活動でもなく、戦争と革命であるが、このどちらも暴力を行使する営みである。そして暴力は政治的な活動に必要とされる「あいだの空間」を破壊してしまうのである。この自己矛盾はどのようにして解消できるだろうか。アレントはそのために政治的な活動の目的と目標を区別する。目的とは何らかの手段によってある行為を遂行するために目指すもののことである。「目的は、それに従っていかなる対象物でも制作されるモデルと同じぐらいに堅固に規定され、またそうしたモデルと同じように手段を選択し、それにはその手段を正当化したり、はたまた神聖化すらも行う」[44]もののことである。これについてはアレントは「戦争は別の手段による政治的な活動である」というクラウゼヴィッツの戦争の定義に、そして「戦争とは暴力の行使である」という規定に近いところにいる。戦争が、そして政治的な活動がある目的を目指すものだとすると、戦争や政治的な活動は、「その目的が実現された瞬間に停止することになる」[45]だろう。目的は政治的な活動よりも上位にあり、政治的な活動はこの目的を目指して展開され、目的が満たされると停止することになる。これに対して目標とは、「つねに政治的活動が追求するもの」[46]のことであり、「目的と手段の双方に対して制約を加え、それによって活動が極端に走る危険性（この危険性は活動につねに内在するものである）を封じ込める」[47]ことを本領とするものである。

戦争の目的は、政治の目的によって規定されるだろう。しかし戦争の目標は個別の目的によって規定されるものではなくそうした目的を乗り超えるものであり、そのことによって、戦争という暴力の行使を規制するのである。「この目標によって、あらゆる個別的な暴力の行使を判断しなければならない」[48]のである。この目標とは戦争という暴力をなくすこと、すなわち平和であり、カントが語ったように、「戦争においては、その後に平和がやってくるのを不可能にするような何ものも起こってはならない」[49]ということなのである。戦争の目的は政治的な目的によって個別に規定されるが、戦争の目標は暴力そのものをなくすこと、戦争そのものをなくすこと、永久平和を実現することであるべきなのである。逆説的な言い方ではあるが、「あらゆる暴力の目標は平和である」[50]とアレントは考える。

パレスチナ問題という具体的な実例で、この暴力の目標について考えてみよう。アレントはアメリカ合衆国に亡命した当初の時点で、パレスチナを防衛するためには、ヨーロッパでの戦争にユダヤ人は独自の軍隊を組織して参加すべきであると考えていた。彼女は、ユダヤ人は一人の人間として攻撃されたのではなく、ユダヤ人として攻撃されたのであるから、それに反撃するには個人としてではなく、ユダヤ人としてでなければならず、そのためにはユダヤ人の軍隊を創設すべきであると考えたのである。「人は攻撃されているものとしてのみ、自分を守ることができる。ユダヤ人として攻撃される人間は、イギリス人やフランス人として自分を守ることはできない」[51]と主張する。それだからこそ、「民族の大部分が、ユダヤ人としてユダヤの隊列でユダヤの旗のもとに反ヒトラー闘争に参加するという強い意志をいだかねばならない。パレスティナの防衛はユダヤ民族の自由のためのたたかいの一部である」[52]と考えたのである。それはこの戦争にユダヤ人として参加することによって、ヒトラーの暴力を廃絶するために貢献しうるのであり、それでなければパレスチナに作られるはずのユダヤ人の祖国を守ることはできないと考えたからである（イスラエルの建国はこの論文の執筆の七年後のことである）。

アレントはパレスチナにユダヤ人の祖国が建国されるのを否定することはなかったが、それがパレスチナの民を抑圧する力となることは強く批判していた。アレントはユダヤ人とパレスチナ人との対立が戦争になることを憂いて、ユダヤ人はパレスチナにおいては国民国家を形成するのではなく、「ユダヤ人の郷土」を確保することを目指すべきだと考えていた。そしてそのような「ユダヤ人の郷土」の確保は、「ユダヤ人とアラブ人の協同という堅固な基礎にもとづいてのみ達成される」[53]と信じていた。現代のイスラエルによるパレスチナやレバノンのヒズボラへの攻撃は、彼女のこのような遺志にまったく反したものとなっている。かつて抑圧された民が「国家」を形成して、他の国家の民を抑圧して、ジェノサイドとも言えるような蛮行を遂行するような悪循環こそ、アレントが厳しく否定していたことにほかならない。

アレントは、現代における主要な政治的な活動である戦争と革命は、特定の目的のために暴力的な手段を行使しながら、そうした暴力の行使の必要性と可能性を消滅させることを目標とするものだと考えていた。暴力による暴力の止揚こそが、戦争と革命に固有の自己矛盾的な在り方なのだと信じていたからである。暴力と戦争のもつ逆説的な力についてのアレントの考察は、戦争についての生き生きとした思考の息吹をわたしたちに感じさせてくれる。

人種理論と歴史哲学の可能性――フーコー

ファシズムの戦争の理論に対する興味深い批判として、フランスの思想家の**ミシェル・フーコー**（一九二六～一九八四）による人種の理論を紹介しておこう。フーコーはコレージュ・ド・フランスの連続講義『社会は防衛しなければならない』において、国家について人民の一体性を主張するホッブズとは異なり、人民と支配者との歴史的な対立関係を主張する人種の理論が存在していたことを指摘している。ホッブズの理論では、国家は人民が社会契約によって、第三者として市民たちを統治するための外部の機関として構想されていた。この構想では人民の集まりである社会と国家の間に、第三者による支配という媒介項が存在するだけで、実質的には一体となっている。しかしイギリスでもフランスでも、社会のうちにこのような一体性が存在することを否定する言説が力をもっていた。

ノルマン・コンクエスト以後のイングランドには二つの国と二つの法が存在することが一般に認められていた。一つは征服してきたノルマンの法の体系であり、これはイギリスを暴力によって征服した王権と貴族たちの法の体系である。これに対立するのは、征服された民であるサクソンの法の体系であり、これは古代からイギリスの島に住んできた住民の法とされてきた。

そして貧困な国民や、王権と貴族に抵抗しようとする人々は、この伝統的な法の体系に依拠しながら、支配者を批判する政治的な言説を展開することができた。貧しい国民は王権に対してノルマン人による征服以前から存在するはずの伝統的な自由を主張することができたのである。

またフランスでは貴族たちは第三身分に対しては、ガリアに侵入したゲルマンの末裔として、侵略によって生じた「征服による権利」を主張した。この権利は、ゲルマンの末裔たちである貴族がガリアの末裔である平民との間の戦争に勝利することによって生まれたものである。このことを明示的に主張したのは貴族のブーランヴィリエであり、彼はフランスにおいて国王や貴族が支配者であるのは、それまで主張されていたような自然法に基づいた根拠によるのではなく、平民たちとの戦争で勝利したことによるものであると主張した。「ブーランヴィリエにおいて、そして思うに、このときからあらゆる歴史的言説において、社会を理解可能にしてくれるのは戦争なのです」[54]とフーコーは説明する。

フランスではこの貴族たちの主張は、革命期においては逆効果となった。第三身分こそがすべてであるとして、第三身分による議会が憲法を制定することを主張した**エマニュエル＝ジョゼフ・シェイエス**（一七四八〜一八三六）は、ゲルマンの貴族たちに対して、フランスという国家から退出してゲルマンの森に帰るように求めている。彼は第三身分は、「征服者の家系に生まれて征服に基づく権利を継承したなどという、馬鹿げた主張を続けているこれらの家族を皆、なぜフランコニーの森の中に追い返さないのだろうか」[55]と煽動する。そしてフランスにおいてガリアの血を引いている第三身分は、実際に国家のすべての機能を担っている人々であり、国家そのものであると主張した。「あらゆる国家的機能を吸収することによって、民族《ナシオン》まさに民族《ナシオン》=国家そのものとなった第三身分が実際に、自分たちだけで民族と国家を引き受けることになる[56]のであり、「ブルジョワ階級、第三身分は人民になる、ゆえに国家となる[57]」のである。

このように歴史的な言説は、自然法の言説ではなしえないことを実現したのだった。国家を構成する社会が一体のものではなく、その内部に分裂を含んでいるのであり、この分裂は人種によって作りだされたものであることを示したのである。イングランドではノルマンの支配民族に抵抗するために、フランスではゲルマンの貴族たちによる支配に抵抗するために、サクソンの民族とガリアの民族と支配者たちとの違いが明確にされたのである。これが「歴史哲学の可能性[58]」の土壌となる。

生権力の理論と人種の原理

この時代に権力の形態にも重要な変化が発生することに注目しよう。伝統的な主権の理論では、主権は臣民の生死の権利を握っていた。生死の権利とは、主権は臣民を死なせることができ、死なせない臣民は生きるがままにしておくということである。死を与えるのが、主権の権力である。臣民が生きることについては、権力は重視しない。しかし一九世紀になると、この政治的な権利に根底的な変動が生じるとフーコーは考える。主権のこの権利は否定されるわけではないが、それと反対の権力の原理が登場し、これを補うのである。この原理は「死なせるか、それとも生きるに任せるか」[59]という主権の原理を逆転させ、「生かし、死ぬに任せる」[60]権力である。この権力は、国民に生を与えようとするのであり、死なせるのはやむをえない場合に限るのである。

この新たな権力は、国民の生を重視する生権力と呼ばれるが、これは国民を生きさせることでみずからの権力を維持しようとするものである。しかし同時にこの権力は、戦争において国民に死を与えることを辞さない権力でもある。国民を生きさせる権力がどうして国民に死を与えることができるのだろうか。フーコーはここで導入されたのが、すでに考察してきた人種の原理であると考えている。この人種の原理こそが、社会のうちに断裂を持ち込む。生きるべき人間と死ぬべき人間を分離させるのである。よい人種と悪い人種という生物学的な階層関係を導入することで、この生の社会は生の原理を放棄せずに、死を与えることができるようになる。

これはこの節のアレントの項において考察した内植民地化の権力と同じ働きをすることに注目しよう。この権力は住民をさまざまな人種、集団に分離し、その生物学的な優劣を決定し、階層構造を作り出す。そしてこの階層構造で優位にあるものを生かし、下位にあるものを死ぬに任せるのである。国内における支配的な権力として「生権力的な権力があるところでは、人種主義なくしては、誰かを処刑することも他者たちを処刑することも絶対にできません。国家の殺人機能は、国家が生権力に従って機能しはじめるや、人種主義によってしか保障されえないのです」[61]。フーコーは国家におけるこの人種主義こそが、戦争の可能性と必然性を作りだすと考えている。「敵に戦争をしかけるだけでなく、自国の市民を戦争に曝し、何百万人も殺させることができるようになるのは、まさに人種主義という主題を活用する場合だけではないでしょうか[62]」。

この原理にはきわめて重要な逆説が存在する。他なる人種を殺戮すれば、純粋な人種だけが残ると考えるのは理解できるが、自分の種のうちで死ぬ人の数が多ければ多いほど、種の再生において純粋さが強まるという逆説的な考え方も可能だからである。というのも不純な要素をもつ仲間をできるだけ多く死なせれば、種は純粋になっていくからだ。ナチズムの末期は、この典型的な例として理解することができるだろう。わずかでもユダヤ人の血を引いている人々は、収容所に送られないまでも、劣悪な生活環境で死ぬに任せられた。

しかしこの政策が過激になると、それはドイツ国民の自滅への道へといたる。ここで生の原理は死の原理へと、自殺の原理へと変貌する。「他人種に対しては最終解決、そして［ドイツ］民族の絶対的自殺。近代国家の機能のなかに書き込まれたメカニズムはここに行き着いたのです。もちろんナチズムだけが、殺す主権的権力と生権力のメカニズムとのあいだの作用を究極にまで推し進めたのです[63]」。人種という原理を持ち出すことによってファシズムは戦争を可能にしたことは、すでにアレントが指摘していたが、それが主権の原理に代わる新たな性格の原理であり、さらにこれは自殺的な原理であったという逆説を指摘するフーコーの論理はいかにも鋭利である。

第3節　冷戦と植民地戦争をめぐる言論

冷戦のイデオロギー

第二次世界大戦におけるファシズムの戦いは、ヨーロッパの戦争にアメリカ合衆国とソ連が参戦することによって決着がつけられた。この戦争の惨禍ははなはだしく、ヨーロッパは戦後復興に努めることになった。この第二次世界大戦の後に世界を支配するようになったのは、遅れて参戦してきたアメリカ合衆国とソ連の二つのブロックだった。アメリカ合衆国は終戦直前に日本に原爆を落として、新たな技術による優位をソ連に誇示したのだが、ソ連はすぐに同じく核爆弾を開発してアメリカ合衆国に追いついた。アメリカ合衆国は核爆弾を戦闘機で投下したが、現実的には核弾頭を搭載したミサイルでの爆撃が決定的な意味をもっていた。このミサイルの開発ではソ連が優位に立っていた。

このようにして戦後の一時期には、新たな「最終兵器」の開発と備蓄をめぐって、アメリカ合衆国とソ連の間で激しい競争が展開されるようになった。そして「一九五七年からの一〇年間に、両国は何百という長距離弾道ミサイルを設置し、お互いの都市を数十分間のうちに破壊することができるようになり、いわゆる恐怖の均衡が成立した」[01]のだった。いわゆる相互確証破壊(MAD)という狂った戦略が誕生した。

この戦略が意味するのは、もしも核戦争を起こして第三次世界大戦が始まれば、敵国だけでなく自国もまた徹底的に破壊され、人類の破滅にいたる可能性があるということだった。これからは核爆弾という最終兵器を使った人類絶滅の最終戦争を起こしてはならないことは自明の前提のようなものになった。ただしそれは戦争をやめて平和を目指すということではなく、宇宙開発やその他の化学・生物兵器など、核兵器とは異なる側面で相手を出し抜くような新たな技術開発に努める必要があるとともに、全面対決にいたらないような地域的な戦争で、相手のブロックの勢力を削ぐようにする必要があるということを意味していた。この時代において両国とも、熱核戦争を回避しながらも、現実の最終戦争にいたらない競争や戦争を遂行するように努めるようになった。そこでこの時代は冷戦時代と呼ばれるようになった。

この冷戦時代の戦争としてとくに注目されるのは、戦争終了後に確認された民族自決権のもとで、帝国主義の諸国から独立するために植民地において展開された独立戦争であろう。こうした植民地の独立戦争は世界各地で展開され、そうした戦争についての考察もさまざまなものが存在するが、この節ではこうした植民地の独立戦争として、アメリカ合衆国からの攻撃に抵抗したヴェトナム戦争とフランスからの独立を目指したアルジェリア戦争について、さまざまな思想家がどのように考察を展開していたかについて検討してみることにしよう。

ヴェトナム戦争における民衆の抵抗——ヴィリリオ

帝国主義の時代にインドシナ地方を植民地にすることを目指していたフランスは、一八八七年にはフランス領インドシナ連邦を樹立し、ヴェトナムはカンボジアとともにインドシナ連邦に組み込まれてフランスの植民地となっていた。そののち第二次世界大戦の時期に日本が一時的にインドシナを占領したが、日本の敗戦と降伏とともにホー・チ・ミンのもとでヴェトナム民主共和国が建国され、フランスが南ヴェトナムをふたたび植民地とし、第一次インドシナ戦争が始まった。フランスはディエンビエンフーの戦いに敗れて、ヴェトナムは北ヴェトナムと南ヴェトナムに分裂することになった。ただし冷戦時代になっていたために、北ヴェトナムはソ連圏に属し、南ヴェトナムをアメリカ合衆国がフランスから引き継いで支配した。そして一九六五年の二月七日から、アメリカ軍による北爆によってヴェトナム戦争が始まることになる。

北ヴェトナムではアメリカ軍はゲリラが潜む森林を丸裸にしようと、大量の枯葉剤を散布して農地を破壊した。そこでゲリラたちはモグラのように地下に陣地を構築して、地下で生活し、地下からアメリカ軍に攻撃をしかけざるをえなくなった。このアメリカ軍による環境破壊の作戦が、大地の身体としての農地や森林を破壊するだけではなく、民衆の生理学的な身体にも遺伝的な影響を与えたことはよく知られている。アメリカ軍はさらに、地表の生存場所を破壊しつくすために、北ヴェトナムの大地をすべて舗装したいとまで望んでいたようである。「枯葉作戦と農業環境の執拗な破壊を越えて、アメリカの将軍は、民衆的抵抗を克服するために、大地をセメントで覆い、完全に舗装するように勧めなかっただろうか[02]」とフランスの思想家**ポール・ヴィリリオ**(一九三二〜二〇一八)が指摘するとおりである。

このようにして地表という住処を失った民は、ゲリラ兵であるか一般農民であるかを問わず、地下に逃げ場を求めざるをえなくなった。「アメリカの技術に基づく攻撃へのヴェトナム人民の抵抗は、なお[土地から切り離された]時間的邂逅の戦争ではあるが、もはや軍事的邂逅の戦争ではありえない。ここでは侵略のもたらす損害は全面的な破壊に等しく、社会全体こそが、生き残るために姿を消さざるをえず、新たな地下への入植に逃走せざるをえない[03]」のである。

それでもヴェトナム人民は勝利し、アメリカ軍は最終的には逃走した。これは結果を見通して素早く勝利を収めようとする「加速する戦争」に対して、土着農民の地下にもぐった「減速する戦争」による愚直な抵抗が勝利を収めたということだとヴィリリオは指摘する。こうしたパルチザン戦争は歴史的には、ナポレオンがスペインに侵略した際に初めて試みられたものであるが、これは近代の戦争に対して古くからの農民の抵抗が勝利を収めたということだとヴィリリオは指摘する。「最初の〈近代的な〉戦争は、ナポレオン帝国の戦争である。同時代の歴史において、多数の民衆の力と巨大な財産の力が戦争において初めて利用された。ヨーロッパ大陸の全土から、国民のすべてが召集された。しかしヨーロッパ大陸の内政を混乱に陥れたこの勝ち誇った巨大な軍隊は、スペインで深刻な失敗をこうむった。そしてこの失敗はたんなる前兆にすぎない。総力を投じた大衆の数と力でも、農民の伝統的な戦闘方法の前には無力だったのである。その後の歴史が明らかにしたのは、近代的な軍隊の破壊力は指数的に増大したにもかかわらず、この最初の失敗がつねに周期的に繰り返されるということである。最近の実例はまさに長期間にわたるヴェトナム戦争である」[04]。これは、スペインでのこのパルチザン戦争に始まる不均衡な戦争において、最新の兵器を駆使したアメリカ合衆国の攻撃に直面しながらもそれを撃退したヴェトナム戦争は、土着の民衆の抵抗がもつ思想的な可能性を示すものとして注目して鋭い考察を展開したヴィリリオならではの評価と言えるだろう。さらにこのヴェトナム戦争は、帝国のアメリカとの戦争において、小国がゲリラ戦で戦ったという意味では、現代の「新しい戦争」における不均衡戦争の先駆けとみなすこともできる。

嘘とフェイク・ニュース――アレントの嘘による自己欺瞞の批判

ヴェトナム戦争が戦われた時期にアメリカでさかんな執筆活動を展開していたハンナ・アレントは、この戦争がいくつかの政治的な嘘に基づいて遂行されたものであったことを指摘している。この戦争の正統性はドミノ理論によって支えられていた。この理論はある国が共産主義国になると、ドミノ倒しのように隣接する国々も共産主義国になるのではないかという懸念から生まれたものだった。それはたとえば「ラオスと南ヴェトナムが北ヴェトナムの支配下に入った場合には、残りの東南アジア諸国は必然的に陥落するであろうか」[05]というジョンソン大統領の問い掛けに代表されるものだった。この問いには概して否定的な回答が示されることが多かったし、これはたんなる建前のような理論にすぎなかった。それでいてアメリカ政府も軍もいざとなるとこの嘘の理論に頼っていた。「この理論を受け入れていなかった人もやはり声明で使っていただけでなく、かれら自身の前提の一部としても使っていたのである」[06]。

さらに北爆が開始されたのは、「外部からの支持と補給の源を断ち切れば革命を枯渇させることができる」[07]という根拠のない理論によってであり、その嘘はすぐに暴かれるようなものであった。また北ヴェトナムの抵抗の背後にあるのは、「中国の膨張主義という仮説に加えて、一枚岩的な共産主義者の世界征服の陰謀と中国・ソ連ブロックの存在という前提にもとづいた大戦略」[08]であるという想定も使われていた。これらはどれも根拠のない思い込みにすぎなかった。結局のところ、ヴェトナム戦争におけるアメリカ政府の「政策と武力介入の壊滅的な敗北をもたらしたのは、(中略)歴史的、政治的、地理的事実のすべてを二五年間にわたって故意に、意図的に無視してきたことである」[09]というのは歴史的な事実とみなすべきだろう。

このヴェトナム戦争を支えていたのはこうした根拠のないイデオロギーであり、「その理論に合わないデータはすべて否定されるか無視された」[10]のであり、そのためにやがてはアメリカ軍は現地で壊滅的な敗北を喫して、政権は崩壊したのだった。アレントは政治においては嘘はつきものであるが、アメリカ合衆国の政治のうちに含まれるこのような虚偽が、ヴェトナム戦

争における アメリカ合衆国の敗北をさらに惨めなものとしただけでなく、政治における自己欺瞞をもたらし、現実を無視することが習慣になったことを指摘している。嘘は他者を騙す欺瞞であると同時に、嘘をつく人間に現実を正しく認識することをできなくする自己欺瞞でもある。「自己欺瞞を犯している欺瞞者は、自分の聴衆との間のつながりばかりでなく、現実の世界との接触もすべて失ってしまう」[11]のである。

このアレントの「嘘」による自己欺瞞の問題は、現代におけるフェイク・ニュースと大きな関わりをもつ問いだということができるだろう。現代においてはまったくの虚偽のニュースが、インターネットなどであたかも真実であるかのような装いで伝えられる。わたしたちは事実の報道として伝えられたものが、実はフェイク・ニュースなのではないかと絶えず自問することを求められている。しかもわたしたちには、自分たちにとって都合のよいニュースを事実を伝えるニュースとして信じたがる傾向がそなわっているのである。だからこそ、あるニュースを事実として信じることが、そのうちに嘘を事実として信じようとする自己欺瞞が潜んでいるのではないかと、絶えずみずからに問いかける作業が不可欠なものとなっているのである。

アルジェリア戦争とファノンの戦争論

インドシナでの戦争に敗北して東南アジアから撤退したフランスにとっては、植民地として占領して自国の一領土としていたアルジェリアは重要な外国領土となっていた。そのアルジェリアでは一九五四年にアルジェリア民族解放戦線が組織されて独立戦争が開始されたが、フランスにとってアルジェリアの独立運動は、インドシナとは比較にならないほどの重要性をもつものであった。

この地に入植した百万人もの植民者《コロン》たちは、現地に駐留する軍の力を背景にして現地の人々を厳しく抑圧した。フランスの植民地の西インド諸島マルティニーク島生まれで、精神科医として現地でアルジェリア人を診察していた**フランツ・ファノン**（一九二五〜一九六一）はこの状況について「植民地では憲兵と兵隊が常にすぐに目の前に姿を見せ、しばしば直接的に介入して、原住民との接触を維持し、銃床とナパームを用いて、動いてはならぬと命ずるのである。（中略）仲介者は原住民の家の中に、脳髄に、暴力を持ち込むのである」[12]と語っている。

この植民地の世界は「マニ教的な善悪二元論の世界」[13]であり、「コロンは原住民を一種の悪の精髄に仕立てあげる」[14]のだった。原住民は「絶対的な悪」とみなされ、「それに近づくいっさいのものを破壊し腐食する分子、美や道徳に関係のあるいっさいのものを変形し歪曲する不吉な力の所有者、盲目的な暴力の無意識的かつ回収不可能な道具」[15]とみなされた。

いかなる征服戦争もなしにフランスの領土の一部とされたアルジェリアにおいては、入植者である植民者《コロン》たちと現地の住民との関係は、完全に主人と奴隷の関係となっていたのであり、この関係を打破するためには、民族解放戦争が必要とされた。そしてこの戦争が困難なものとなったのは、長い植民の歴史によって、原住民のうちにもヨーロッパ的な価値観が植えつけられていたためである。ヒューマニズムの装いのもとで押しつけられたこの価値観のもとで、原

フランツ・ファノン

Frantz Fanon

1925-1961

フランス領マルティニーク島に生まれる。黒人住民への差別的な環境のなか青年時代を過ごす。戦後、リヨン大学で精神医学を専攻。アルジェリアの精神科病院に赴任中、独立戦争が勃発。民族解放戦線（FLN）に加わり、植民地支配と暴力の関係性を考察した著作を発表。のちの解放運動に影響を与えた。

住民はみずからを悪の化身とみなすことを強いられた。肌の黒さによって西洋人の植民者《コロン》とは一目で見分けられる原住民はみずからを、善を求めることが許されない悪の化身とみなすことを強いられたのである。このヨーロッパ的な価値観のもたらす無言の暴力的な抑圧に抵抗する手段としては、原住民にはただ暴力しか、解放戦争しか残されていなかったのである。

精神科医であったファノンは多くの患者を分析することによって、アルジェリア人に多くみられる暴力と殺人への衝動は、フランスという文明社会から植えつけられたこのような価値観が暴発したものであると指摘している。このような倒錯した社会では、「現地人はついに自分の同類を不倶戴天の敵とみなすにいたる」[16]。それは自己憎悪の裏返しであり、「アルジェリア人の犯罪性、その衝動性、その殺人の激しさは、したがって神経系組織の結果でも、性格的特異性の結果でもなく、植民地状況の直接の所産である」[17]と言わざるをえない。アルジェリアの人々は、このような精神的な軛《くびき》を振り払うためにも、フランスとの戦争に立ち上がらざるをえなかったのである。ここで戦争は、政治的あるいは経済的な根拠から行われるものであると同時に、人間としての自己の尊厳を守るためにも必須のものとして戦われたのだった。

このようにファノンは西洋の帝国主義の背後にあるヒューマニズムの言説に対抗するためには、暴力しかないと考えたのだったが、この主張に鋭い批判を加えたのがアレントである。アレントは帝国の支配に対抗する手段として暴力が行使されざるをえないことは認めていた。すでに考察したようにアレントはユダヤ人として自己防衛するためには、言論ではなく武器をとって戦うべきだと考えていたのだった。アレントは、支配者の言説に対抗するために別の抵抗者の言説を行使するのではなく、武力による抵抗という暴力を行使するのは正しいことだと考えていたのである。その意味では「禁止事項だらけの狭められたこの世界を否認しうるものが、絶対的暴力のみであることは、生まれおちたときから原住民の目には明らかだ」[18]というファノンの主張を是認しただろう。

しかし帝国の植民地支配を打破する暴力は、その後にみずからの権力を構築するためには役には立たないだろう。帝国の支配を打破した後には、そこに原住民たちによる権力の構築が必要とされるだろう。というのも「暴力は、権力を滅ぼすことはできるが、けっして権力の代替物になることはできない」[19]のであり、「権力が発生する上で、欠くことのできない唯一の物質的要因は人々の共生である」[20]からである。ファノンが植民地支配権力を打倒するために暴力の行使を主張するのは正しい。しかし権力を打倒した後には暴力ではなく、新たな言説が必要とされるだろう。アレントはファノンのまなざしがそこにまで届いていないことを残念に感じている。共生とみずからの権力の確立を目指す新たな言説なしでは原住民の戦争は帝国の支配を打倒するだけで終わり、自滅してしまうだろう。「民族解放運動をそうした［火山のような暴力の］爆発とみることとは、万一勝利の暁にも、世界あるいは体制を変革することにはならず、その人員が変わるだけであることはまったくおくとしても、かれらの破滅を予言することに等しい」[21]と言わざるをえないのである。支配を打倒する暴力は、新たな権力を構築しないかぎり、打破された支配と同じようにたんなる暴力にすぎないものとして破滅するしかないのである。

サルトルとアルジェリア戦争、アレントの批判

このファノンの暴力の思想に鋭く反応したのがフランスの哲学者の**ジャン＝ポール・サルトル**（一九〇五～一九八〇）だった。サルトルはフランスが植民地で採用している政策が、現地の人々を人間ではない存在にしてしまおうとするものであることを指摘する。この政策は、「植民地原住民は人間の同類にあらずという原則を打ちたてる」[22]ものであり、「植民地の［フランス軍とコロンが行使する］暴力は、たんにこれら奴隷と化した人間を威圧するという目的を与えられているばかりか、すすんで彼らを非人間化しようと努めるのである。情け容赦もなく彼らの伝統を清算し、彼らの言語にかえてヨーロッパの言語を押しつけ、われわれの文化を与えもせずに彼らの文化を破壊してしまう」[23]ものであるとサルトルは鋭く指摘する。

このようにして人間性も独自の文化も民族的な誇りも否定された現地の人々が、これに対抗するためには暴力を行使するしかないと考えるのはやむをえないことだろう。「この気違いじみた怨み、この激怒、この憎悪、われわれヨーロッパ人の絶滅を願うこの不断の欲望、たえず緊張していて、弛緩を恐れている力強い筋肉、これらによって原住民は人間となるのだ」[24]とサルトルは断言する。

サルトルはフランス人として、その時代のフランスとヨーロッパの文明が、植民地の富を略奪することによって形成されてきたことを認める。ヨーロッパは新大陸の富を、石油を奪うこ

とによって富を形成してきたのであり、恐慌の際には植民地の市場を活用することで、自分たちを「人間」としてきたのである。それゆえに「ヨーロッパの人間であるということは、われわれすべてが植民地の搾取から利益を得てきた以上、植民地主義との共犯を意味する」[25]と断言する。

このような状況においてアルジェリア戦争は、抑圧された原住民が人間となるための戦いとなるのであり、「われわれは植民地の原住民の戦争を遠くから眺めて、野蛮が勝ち誇っていると考える。だが戦争それ自体が少しずつ戦士の解放を果たしているのだ。戦争は戦士の内に外に、植民地の暗黒状態をしだいに清算してゆく」[26]のである。このような戦いでは原住民の戦士が一人のヨーロッパ人を殺害することは、一人の人間が自由になるプロセスにほかならないとまで、サルトルは極論する。「反乱の初期においては相手を殺さねばならないが、一人のヨーロッパ人をほうむることは一石二鳥であり、圧迫者と被圧迫者とを同時に抹殺することであるからだ。こうして一人の人間が死に、自由な一人の人間が生まれることになる」[27]というのである。戦争は抑圧者を滅ぼし、被抑圧者を自由な人間に生まれ返らせる大切な機会だということになる。

やがてフランスはこの戦争が道徳的にも政治的にも勝ち目のないものであることを認識するようになり、アルジェリア戦争は一九六二年にドゴール大統領の決断によって終結し、正式にアルジェリアの独立が承認された。ただしサルトルのこのような過激な発言には、強い批判が示された。たとえばハンナ・アレントは、サルトルが「この抑制できない暴力は訳も分からぬ熱情の狂奔ではないし、野蛮の本能の復活でもなく、怨みの結果でさえもない。それは自らを再び人間として作りあげつつある者の姿なのである」[28]と主張したことを鋭く批判する。

アレントにとっては暴力とは他者に対して身体的な力を行使して支配しようとすることにすぎず、暴力による支配では他者を真の意味で従わせることも、みずからの支配の正統性を示すこともできない。原住民がみずからを人間として示すことができるのは、コロンの暴力に対抗する暴力を行使することによってではなく、原住民の抵抗運動を組織し、そうした運動においてコロンの権力に対抗する権力を作りだすことによってでしかないと彼女は考える。

サルトルはマルクス主義に完全に同調していただけに、この暴力論はマルクス主義の伝統からの著しい逸脱とみなされるものだった。サルトルの依拠するマルクス主義の伝統では、人間が人間となるのは労働において、すなわち「人間的形態での自然との物質代謝において」[29]であると考えるのであり、「人間が自分自身を創造する」[30]のは、このような「人間の条件の事実性そのものに対する反抗である」[31]とみなすものだった。アレントはこの思想は「あらゆる左翼ヒューマニズムの基礎にほかならない」[32]はずだと指摘する。そうであるからこそ、サルトルのように人間が人間になるのは、労働することによってではなく、暴力を行使して敵を殺すことによってであると考えるのは、マルクス主義とヒューマニズムの原則を否定するものであるはずである。

第6章

新しい戦争

湾岸戦争、9・11の米国同時多発テロ、ロシア・ウクライナ戦争、パレスチナ戦争……グローバリゼーション時代における文明の衝突と見るか否か。従来の戦車と航空機による戦闘が行われる一方で、AIやドローンによる攻撃も登場。人類は「新たな古い戦争」に直面している。

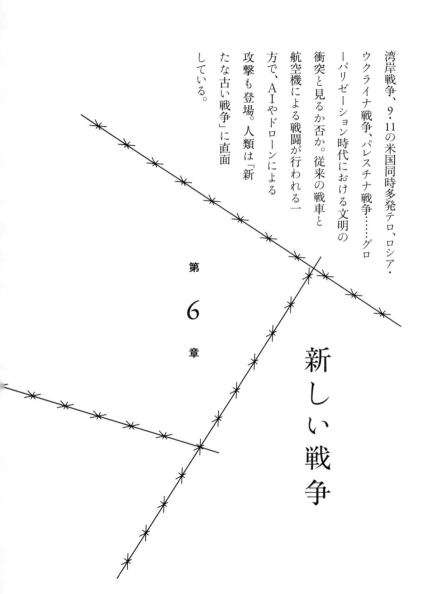

スラヴォイ・ジジェク

Slavoj Žižek

1949-

スロベニア・リュブリャナ生まれ。一時、映画監督を志す。大学入学前からフランス現代思想に親しみ、パリ第8大学で博士号取得。ラカン派精神分析とヘーゲル哲学、マルクス主義をつなぐ政治理論を展開。社会主義体制時のユーゴスラビアで民主化運動に参加するなど、現実的な問題にも関わる。

ドナルド・ラムズフェルド　Donald Rumsfeld　1932-2021

アメリカの政治家。フォード大統領、ジョージ・W・ブッシュ大統領下で国防長官を務める。2001年9月11日に起きたアメリカ同時多発テロ後のアフガニスタン侵攻、イラク戦争を主導。イラクに大量破壊兵器があると主張した。

ルネ・ジラール　René Girard　1923-2015

フランスの哲学者。23歳で渡米。人間の欲望は「模倣（ミメーシス）」であり、「主体・対象・媒体」という三角形構造であるとし、欲望が社会秩序に与える暴力的な影響を文化人類学、社会学の見地から考察した。

ペーター・スローターダイク　Peter Sloterdijk　1947-

ドイツの哲学者。ヨーロッパ的啓蒙思想におけるシニシズムに着目しファシズムとの関係を考察した『シニカル理性批判』、存在論を新たに解釈した『球体圏』で知られる。ハーバーマスと並ぶ現代ドイツを代表する哲学者のひとり。

ジョルジョ・アガンベン　Giorgio Agamben　1942-

イタリアの哲学者。政治権力の本質は人間の生から内在的な歴史性を剝奪することであるとし、それに対抗する生の形式と様態を構想。政治空間における法秩序の例外状態にある「ホモ・サケル（聖なる人間）」の思想で知られる。

サミュエル・ハンチントン　Samuel Huntington　1927-2008

アメリカの政治学者。ハーバード大学で教鞭をとる傍ら、冷戦時代の民主党政権下で安全保障政策スタッフを務める。教え子であるフクヤマの著作『歴史の終わり』への反論として『文明の衝突』を執筆した。

フランシス・フクヤマ　Francis Yoshihiro Fukuyama　1952-

アメリカの政治学者。日系三世。大学卒業後、アメリカ国防省に入省しパレスチナ問題などを担当。『歴史の終わり』でソ連・東欧の共産主義政権崩壊をアメリカ自由民主主義の勝利とし、民主主義が永続的に続くと主張した。

エドワード・サイード　Edward Wadie Said　1935-2003

パレスチナの文学批評家。アメリカに移住。西洋が抱くアラブ、イスラム圏へのイメージと植民地主義の関係を批判的に考察した『オリエンタリズム』で知られる。パレスチナ問題においてイスラエル、アメリカを強く批判した。

ウンベルト・エーコ　Umberto Eco　1932-2016

イタリアの作家、記号学者。トリノ大学で美学を専攻後、イタリア国営放送局勤務を経て、ボローニャ大学で記号論を教える。中世ヨーロッパの修道院を舞台にした探偵小説『薔薇の名前』が世界的ベストセラーとなる。

ユヴァル・ノア・ハラリ　Yuval Noah Harari　1976-

イスラエルの歴史学者。ヘブライ大学教授。大学での講義をもとに、石器時代から21世紀までの人類の歴史を概観した『サピエンス全史』は45の言語に翻訳される世界的ベストセラーとなった。

ノーム・チョムスキー　Noam Chomsky　1928-

アメリカの言語学者。母国語に関係なく、人間は有限な言語の要素と規則から無限の文をつくりだす生成文法を生来有していると提唱。〈9.11〉のアメリカ同時多発テロ以降、アメリカ政府の外交政策への批判的言論でも知られる。

ジャック・アタリ　Jacques Attali　1943-

フランスの思想家。国立行政学院卒業後、ミッテラン大統領の補佐官となり、東西ドイツ統一後の対応にあたる。欧州開発銀行初代総裁、サルコジ大統領の諮問委員会委員長などを歴任。フランスの政治に多大な影響力を持つ。

クラウス・ギュンター　Klaus Günther　1957-

ドイツの法哲学者。フランクフルト大学教授。ハーバーマスの指導のもと博士号を取得。ハマスのイスラエル攻撃後、師ハーバーマス、同僚の政治哲学者ライナー・フォルストらと共同声明「連帯の原則」を発表。

ナンシー・フレーザー　Nancy Fraser　1947-

アメリカの政治哲学者。ニュースクール大学教授。資本主義やジェンダー、人種における正義の哲学的概念の研究を行う。差異と分配をめぐるドイツの哲学者アクセル・ホネットとの論争でも知られる。

エティエンヌ・バリバール　Étienne Balibar　1942-

フランスの哲学者。パリ第10大学名誉教授。専門は政治哲学、道徳哲学。アルチュセールに師事。パレスチナに関するラッセル法廷の支援委員会メンバーとして、長年、パレスチナ支援を行っている。

第1節 米国同時多発テロ

湾岸戦争と軍事技術革命

ゴルバチョフ書記長のもとでソ連が自由化政策を採用したことで、一九八九年には東欧革命が起こり、一一月九日にはベルリンの壁が崩壊し、冷戦は終結した。これは同年の一二月に地中海のマルタ島で、ゴルバチョフ書記長とアメリカ合衆国のジョージ・ブッシュ大統領が会談し、冷戦の終結を宣言したことで最終的に確認されたのだった。

この冷戦後の世界の戦争において注目されるのは、一九九一年の湾岸戦争であろう。この戦争は石油問題で対立していたイラクがクウェートに侵攻し、事実上、同国を併合したことに始まるものであり、国連安全保障理事会の要請のもとでアメリカ合衆国を中心とした多国籍軍は、まずイラクを空爆した後に、大規模な地上作戦を開始した。当初はイラク軍の強力な抵抗が予想されたにもかかわらず、イラク軍は敗走し、多国籍軍の圧倒的な勝利で終わったのだった。

この湾岸戦争において注目されるのは、新しいハイテク技術を駆使した新たな「軍事革命」が起こったとされていることである。この戦争では敵軍の状況を知るために初めて偵察衛星が利用され、新世代のレーダー偵察機や精密兵器誘導システムが駆使され、多国籍軍はこうしたハイテク技術を駆使した「軍事技術革命」の成果を活用することで、圧倒的な優位を確保したのである。アメリカ合衆国のチェイニー国防長官は、『湾岸戦争報告書』において、「湾岸戦争は〈軍事技術革命〉と呼ばれるものが出現する可能性を劇的に示した」[01]と報告していた。

非対称戦争としてのテロ——ラムズフェルド国防長官、ジラール

二〇〇一年九月一一日に発生した米国同時多発テロは、この冷戦後の戦争の歴史において、まったく新しい時代を開くものであり、二一世紀という新しい世紀の迎える困難な運命を象徴するような出来事だった。湾岸戦争の経験から世界は、これからはハイテク技術を駆使した大国の軍隊による圧倒的な勝利が期待できると考えていた。しかしこのテロは、ハイテク技術を利用するのはアメリカ合衆国のような大国だけではなく、国際的なテロ組織もまたこうしたハイテク技術の利用に長けていることを示す衝撃的な出来事だった。

このテロ攻撃に対するアメリカ政府の最初の反応は、「これは戦争だ」という当時のブッシュ

大統領の発言をきっかけとしていた。アメリカ政府がこれを「戦争」と呼んだのは、このテロが戦争であるならば、通常のテロに対処するためにこれまで伝統的に確立されてきた手続きをすべて省略して、軍による攻撃を含むあらゆる手段を採用できるからだった。それでもこれがたんなるテロではなく、「新しい戦争」であるという見解が、その後の思想的な営みの中心を占めることになった。このテロは出来事としても思想的にも新たな境地を切り拓くものだったからだ。

当時の国防長官**ドナルド・ラムズフェルド**（一九三二～二〇二一）は、テロ直後の九月二〇日のペンタゴンの記者会見で、アメリカがこれから進めようとしている戦争は、伝統的な戦争とは「非常にかけ離れた性質のもの」であり、「われわれがこれからしようとしていることについて、新しい語彙とこれまでとは異なる構成を考え出さなければならない[02]」と強調している。「政治、外交、経済、財政などのすべての分野でのアメリカ合衆国政府の完全な資源と、軍事資源を投じる必要があるのは、疑問の余地がない[03]」というのである。

この総力戦を求める「ラムズフェルド・ドクトリン」が、「これは戦争だ」という対外向けのブッシュ・ドクトリンの国内版であるのは明らかだろう。ラムズフェルドは同時に、他の諸国に軍事協力に限らないさまざまな形での協力を求めたのだった。ある国には基地の提供を、またある国には情報の提供を。国民が日常生活や仕事の場で協力を求められるのと同じように、各国は米国の戦争遂行にさまざまな側面で協力を求められるようになる。地球規模での総力戦の体制が構築されたといってまちがいないだろう。これが新しい非対称戦争なのである。

ラムズフェルドはこの総力戦の性格について、「この戦争は、軍事目標を詳細に調べあげ、目標を急襲するために巨大な戦力を投入するという戦いにはならないかもしれません。わが国の軍事力は、テロを実行している人々や集団や国を阻止するために利用する多くの手段のうちの一つにすぎないものになるでしょう。わが国ではテロに対処するために、世界のどこかの軍事目標に、巡航ミサイルを発射するかもしれません。在外金融センターを通じた投資の移動を追跡し、停止させるために、電子的な闘いを進めるかもしれません。この戦闘で着用される制服は、砂漠用の迷彩服だけではありません。銀行の役員が着用する縦縞のピンストライプのスーツもプログラマーの普段着も、どれもが立派な制服なのです」[04]と強調している。

これは総力戦の意味が大きく変質していることを意味する。これまでも二度の世界戦争が総力戦として戦われてきたが、これまでは銀行員もプログラマーも、兵士としてではなく、戦争を背後から支援する役割を果たしてきた。ところがこの「新しい戦争」とともに、銀行員やプログラマーの仕事場が、前線としての意味をもちはじめることになる。

この兵士の地位の転換は、湾岸戦争以来のアメリカが遂行する戦争の奇妙な性質の一つである。ヴェトナム戦争までの伝統的な戦争では、戦うのは前線に出た兵士であり、前線の兵士だけがいわば地獄の戦いを強いられてきた。徴兵されない国民は、新聞やテレビといったメディアの報道で、戦争の遂行を目撃するだけだった。

ところが湾岸戦争以来、アメリカ政府は自国の軍の兵士を損なわないことを至上課題とするようになってきた。ここではラムズフェルドの考えるのとは逆の意味で、奇妙な「非対称」が発生する。アメリカ軍は電子制御で他国の領地を爆撃し、被害にあうのはその国の住民である。もっとも安全に守られているのは軍の兵士であり、もっとも危険な目にあっているのは、他国の無防備な住民である。これがアメリカ政府が遂行する非対称戦争の真の顔なのである。

この戦争にはまた別の意味での非対称性がある。武器と手段が、テロリスト側と国家テロの側で、きれいに対称的に「非対称」になっているのである。テロリスト側は民間の航空機という伝統的でない武器を使って、自爆攻撃という伝統的ではない手段で、アメリカに「非対称戦争」をしかけて、無辜の住民を多数殺害した。これに対してアメリカは、ミサイル武器というかにも伝統的な武器を使って、空爆というこれもいかにも伝統的な手段で、無辜の住民と相手のテロを支援しているアフガンの兵士を多数殺害する「非対称戦争」を遂行した。転倒した二つの「非対称戦争」が、いかにも鏡に映したように、たがいに相手を真似ているのである。

この非対称な関係が実はたがいに相手を模倣しようとする運動によって生まれたものであることを力説しているのが、フランスの文化人類学者で哲学者の**ルネ・ジラール**（一九二三〜二〇一五）である。ジラールは基本的に、人間の欲望は他者の欲望の模倣としてのミメーシスであると考える。そしてジラールはすべてのことを差異ではなく、模倣で考える必要があると主張するのである。彼は「すべての紛争の根源は、さまざまな人、国、文化の間の〈競争〉に、ミメーシス（模倣）的な対抗意識にあるのです。これを文化の〈差異〉などで考えようとするのが、間違いなのです。競争とは、相手がもっているのと同じものを、必要なら暴力を使ってでも手に入れるために、相手を真似ようとする欲望のことです」[05]と指摘する。「もちろんテロリズムは、わたしたちとは〈異なる〉世界に結びついたものです。しかしテロリズムを生み出しているのはこの「差異」ではありません。テロリズムを「差異」で考えると、わたしたちにとって遠いものに、理解できないものになってしまいます。そうではなくテロリズムとは、同じものになろう、似たものになろうとする激しい欲望なのです。人間関係とは本質的に、模倣と競争の関係なのです[06]」という。

そしてテロリズムはこのミメーシス的な関係が破裂したところで発生すると指摘している。アメリカを模倣しようとする試みは、自由競争のイデオロギーによって支えられている。しかしこの自由競争は、真の意味では自由な競争などではない。土台となる関係がそもそも非対称であり、不公平なものだからだ。そこで「いつも同じ側が負け続けると、ある日、敗者はゲームのテーブルをひっくり返してしまうでしょう。このミメーシス競争は、うまくいかないと、ある時点でつねに暴力として破裂します[07]」ということになる。それがこのテロリズムとして爆発したと考えるのである。

テロのもたらした現実への覚醒——ジジェク、ヴィリリオ

さらにアメリカ合衆国を含む西洋社会がこれまで享受してきた平和で安全な世界というものが、実は外部に暴力を輸出することでかろうじて維持されてきたものであることを鋭く指摘したのが、スロベニアの思想家**スラヴォイ・ジジェク**である。彼は「わたしたちが純粋な悪を体

現する〈外部〉に直面したときには、勇気を奮い起こして、ヘーゲルが示した教訓の正しさを認識すべきなのだ――この純粋な〈外部〉には、わたしたちの本質が、蒸留された姿で存在しているのだ。過去五世紀にわたって、「文明化された」西洋世界は、相対的な繁栄と平和を享受してきたが、これはじつは容赦のない暴力と破壊を、〈野蛮な〉〈外部〉に輸出することでもたらされてきたのである――アメリカ大陸の征服から、コンゴでの虐殺にいたる長い歴史がこのことを物語っている。残酷で冷淡に聞こえるかもしれないが、今回のテロ攻撃の実際の効果は、現実的なものというよりも、象徴的なものであることをよく考えるべきなのである」[08]と鋭く指摘する。

わたしたちはアメリカ合衆国の世界貿易センタービルが倒壊するありさまに驚愕したのだが、イラクやシリアなどの中東の諸国でも、そして現在ではウクライナやガザでも、こうした出来事は日常の出来事なのである。テロによって「〈現実〉が侵入してきて、わたしたちの幻想の〈球体〉を破砕したのだという標準的な解釈は退けるべきなのだ。事態はまったく逆である。世界貿易センタービルの倒壊以前にも、わたしたちは現実の世界に暮らしていた。しかしこの現実においては、第三世界の人々が味わっている恐怖は、わたしたちの社会の現実の一部には実際には含まれないもの、わたしたちにはテレビ画面の上の幽霊のような幻として存在するものと考えられていたのだ。だから九月一一日に起きたのは、この画面の上の幽霊のような幻が、わたしたちの現実に入り込んできたということなのだ」[09]。そしてジジェクはわたしたちに「現実の砂漠にようこそ」と、現実への覚醒を促すのである。

またこの同時多発テロは、テロリストたちがハリウッドのテロ映画を模倣したものであることを指摘したのが、**ポール・ヴィリリオ**である。ジジェクはテロが現実への覚醒をもたらしたことを指摘したが、ヴィリリオはテロはむしろ映画こそが現実に先立ち、それを予兆していたことを指摘する。「パレスチナのテロが世界を恐怖に陥れていたときに、ハリウッドはカタストロフィ映画を発明しました。これはテロリズムから生まれた映画なのです。ほんとうに信じられないようなシナリオがたくさんありました。ところがいまでは現実が映画を引用し、映画の真似をしているのです。ニューヨークとワシントンの攻撃は、フィクションから着想を得ているのです[10]」という。

ヴィリリオは早くからこのような事態が訪れることを予言していた。映画によって人間の知覚が変化することには重要な意味が含まれるとヴィリリオは考える。「映画それ自体がすでに戦争だと言いたい。（中略）映画はまさに武器であり、映像は軍需品なのです。それも人間や建物を殺傷破壊する武器ではなく、人間の知覚を、したがって知の組み立てを変えていく武器なのです[11]」。このような戦争のありかたを彼は「純粋戦争」と呼ぶ。それが「純粋」であるのは、もはや兵士としての人間を必要としないからである。「純粋戦争はもはや人間を必要としない、だからこそ純粋なのです。人間的な戦争機械も動員される人間も必要ない。昔からあったことではありません。ようやく一世代たったところでしょうか、ともかく人海戦術でたくさんの人を集める必要がなくなったのは[12]」。

そしてこの純粋戦争は核兵器の抑止戦略のうちで実現されてきた。具体的な戦闘行為においてではなく、核兵器という戦争機械を作り出すことにおいて、社会の内部での成長を抑制することが目指されているという。「戦争の永続化、私が純粋戦争と呼んでいるものは戦争の反復ではなく、はてしない準備においてのみ遂行されるのです。ただしこのはてしない準備、兵站学の到来は民間消費という意味では社会の非成長なのです[13]」それが社会の非成長であるのは、それが「自分の国民に対する戦争状態へ帰っていく[14]」ことを目指すからである。今や「もはや外植民地化はなく、世界征服の拡張の時代でもなく、内緊張と内植民地化の時代なのです。自分の国民を植民化するしかありません。自国の民間経済の発展を遅らせるしかないのです[15]」。そのためには軍は警察となり、自国民との戦争を始めるしかないのである。「軍事階級が一種の超内務警察へと変わっていったのです。さらにそれは論理的とも言えます。抑止の戦略において軍同士が交戦することはもはやなく、民間としか衝突しない傾向にあります[16]」。

　現代の純粋戦争は、すでに考察してきた内植民地化の試みであり、敵国との間での戦闘を必要とせず、国民との戦いのうちに行われるようになる。「何かを発射したり攻撃したり、また人間や武器を輸送したりすることとは無関係にすでに戦争が始まっています。このことを私は純粋状態における戦争、〈純粋戦争〉と呼びました[17]」というのである。ヴィリリオの理論は、かつての地政学が現代では時間のうちの政治としての時政学に変貌していると主張しているが、それは戦争が今や実際に戦われざる純粋戦争となっていると考えるからである。

自己免疫としてのテロ——スローターダイク、アガンベン

さらにこのテロの非対称的な戦争としての性格には、国家の自己免疫という性格がそなわっていることを指摘したのが、ドイツの哲学者**ペーター・スローターダイク**（一九四七〜）である。彼はこうした非対称性のうちでも、テロ兵器の生産者と利用者の非対称な関係に注目する。航空機や炭疽菌はもともとはテロの目的のために生産されたものではない。しかもこの兵器は、テロリストの側ではなく、犠牲者の側が作成したものである。生産者が自己の福利のために生産したものが、予想もつかない方法で利用され、みずからに牙を剝く攻撃の手段として利用されることになる。「西洋文明は、イスラームのユーザー・テロリズムによって、自己自身の切り離された分身にであうのである」[18]。スローターダイクのこれらの指摘は、近代のテロが最近のコロナ・ウィルスと同じように、過剰に保護された文明社会にとって自己免疫システムに近い自己破壊的な効果を発揮するものであることをまざまざと示している。

このように先進国がテロとの戦争において自国の安全保障を過剰なまでに優先するときには、それが自己免疫システムと同じようにかえって国家にとって有害なものとなりうること、そして大国がついにはテロリズム国家に堕してしまう危険性があることを鋭く指摘したのが、イタリアの思想家の**ジョルジョ・アガンベン**（一九四二〜）である。彼は「二十世紀の前半においては、安全保障はまだ行政府の複数の重要課題のひとつにすぎなかったが、いまや安全を守ることが、

政治的な正統性の唯一の基準となっている。しかし安全保障という思想には、重要なリスクがつきものなのだ。安全保障によってしか正統性を保証できない国家、国の課題が安全保障しかない国家は、とても脆い組織なのである。こうした国家はつねにテロリストからの挑発のもとで、みずからテロリズム的な国家になる危険があるのである」[19]と警告する。

安全保障を最優先するシステムは、政治を警察に還元しようとするものである。しかし「政治を警察（ポリツァイ）に還元してしまうと、国家とテロリズムを分かつ境界線が消失してしまう恐れがある。そして最後には、安全保障とテロリズムが単一の〈死のシステム〉を作り出し、このシステムのうちでたがいに相手と自分の行動を正当化し、正統なものと主張するようになりかねない」[20]ことをアガンベンは鋭く指摘するのである。

文明の衝突か——ハンチントン、フクヤマ、サイード、エーコ、ハーバーマス

この米同時多発テロをめぐる重要な論点の一つとなったのが、アメリカの政治学者の**サミュエル・ハンチントン**（一九二七〜二〇〇八）が『文明の衝突』で展開した「文明の衝突」論である。アメリカの政治学者の**フランシス・フクヤマ**（一九五二〜）は一九九二年に『歴史の終わり』という著書で、ヘーゲルの歴史哲学に依拠しながら、すでに歴史は終焉していると主張した。新しい出来事が発生しないというわけではなく、共産主義の崩壊とともに、資本主義の市場システムと民主主義に代わりうるイデオロギーが消滅したために、もはや歴史的な出来事は起こらな

いというのである。フクヤマは、これからはこの市場システムと民主主義が地球的に拡大していくだけだと主張していた。

これに対してハンチントンは『文明の衝突』においてフクヤマを批判しながら、市場システムと民主主義というのも一つのイデオロギーにすぎず、世界は複数の固有な文明によって分割されていると主張した。彼はそうした文明として、中華文明、日本文明、ヒンドゥー文明、イスラーム文明、西欧文明、ロシア正教会文明、ラテン・アメリカ文明、アフリカ文明を列挙していた。そしてフクヤマのような歴史の終焉の理論は、「二十世紀末にいたって西欧のヨーロッパ文明は、いまや世界のなかの普遍的な文明だという偏狭なうぬぼれ」[21]にすぎないと批判する。ハンチントンはこれからはイスラームや中国など、西洋の文明とは異なる文明との衝突が歴史を作っていくと指摘したのである。

そして今回のテロについては、これはテロ犯罪であり、これを「文明の衝突」にしてしまわないことが重要だと指摘する。これを防ぐためにもアメリカは他の諸国との協力、とくにイスラーム諸国との協力のもとに、この戦いを勝ち抜く必要があると訴えた。「イスラーム諸国がこの戦争にそっぽを向いて、犯罪と連帯するようなことがあったならば、これが文明社会と悪の力との対決ではなく、ほんとうの文明の衝突になってしまう危険性がますます強くなるのです」[22]という。

たしかにハンチントンの指摘するように「西欧の普遍主義は異文明の中の中核国家が争う大規模な戦争を招く恐れがあって、世界にとって危険であるばかりか、西欧の敗北につながりかねないだけに、西欧にとって危険である」[23]と言えるのはたしかである。しかしこの文明の衝突の理論は、世界が異なる文明に分割されるという地政学的な構想に基づいたものであり、このような分割を前提とするならば、イスラーム諸国がアメリカのテロ撲滅に協力しないと、文明の衝突が起きてしまうというかなり一方的な主張となってしまう。

批判されたフランシス・フクヤマも、アメリカが他の諸国との協力を模索する必要があることに同意しながらも、歴史の終焉という基本的な事態は変わっていないと主張する。フクヤマは、民主主義と自由市場が実現されていない諸国から多くの人が移民や難民という形で、西洋の社会に逃げ出しているのは「足による投票」であり、西洋社会への憧れは強く、「開発途上国からは毎年、数百万の人々が西洋の社会で暮らすために、自国から逃げ出している」[24]という事実を指摘している。しかし反米感情は世界の各地で強まっており、今後も衝突は避けられないことは認めているようだ。フクヤマはこれはたんなる「揺り返し」にすぎないと考えているが、その大きさから受けた衝撃は隠せない。フクヤマの理論は、グローバリゼーションのひとつの論拠ともなっていたが、その根拠の薄弱さが露呈してきたと言えるだろう。

ただしこの二人の論争は、一見対立しているようにみえながら、実はたがいに補いあう性質のものだろう。フクヤマの理論は、市場システムと民主主義が全地球的に拡大するのが、一つの「進歩」だと考えるものである。そしてグローバリゼーションとともにハンチントンの主張する「文明の衝突」が発生するのは、西洋のこの二つの原理と、これを否定する原理が対立するからなのだという。これに対してハンチントンの主張は結局は、フクヤマの楽観論を戒めながらも、文明の衝突が起きないように、市場経済と民主主義に基づく西洋が、異なった文明の諸国と協力しあうことを求めるものにすぎない。どちらもグローバリゼーションが進歩であるという視点に変わりはない。

この論争に加わって、「文明の衝突」の理論を厳しく批判したのが、エルサレム生まれのパレスチナ人の文学批評家の**エドワード・サイード**（一九三五～二〇〇三）である。サイードはハンチントンの諸文明の衝突がすぐに西洋とイスラームの対立という二元論にすりかえられてしまうことを指摘しながら、アメリカ政府はこのハンチントンの図式に巧みに乗っていることを暴いている。そして「イスラームとアラブ世界のほとんどの人々にとって、米国政府とは傲慢な権力の代名詞である。そしてイスラエルだけでなく、アラブの多数の抑圧的な体制を殊勝ぶって気前よく支援することで有名である。ほんとうに悲嘆にくれている人々や非宗教的な運動との対話の可能性があるのに、そのことに注意も払わない国である」[25]ことを指摘する。

そもそも文明の衝突の図式や「イスラームと西洋の対決というモットーは、考えもなく従うにはあまりに不適切なものではないだろうか。この旗印のもとに馳せ参じる人もいるだろう。しかし一息いれて批判的に考えてみることもなく、不正と抑圧がたがいに結びついてきた過去の歴史を振り返ることもなく、すべての人々の解放と啓蒙をすすめることもないままに、将来の世代に長期的な戦争と苦悩の責めを負わせることは、必然的なことなどではなく、たんなる片意地だと言わざるをえない」[26]と冷静な姿勢を保つことを勧めるのである。

イタリアの作家**ウンベルト・エーコ**（一九三二～二〇一六）も、ただちにこうした文明の衝突論を批判する論陣をはった。エーコは、ある文明が優れているかどうかを判断するための基準をまず設定する必要があることを指摘する。習俗だけでは文明の優越を判断できない。豚を食べない人々が、蛙を食べる人々よりも優れているとは言えないからだ。また科学や技術的な水準だけでも判断できない。核兵器を所有しているパキスタンは、核兵器を所有していないイタリアよりも優れているとも主張できないからだ。西洋に優れているところがあるとすれば、文明の複数性を認める思想をもっていることではないかと、エーコは指摘する。

「われわれは複数主義的な文明であり、自国にモスクの建造を認める。カブールでキリスト教の宣教師が投獄されたからといって、モスクの建造を禁止したりはしない。もしもそうしたら、わたしたちもタリバーンと同じになってしまう」[27]。もしも西洋とイスラームという「文明の対立」を主張するならば、西洋の優位そのものがただちに崩壊してしまうというエーコの主張は説得力がある。

このエーコの主張に応じるかのように、思想や哲学とは異質な宗教の言葉に耳を傾ける必要があることを強調したのが、ドイツの思想家の**ユルゲン・ハーバーマス**である。ハーバーマスは近代を脱魔術化の時代とみなすドイツの社会学者のマックス・ウェーバーの理論に依拠しながら、西洋の近代化とは、脱魔術化であり、脱宗教化であったことを指摘する。そして宗教と政治を切り離すことは重要ではあるが、人々が世俗の言語でない宗教という「別の言語」にも耳を傾けることも大切だと主張する。

ハンチントンの主張するような文明の衝突の議論は一面的なものであり、「凝り固まった原理

ユルゲン・ハーバーマス

Jürgen Habermas

1929-

ドイツ・デュッセンドルフ生まれ。父はナチス党員で、自身も少年時代にヒトラー・ユーゲントに所属。先天性口唇裂で言語障害があったことからコミュニケーション的行為の合理性について思索を深め、公共圏の成立した社会の在り方を模索。時事問題にも積極的に発言する、現代ドイツを代表する哲学者のひとり。

主義者というのは、西洋にも、近東にも、中近東にも、イスラーム教徒だけでなく、キリスト教徒やユダヤ教徒のうちにも、かならずいるものです。いわゆる〈文明の衝突〉を防ぐには、わたしたちの西洋における脱宗教化のプロセスのうちでは、終わることのない弁証法的な対話が続けられてきたことを想起する必要があります」[28]と強調する。

脱魔術化を進めるには、宗教的な思考を排除して世俗的で科学的な思考だけを重んじるのではなく、イスラームのような宗教的な思考の土台となっているものを受け止めることのできる「共通の言語を育む必要がある」[29]と考えるのである。

ハーバーマスは、イスラームという宗教の言語と西洋の科学の言語を結ぶコモンセンスをつねに維持すべきだと主張する。「一般の人々にも受け入れられるような根拠を模索するからといって、宗教は公共の場から公正でない形で排除されるわけではありません。そして世俗の社会も、宗教の言葉に秘められた明晰な力から恩恵を受けるためには、この霊的な力をもつ宗教という重要な源泉から離れてしまうべきではないのです。世俗的なものと宗教的なものの境界は、いつも流動的です。この境界については議論がつきものですが、この境界を定める作業は、世俗的なものと宗教的なものの双方が、たがいに力をあわせて実行すべき課題なのです。どちらも、たがいに相手の視点でものをみることを学ぶべきなのです」[30]と主張する。それでないと文明の衝突という不幸な帰結が生じるからである。

第2節
ロシア・ウクライナ戦争とパレスチナ戦争

ロシアの侵略への開戦当初の反応――ハラリ、フクヤマ、チョムスキー、アタリ

二〇二二年二月二四日に突如として開始されたロシアのウクライナ侵攻は、多くの人々にとって意外な出来事だった。ロシアがウクライナという隣国に戦争をしかけるのは、国際法の明確な違反である。この蛮行に、世界的な反発が起こるのは当然のことであり、ロシアの国益にとっても自滅的なことに思えたからだった。実際にそれまで中立的な姿勢を保ってきたフィンランドとスウェーデンは、ロシアの侵攻をきっかけとしてNATOに加盟し、明確にロシアに対抗する姿勢を示したのである。プーチン大統領がどのような考えからウクライナに侵攻した

かは、その後のさまざまなスピーチなどからかなり明らかになっている。プーチン大統領は汎スラブ主義的な思考と地政学的な信念から、ウクライナはロシアに所属すべき固有の領土であると考えてこのような愚行に走ったようである。しかし核兵器を所有する大国が、独裁的な指導者に率いられて隣国を侵略するというのは、第二次世界大戦後にどうにか落ち着き始めた戦後の世界秩序を、その後のなりゆきを考えずに転覆させるような行いであり、多くの人々もそのような見解を表明している。

そうした考え方の代表ともいえるのが、『サピエンス全史 文明の構造と人類の幸福』などの著作で有名なイスラエルの歴史学者の**ユヴァル・ノア・ハラリ**（一九七六〜）のコメントだろう。彼は今回のウクライナ侵略は、ロシアがすぐにウクライナを征服できると信じ込んだ妄想的な信念によるものだろうと、次のように指摘した。「プーチンは正気を失い、現実を否定しているのだと思います。この戦争のすべての基本的な原因は、プーチンが頭のなかで空想を作り上げたことにあります[01]」。

そして彼は「プーチンの攻撃が勝利すれば、世界中に戦争と苦しみの暗黒時代が訪れることでしょう[02]」と警告し、「ウクライナ人は、自由な社会のために戦うのと同じくらい、国家の自由のために猛獣のごとく戦っています。さらに彼らは、ナショナリズムとは、外国人を憎むことでもマイノリティを憎むことでもないのだと、私たちに思い出させています。それは自国民を愛し、人が自分の未来を自由に選択するのを認めることです。ナショナリズムとリベラリズムのあいだの深い繋がりをヨーロッパが思い出せるなら、地域内の文化戦争を終結させることができ、プーチンを怖れる理由は何もなくなるでしょう」[03]と語ったのだった。

これはロシアによるウクライナ侵攻のニュースを耳にした人々のごく初発的な反応としてよく理解できるバランスのとれた言葉である。他方ではロシアは敗北し、それが民主主義をさらに強めるだろうという楽観的な見解もあった。『歴史の終わり』を執筆したフランシス・フクヤマは、ロシアの侵略によって民主主義に対する人々の信頼感が強まるだろうと考えていた。ロシアの侵略を目にして、「NATOのような機構の存在と、リベラルな民主主義社会に生きていることをありがたいと人々が思うようになれば、民主主義社会の連帯感は増すと思われます」[04]と、プーチンの侵略が民主主義を強める結果になると考えていた。ロシアはこの戦争に負けるだろう、そして世界の民主主義はさらに強まるだろうというのである。

これに対して、これまで一貫してアメリカ合衆国の独善的な行動を鋭く指摘してきたアメリカの言語学者の**ノーム・チョムスキー**（一九二八〜）は、ロシアを批判しながらも、同時にアメリカ合衆国がロシアの神経を逆なでしてきたことを糾弾する。そしてアメリカ合衆国によるコソボ空爆、リビア空爆、イラク侵攻などの行為は、ロシアを無視し、国連の安保理の決議を逸脱して行われたものであり、「リビアについては、国連安保理決議に対して拒否権を行使しないと、ロシア側の同意をとりつけたにもかかわらず、NATOはあっさりと反故にした」[05]ことを指摘する。ロシアが憤慨するのも無理のないところであり、停戦するためにはロシアとの合意が必要であるという。そして「合意するからには、プーチンにも〈逃げ道〉を用意しなければなりません。そうしなければ、ウクライナ国民はおろか、全世界にとって、おそらく想像を絶する悲劇が起こるでしょう」[06]と、妥協を求めるのである。

また、開戦以前からロシアがウクライナに侵攻することを予言していたフランスの思想家の**ジャック・アタリ**（一九四三〜）の提言は、ロシアとの対話を求めるものだった。アタリは、ロシアのような独裁国家は、近隣の民主主義国家で生きる人々の幸福な生活を否定する必要があることを指摘する。「独裁国家は何としても民主主義を貶める必要があります。民主主義には、人々の幸福を守る力がないことを示す必要があるのです。そのためにプーチン大統領は、たとえ自国企業の利益を踏み躙ることになるとしても、強権を発動し、ウクライナへの侵略に踏み切ったのでした」[07]という。

彼は、それだけにこの戦いに負けることはできないと強調する。もしも核戦争になれば、それは第三次世界大戦ということになるが、それを防ぐためにも、民主主義諸国にはなすべきことがあると彼は考える。第一はウクライナを支援し続けることである。「ウクライナの人々の決死の戦いに終止符を打つために、ロシア軍を同地から追い出すことの支援を続けること」[08]が必要である。さらにロシアの指導者たちとの対話を重ねて、「プーチン大統領をはじめとするロシアの指導者たちに、今、あなたたちが決断していることは、ロシアを救うどころか窮地に立たせる行いなのだと理解させることが不可欠です」[09]という。

そのためにはツイッター（X）を含めて、「新たな情報発信の仕組みを作る必要があります」[10]。というのもロシアを動かすには民衆に真の情報を伝達する必要があるからであり、国内から独裁権力を打破する動きを作りだす必要があるからである。「ロシアのようにメディアやジャーナリズムを統制し、高度に情報管理をしている体制下においては、人々に真実を伝えるには、従来の方法では難しい」[11]と思われるからである。これによって「独裁政権を終わらせたいというロシアの人々の気持ちを、より強いものにしなければなりません」[12]というのはたしかだが、Xのような情報システムの改善によってこれが実現できると考えるのは、あまりに楽観的なように思える。

核戦争を予言するジジェクの論理

スラヴォイ・ジジェクは、ロシアがウクライナに侵攻する以前にわたしたちが享受していたはずの平和というものは、まったくの仮のものであったことを指摘している。というのもジジェクはすでに現在において第三次世界大戦が戦われていると考えるからである。ロシア・ブロックとアメリカ・ブロックとの戦いはすでに抜き差しならぬところまで来ているのであり、ロシアが核兵器を使って、新たな戦争を始める危険性は差し迫ったものだという。そしてここで「新たな戦争が起これば、ほぼ間違いなくわれわれの知る文明は滅び、残った生存者は（いると仮定しても）複数の小規模な権威主義グループを形成するだろう。幻想を抱いてはいけない。これまでのところ代理人たちが実際の戦いの大半を行っているにせよ、基本的には、第三次世界大戦はすでに始まっているのだ」[13]と警告する。

ロシアがウクライナに侵攻したのは地政学的な理由によるものでもある。すでに確認してきたように、地政学は生存圏という思想と、汎民族主義的な拡張政策を伴っている。ジジェクによると、「ロシアは地政学的〈勢力圏〉という表現を使うことで、自分たちの侵略を正当化している。この勢力圏はしばしば、国境のはるか先まで及ぶ（台湾の平和を維持すると称して、南シナ海で勢力圏を確保しようとしている中国も、同じ兆候を見せている）。ロシアがウクライナへの軍事介入に〈戦争〉という単語を使わないのは、そのためだ。これは介入の残虐さを軽く見せるだけでなく、何よりも、民族国家間の軍事衝突という古い意味での戦争という言葉がもはやウクライナ侵攻にはあてはまらないことを明確にするためである。ロシアは、自らの地政学的勢力圏とみなしている地域の〈平和〉を確保しようとしているにすぎないのだ」[14]という。ロシアは古典的な意味での戦争ではなく、勢力圏の内部での平和を望んで、ウクライナに侵攻したということになる。そうであるならば、わたしたちは断固として平和ではなく戦争を選ぶべきだとジジェクは主張する。「われわれは新たな全面戦争の勃発を阻止すべきだが、そのためには、すべての人々が、局地的な戦争によってのみ保たれうる今日の〈平和〉なるものに断固として反対する必要がある」[15]という結論が引き出されることになる。

ハーバーマスの勧告とジジェクの批判

このジジェクの議論に応じるかのように、そしてチョムスキーの主張に応えるかのように、ハーバーマスはウクライナに軍事援助を与える西側の責任を問題にした。彼は「西側の諸政府は、自分たちの軍事的支援によって可能となった戦争の長期化がもたらす残酷な結果に対する責任[16]」を負うべきであり、その責任には、援助が大きくなりすぎたためにロシアとの核戦争に突入する危険性についての責任も含まれることを指摘する。そして「西側同盟の誤りというのは、自分たちの軍事支援の目的がどこにあるかをロシアに対して、初めから意図的にはっきりさせておかなかったことである[17]」と指摘しながら、ロシアとの交渉を改めて進めることを勧告する。

ハーバーマスのこの発言の前提となっているのは、彼がウクライナの戦闘姿勢に懸念を抱いていたことである。彼はロシアによる侵攻の直後に発表した「戦争と憤激」という論文において、ウクライナのこうした好戦的な姿勢の背後にあるのは道徳的な憤慨であると指摘しながら、それが自国のドイツ政府の方針に影響することを懸念していた。たしかに「死者が一人増えるたびに動揺が走り、虐殺の被害者が一人増えるとともに衝撃が増し、戦争犯罪が起きるたびに憤激が広がる――それに対してなにかしなければという思いも[18]」というのはわたしたちも共有している憤激である。

それでもハーバーマスは、ドイツ国内でこの道徳的な憤慨のために、政府に対してさらに過激なウクライナ援助を実行することを求める声が高まることには懸念を示すのである。というのも、プーチンは戦争犯罪人であるかもしれないが、「彼は今なお国連の安全保障理事会の拒否権保持国であり、また相手を核兵器で脅かすことができる[19]」からである。そして「今なおこのプーチンと戦争終結に向けて、少なくとも停戦に向けて交渉せねばならない[20]」という事実から目を背けるべきではないことをハーバーマスは強調する。「以前のドイツ政府の政治的誤算とまちがった路線選択を理由にして遠慮会釈なく道徳的脅迫で迫ってくる」[21]ウクライナの言い分をそのまま認めて「自らは交戦当事者にならないという道徳的にしっかりした根拠のある決定」[22]を忽せにしてはならないと、彼は警告する。

これはドイツ国内向けの議論としてはまっとうなものだろう。そしてスロベニアの思想家のスラヴォイ・ジジェクもこれはある意味では正しいと認めている。「侵攻開始後の最初の数週間、われわれはウクライナがすぐさま制圧されることを恐れていた――が、いまとなっては、真に恐れていたのは、その反対の事態、つまりウクライナが即座に敗北せず、戦争が延々と続くことであったと認めざるを得ない。われわれはウクライナがあっという間に瓦解したのち、適切な怒りを表明し、損失を嘆き悲しみ……それまでと変わらない暮らしを続けられることをひそかに望んでいたのだ」[23]というジジェクの言葉はうがったものだろう。ただしジジェクは、このようなひそかな願いに支えられたハーバーマスの妥協的な態度はもはや無効になっていると宣言する。「平和主義の姿勢には、ロシアの侵攻の標的がウクライナだけでなく、西側の自由民主主義体制全体であるという明らかな事実を考慮に入れていない点で大きな限界がある。要するに、われわれはすでに、ウクライナにおけるロシアの攻勢をどう封じこめるべきか、というハーバーマスが重視してきた問題をはるかに超えた段階に突入しているのだ。ロシアは自分たちが思い描くイメージに沿って世界を再構築しようと企てている」[24]とみなすべきだと主張するのである。このようにしてジジェクはウクライナの徹底的な支援の必要性を強調し、「われわれはロシアとの基本的な戦略的均衡を確立するためにウクライナに核兵器を置くべきだという案を真剣に受け止めるべきである」[25]とまで極言するのである。

わたしたちはプーチン大統領の始めた戦争によって、キューバ危機以来の核戦争の可能性におびやかされながら生きている。いついかなる時でも核戦争が勃発するかもしれないという脅威は、わたしたちの日常の生活の背後に貼りついているのだ。この日常をわたしたちはどのように生きつづけていくべきだろうか。

イスラエルとハマスの戦争――ハーバーマス、フレーザー、バトラー、ジジェク

二〇二三年一〇月七日に、ハマスは隣接したイスラエルの領土に侵攻して多数のイスラエル人を殺害し、さらに数百人を人質としてガザに拉致した。これはハマスによるテロ行為と言わざるをえないものであり、イスラエルはすぐに反撃した。ただしイスラエルはたんなる反撃だけではなく、ハマスの撲滅を唱えてガザへの徹底的な攻撃を始めたのである。このイスラエルの攻撃はもはや反撃とはいいがたいほどの徹底的で残酷なものとなり、世界の多くの国からイスラエル軍の人道無視に激しい非難の声が上がった。ロシアのウクライナ侵攻とは別のところ、別のときにおいてではあるが、アメリカ合衆国や欧米諸国の後押しを受けて、軍事的にも資金的にも優位に立つ国が隣国に侵攻して、ジェノサイドと言わざるを得ないような反人道的な行為をつづけるようになったのである。

このイスラエルの非人道的な攻撃には、世界の多くの国が非難したが、以前から強いイスラエル支持の姿勢を維持しているアメリカ合衆国と、第二次世界大戦の際にユダヤ人の虐殺を行ったドイツは、顕著な例外となった。ドイツは今回の戦争においてヨーロッパ諸国のうちでも一貫してイスラエル擁護の姿勢を維持してきたが、これには過去の非人道的なユダヤ人虐殺の記憶が生々しく維持されていることが大きな影響を及ぼしている。

ドイツのショルツ首相は、このハマスのテロの直後にイスラエルを訪問として、「イスラエルとその国民の安全はドイツの『国是』だ。ドイツの歴史とホロコーストから生じたわれわれの責任により、イスラエルの国家の存立と安全のために立ち上がることがわれわれの使命だ」[26]と高らかに声明したのである。国内ではイスラエルのこうした攻撃を非難する声もあがっているが、政府は抗議デモなどには厳しく対処する姿勢を示している。

やがて一一月一三日には、ハーバーマスが法哲学者の**クラウス・ギュンター**（一九五七〜）など、他の三名とともに共同声明として「連帯の原則」という文章を発表した。この文章でハーバーマスはこのドイツの「国是」について、「民主的なドイツ連邦共和国は、人間の尊厳を尊重する義務を志向するものであることをみずから確信するものであり、わが国の政治的な文化においては、ナチス時代の集団犯罪に照らして、ユダヤ人の生命とイスラエルの生存権が特別な保護に値する中心的要素であることを認めるものである」[27]と述べ直している。ハーバーマスは「自由と身体的な健全性、人種差別的中傷からの保護に対する基本的権利は不可分なものであり、すべての人に等しく適用される」と述べているが、「パレスティナ人民の運命には大きな懸念が抱かれているものの、イスラエルの行動にジェノサイドの意図があるとみるならば、判断基準が完全にずれてしまう」とイスラエル擁護の姿勢を明確に示したのだった。

ハーバーマスたちのこの声明には直ちに強い批判が起こった。アメリカの政治哲学者の**ナンシー・フレーザー**（一九四七〜）を含む一一名の人々がイギリスの日刊紙『ガーディアン』に掲載した「人間の尊厳の原則はすべての人に等しい適用されなければならない」という声明文では、「この宣言に示された人間の尊厳についての懸念は、ガザで死と破壊に直面している市民たちには、それにふさわしい形で適用されていない。またドイツでイスラーム憎悪に直面しているムスリムたちにも拡張して適用されていない。連帯とは、人間の尊厳の原則がすべての人々に適用されなければならないことを意味するものである。そのためにはわたしたちは軍事紛争による影響を受けているすべての人々の苦悩を認識し、考慮しなければならない[28]」と述べて、この声明ならびにイスラエルの行動を批判したのだった。

ナンシー・フレーザーはさらにアメリカのジェンダー論者として有名な**ジュディス・バトラー**（一九五六〜）やフランスの哲学者の**エティエンヌ・バリバール**（一九四二〜）など、四〇七人の人々が署名した一一月一日付けの「パレスチナのための哲学」というタイトルの公開書簡にも署名していた。この書簡では、イスラエルのガザへの攻撃をジェノサイドと認定した上で、「わたしたちはパレスティナ人民との連帯を公的に、かつ疑いの余地のない形で表明するものであり、わたしたちの所属する国家の財政的、物質的、イデオロギー的な完全な支援のもとで、イスラエルがガザで進め、急速に拡大しつつある虐殺を非難するものである[29]」と述べたのである。

ジュディス・バトラー

Judith Butler

1956-

アメリカで東欧ユダヤ人移民の家庭に生まれる。シナゴーグのヘブライ語学校で神学や哲学に触れ、イェール大学で哲学を専攻。代表作はセックス／ジェンダー／アイデンティティの関係性を問い直した『ジェンダー・トラブル』。LGBTQの権利擁護、イスラエルへの批判的発言でも知られる。

そして最後に世界の哲学者たちに向けて「わたしたちは仲間の哲学者たちに、わたしたちとともにパレスチナ人民と連帯し、アパルトヘイトと占領に抵抗する運動に参加されるよう、ご招待したい[30]」という呼びかけを掲載していた。

哲学者たちのこうしたパレスチナとの連帯の姿勢は、とくにドイツにおいて批判を浴びることになった。ナンシー・フレーザーはケルン大学のアルベルトゥス・マグヌス教授職に招聘されていたが、こうした呼びかけを発表したことによって招聘が取り消された。彼女はこの件についての大学からの問い合わせにたいして、「このきわめて複雑な事件によって双方ともに苦しめられており、わたしはユダヤ人であるだけに、この事件から大きな影響を受けています。しかしわたしはこの教授職のモットー〈尊敬に満ちた議論において開かれた姿勢をとること〉にふさわしくあろうと努力してきました。学長殿は、そのことに信頼していただけると存じます[31]」と返信したが、この宣言に否定的な姿勢をとらなかったことを理由に、招聘を取り消すことが通告されたのである。

彼女は、「イスラエル政府は国家の行動としてガザで人を殺しています。わたしは国家ではありませんし、誰も殺していません。わたしは自由な人間としてみずからの意見を表明したことで、この地位への招聘を解消されました。これは自由で民主的な社会において起こるべきことではないと思います[32]」と強く反発している。

同じくこの宣言に署名したジュディス・バトラーは、ドイツにおいて哲学者に与えられる賞として有名なアドルノ賞をすでに受賞していたが、イスラエルへの嫌悪を表明したことを理由に、彼女からこの賞を剥奪すべきだという意見がユダヤ人団体から出されている。彼女はさらにアメリカ合衆国のバイデン大統領宛てのユダヤ人の学者たち四十数名による連名の公開書簡に署名しながら、イスラエルによるガザの無差別攻撃は、「戦争犯罪であり、弁護することのできない行動である。それなのにアメリカ合衆国は無辜のガザ市民の人間性の抹殺と殺害に対して〈道徳的な〉支援と物質的な援助を行っている」[33]ことを非難し、ただちに停戦してガザ市民に援助を与えることを求めたのだった。

またバトラーは別のインタビューにおいて、政治の世界でも思想の世界でも、パレスチナの人々の生命は失われても構わないものとみなされていることに、強い批判の言葉を向けている。「パレスチナ人民は、この世においてその生活を維持し、生存しつづけ、繁栄する価値のある人々とはみなされていないのです。彼らの生命が失われても、真の意味での損失とみなされることはありません。パレスチナの人々は、たんに人間未満の存在であるとみなされるだけではなく、シオニズムの政治によって擁護されるべき人間の概念に脅威を与えるものとみなされています。そして、そうした考え方は、イスラエルやアメリカ合衆国をはじめとする西洋の多くの大国によって共有されています」[34]というのである。そしてこのようなジェノサイドとみなされる非人間的な虐殺が続けられるかぎり、こうした「構造的な暴力」はハマスによるイスラエル人の殺害のような抵抗を生み出しつづけるだろうと指摘している。

イスラエルがパレスチナ人民を人間として扱っていないことについては、ジジェクも認めている。「イスラエルはパレスチナ人を、ユダヤ人だけが市民である〈正常〉な国家を建てることを邪魔する臨時の定着民であり障害物としてのみ取り扱ってきた。イスラエルは一度も彼らに手を差し伸べたことはない」[35]のである。もしも他国の人民をたんなる障害物とみなすならば、それを力によって排除することに、いかなる良心の咎めも感じることはないだろう。パレスチナにイスラエル国家を設立するという決定が下されたときから、このような事態が見込まれていたわけではない。歴史において多くのすれ違いや誤解が生じ、それが戦争という手段によってさらに悪しきものとなっていったと考えるべきだろう。

今回の論争でとくに明らかになったのは、ヨーロッパ諸国のうちでもとくにドイツにおいて、このようにイスラエル非難の言葉にたいして頑ななまでに耳を傾けない姿勢が顕著であるということである。これはドイツが現在でも、過去のヒトラー政権が先の戦争の際に犯した非人道的な犯罪の記憶に強く影響されていることを示している。ドイツが過去のユダヤ人にたいする犯罪に強い自責の念をもつことは当然であり、望ましいことでもあるだろう。しかしそのことが、イスラエルへの批判やパレスチナ人民への支援をすべて「反ユダヤ主義」とみなして批判するだけでなく、政治的に弾圧することは、過去の記憶への過剰反応として、ときには逆の意味をもつことは否定できないだろう。

ドイツの哲学の世界では、過去においてナチスに近い関係にあった思想家にたいしてきわめて頑なな反発の姿勢を示す傾向がある。この過去の負の遺産の記憶が強いために、ドイツではたとえばナチス党員であり、ナチスのイデオロギーに共感を示したハイデガーの思想は否定的に取り扱われ、真剣に考察しようとしなくなっているほどである。この姿勢はさらに、フレーザーにたいする扱いに顕著にみられるように、ユダヤ人とユダヤ人の国家であるイスラエルにたいする批判をまっとうな姿勢で受け入れることができない思想的な頑迷さに陥っているように思える。

パレスチナ戦争と民の記憶

パレスチナの「天井のない監獄」と呼ばれるガザ地区での戦争については、毎日のように悲惨な報道が届き、わたしたちを悩ませているが、このイスラエルによる一方的な殺戮の戦いは、ハマスのテロリズムに対して満を持してきたように遂行されイスラエルの帝国主義的な戦争方針がもたらした惨禍とみなすことができるだろう。軍事的に圧倒的な力の差のあるパレスチナの民衆とイスラエル軍との戦は、目を覆うような悲惨なものとなっているが、これは考えてみれば今に始まったことではない。もはやガザの民衆は地球上に住む場所をもたないかのようである。

これについては、たとえ地図の上からはパレスチナが姿を消したとしても、パレスチナ人民の記憶は永遠に残るだろうと指摘したヴィリリオの言葉が忘れられない。彼はこれまで繰り返されてきたパレスチナ民衆の蜂起について、「自殺的となった民衆攻撃であり、その地理的消滅の後、彼らの最後の目標は、パレスチナ人民が地図上で姿を消したように人々の記憶からは姿を消さないようにするというものであった。彼らが移民として、法的に〈大地〉の住民であるのをやめたとしても、彼らはなお特殊な領土、メディアという領土を所有していた」[36]と語っている。

これは米国同時多発テロが、メディアと映像の戦いであったことと、同時代的な出来事である。このテロでは映像が現実に先駆けたのであるが、パレスチナの戦では現実の戦が記憶としての映像の場へと移行したのである。「パレスチナ人は視聴覚帝国の主人であり、不安定で幻覚的なアイデンティティを携えて、街路、電波、映像に基づく国家の、四〜五億人のテレビ視聴者の記憶の奥底のどこかに存在する。彼らはこの征服の果てに、交渉のテーブルで、法的防衛の権利、すなわち政治的水準における存在を取り戻すことができるだろうと期待している」[37]という。

この戦略はほとんど絶望的なものとしか言いようがないとしても、それでもヴィリリオはこの避けがたいメディアと記憶での「国土」の防衛の戦いのうちに、「土着民の防衛はもはや国土の防衛と混交していない」[38]未来の状態を夢想する。これはあるいはロシアとの戦争に敗れて国土を喪失した後のウクライナの民についても言えることかもしれない。「多少とも疑わしいテロリスト集団とのアマルガムから解放されて、パレスチナの悲劇は、その形式と深遠な理性とによって、未来を豊かに含んでいる」[39]と言えるかもしれないのである。そうなると「もはやどこにも位置していない民衆的反抗の最終的で変質したすべての形式は、抵抗しえない仕方で、現場での武装抵抗への昔からの権利の喪失から、現代的な司法的防衛の権利の無化へと、すなわち人民の沈黙の決定的な縮減へと、われわれを導く」[40]と考えるべきなのかもしれないのである。

パレスチナ人民はやがて住む場所を奪われて、わたしたちの記憶のうちだけに生きる民となるかもしれない。しかしそれはパレスチナ人民だけに限られたものではないかもしれない。ロシアのウクライナ侵攻がやがて核戦争を引き起こすきっかけとなったならば、わたしたちもその戦争のもたらす惨禍から逃れることはできないだろう。そしてわたしたちもまた戦争を生き延びた少数の人々の記憶にしか残らぬ民となるかもしれないと思わざるをえない。ジジェクが指摘するように、核戦争が勃発すればごく少数の人々しか生き残らないだろうし、わたしたちが日本という国に住んでいたことなどは、よくても、そうした生き残りの民の記憶にしか残らないだろうとしか考えられないのである。

終わりに

わたしたちはいま、かつてないほどに戦争のもたらす脅威を身に染みて味わわされている。アメリカ合衆国の雑誌『原子力科学者会報』が毎年発表している世界終末時計は、世界がどれほど破滅の危機に近づいているかを示すものとされているが、二〇二三年にロシアによるウクライナ侵攻を受けて過去最短の九十秒とされ、二〇二四年もその判断が維持された。冷戦終結の年には滅亡まで一七分とされていたことを考えると、これは核戦争の勃発の危険性がこれまでになく深刻なものと判断されたことを示している。

ロシアとウクライナの戦争だけではなく世界は連鎖的に戦争に向かって歩を進めているかのようである。二〇二四年の一二月にはシリア政権が唐突に崩壊し、これに伴ってイスラエルはゴラン高原を越えてシリアへの侵攻を開始し、シリアの主要な軍事拠点を空爆した。イスラエルはパレスチナとレバノンとの戦争だけでなく、シリアとの戦争の道にも進もうとするかのようである。ロシアはシリアに所有していた軍事拠点を喪失する瀬戸際にあり、ロシアのウクライナ戦争とイスラエルとパレスチナ戦争とが密接に関連し始めている。

世界を揺るがすこの二つの戦争は、湾岸戦争以来の戦争の近代化の流れからみると、奇妙なまでに時代錯誤的な伝統的な側面と、時代を先駆ける最新の技術を駆使した側面とが交錯し、入り混じっているような印象を与える。この二つの戦争の古さと新しさについて、最後に簡単に検討してみよう。どちらもこの文章を執筆中の現在もなおめまぐるしく進展するさなかにあるだけに、この総括は二〇二四年一二月における断片的な見解にすぎないことをお断りしておきたい。なお二つの戦争を比較するにあたって、戦闘に使用される兵器と技術、戦略と戦術の二つの側面から考えてみたい。

戦闘に使用される技術に関連しては、ロシアはウクライナ侵攻にあたって、伝統的な戦車と航空機による戦闘方法を採用した。またウクライナもアメリカ合衆国やヨーロッパ諸国から、他国でかなり旧式にものとなっている兵器を調達した。イスラエルもまた空爆という中東戦争において伝統的に利用されてきた手段を主に採用している。他方でウクライナは新たな兵器として登場したＡＩを採用したドローンを駆使して、ロシアを苦しめている。このドローン兵器は今後の戦闘においてますます重要な位置を占めるようになるとみられている。イスラエルもまたヒズボラの幹部への攻撃にポケベルの爆破というこれまでに例をみない手段を活用した。どちらの戦争でも伝統的な兵器とともに最新の情報処理設備を活用しているのである。

戦略と戦術に関連しては、ロシアは自国へのミサイル攻撃を回避するために、世界に向けて核攻撃のレッドラインを宣言し、ロシア本土への空爆が行われた場合には核兵器を利用すると宣言した。ロシアは核攻撃の方法としては、おそらく被害が局地的なものにとどまるとされる戦略核兵器を使用することを意図しているものとみられる。この脅しに従ってアメリカ合衆国は、ウクライナへの劣勢を挽回するための手段として供与を依頼されていた戦闘機の提供を渋る結果となった。これはロシアの伝統的な戦略が功を奏したものと言えるだろう。

しかしウクライナがロシア西部クルスク州への侵攻を開始してもロシアは予告した核攻撃は行わず、レッドラインの恫喝は実行されなかった。それからはまるでロシアとウクライナの間でチキンレースのような恫喝と挑発が繰り返された。そしてウクライナはレッドラインなど存在しないかのように攻撃の手を緩めない姿勢を示している。戦略的にみて、このウクライナの姿勢は、核戦争の危機を引き起こしかねない状態にあってもなお、ロシアの恫喝を無視して攻撃を繰り返すという新たな危険な戦略を遂行しようとするものと言えるだろう。そしてわたしたちはロシアがついに核攻撃に走るのではないかと、身をすくめるようにしながら怯えているのである。この恫喝と挑発の恐るべき繰り返しは、保有国と核非保有国との戦争というこれまでにほとんど実例のない戦争において、今後も避けることのできない戦略的な選択肢の一つの典型となりうるものであろう。

このどちらの側面も、二つの戦争の伝統を受け継いだ側面と、これまでの戦争にはみられなかった側面が奇妙に混淆している状態を示すものと言えるだろう。わたしたちはこの二つの戦争をきっかけとして、「新たな古い戦争」というこれまでに経験したことのない事態に直面させられるようになったのだった。わたしたちはどのような未来を迎えるのだろうか。

あとがき

戦争という営みは、人間の歴史が始まってから続けられてきたものであり、わたしたちにとっては忌まわしいものであると同時に、目を背けることも許されない人間の集団的な行動である。人間が人間であるかぎり、たがいに争い、戦うようになるのは避けられないという考えは、精神分析や文化人類学の分野でも示されているが、それでもわたしたちが見知らぬ人々を敵とみなして殺し合うような忌まわしい行為は、できれば根絶したいものだという思いは、おそらくすべての人が抱いているものであろう。

戦争がそのように人類の根源に根差したものであるとしても、そうした戦争を防いで平和な世界とするために、これまでさまざまな努力がなされてきた。そしてそのような平和を実現するためにも、わたしたち人間が戦争というものを実際にどのようにして戦ってきたのかという戦争の歴史と、そのような戦争を戦う人々を実際に戦闘に動かした思想的な根拠について探ること、そしてわたしたちが戦争という営みをどのように理解してきたかについて掘り下げることは、大切なことであろう。

本書はわたしたちを現在もなお脅かしている戦争という営みを支えた思想の歴史と、そうした戦争を批判し、平和を目指した思想の歴史とをたどったものである。人類の歴史とともに無数の戦争が戦われてきたのではあるが、時代ごとの戦闘の方式と戦争で用いられる兵器で使われる技術、そして戦争についての思想には、かなりはっきりとした歴史的な変遷がある。もっとも目立つのは戦争技術の変遷であるが、兵士の召集と徴募の方法、戦闘のために使われた技術、戦闘において活動する軍隊を動かす戦略と戦術の歴史についても、古代から現代にいたるまで、かなり明確な歴史的な変遷をたどることができる。さらに古代から現代にいたるまでのさまざまな思想家と哲学者たちが、戦争というものをどのように把握してきたかという戦争についての思想の歴史は、人々が戦争の本質とあり方についてどのように考えてきたかという歴史であり、このような歴史的な変遷について振り返ることは、わたしたちが現在なお直面している戦争について理解するために役立つはずである。

現在のわたしたちが目撃している大きな戦争は、ロシアによるウクライナの侵略と、パレスチナとイスラエルの戦争であろう。ロシアとウクライナの戦争はもはや一〇〇〇日を超えて続けられてきており、死者の数も双方の合計ですでに十万人を超える規模に達しているようである。またイスラエルによるパレスチナへの攻撃による死者の数は、すでに第四次中東戦争の際の死者の数を上回っているという。

わたしたちは今後の戦争のありかたと戦争技術の変動の激しさにひたすら驚かされつづけるようになるとしても、そうした戦争の姿の変化の根底にあるものについて思想的な考察を怠ることはできないだろう。本書はそのような考察の背景となる戦争のあり方と思想の変遷の歴史を探るささやかな試みである。

なお、本書の企画から刊行にあたっては、平凡社編集部の吉田真美さんから手厚いご助力をいただいた。心からお礼を申し上げる。

中山　元

註　邦訳からの引用は修正を加えていることがある。

第1章　戦争とは

[01]クラウゼヴィッツ『戦争論』篠田英雄訳、岩波文庫、上巻、五八ページ。
[02]『文化人類学事典』弘文堂、四二五ページ「戦争」の項目。以下、この段落での引用は同書の「戦争」の項目から。
[03][04][05][06]マーガレット・ミード『サモアの思春期』畑中幸子、山本真鳥訳、蒼樹書房、一八二ページ。
[07]エヴァンズ＝プリチャード『ヌアー族』向井元子訳、岩波書店、七〜八ページ。
[08][09]同、一三ページ。これは第一章のタイトルである。
[10]『文化人類学事典』前掲書、五六五ページ「ヌエル」の項目。
[11]前掲のエヴァンズ＝プリチャード『ヌアー族』一九六ページ。
[12]同、一九八ページ。
[13][14]同、二〇六ページ。
[15]同、二三六ページ。
[16]同、二三四ページ。
[17]同、二三五ページ。
[18][19]同、二〇六ページ。
[20]マーシャル・サーリンズ『石器時代の経済学』山内昶訳、法政大学出版局、二〇ページ。
[21][22]同、二一ページ。
[23]ピエール・クラストル『国家に抗する社会』渡辺公三訳、水声社、二四六ページ。
[24]同、二四九ページ。
[25]同、五八ページ。
[26]同、六一ページ。
[27]同、二五五ページ。
[28]同、二六〇ページ。
[29]同、二六一ページ。ヴァレロの手記は『ナパニュマ──アマゾン原住民と暮らした女』竹下孝哉・金丸美南子訳、早川書房で読める。
[30]ピエール・クラストル『国家をもたぬよう社会は努めてきた──クラストルは語る』酒井隆史訳、洛北出版、六二ページ。
[31]ジル・ドゥルーズ／フェリックス・ガタリ『千のプラトー──資本主義と分裂症』宇野邦一ほか訳、河出書房新社、四一三ページ。
[32]同、四一五ページ。
[33][34]同、四一六ページ。

第2章　古代における戦争

第1節　古代国家と戦争

[01]旧約聖書「創世記」第四章第四節。以下、聖書の翻訳は新共同訳による。
[02]アザー・ガット『文明と戦争』石津朋之ほか監訳、中公文庫、上巻、二七八ページ。
[03]旧約聖書「ヨシュア記」第六章第二〇節。
[04]前掲のアザー・ガット『文明と戦争』上巻、二八六ページ。
[05]マックス・ウェーバー『古代社会経済史』増田四郎ほか監訳、東洋経済新報社、五八ページ。
[06]同、六五ページ。

[07]同、六四ページ。
[08]同、一五七ページ。
[09]ジョン・キーガン『戦略の歴史』遠藤利國訳、中公文庫、上巻、三〇七ページ。
[10]同、三二四ページ。
[11][12]ヘロドトス『歴史』松平千秋訳、岩波文庫、上巻、一〇八ページ。
[13]同、下巻、三五ページ。
[14]同、六九ページ。
[15]ホメーロス『イーリアス』呉茂一訳、岩波文庫、下巻、五〇ページ。
[16]前掲のアザー・ガット『文明と戦争』上巻、四六九ページ。
[17]前掲のマックス・ウェーバー『古代社会経済史』二〇二ページ。
[18]アリストテレス『アテナイ人の国制』第四章。『アリストテレス全集』第一七巻、村川堅太郎訳、岩波書店、二六九〜二七〇ページ。
[19]サイモン・アングリムほか『戦闘技術の歴史』第一巻古代編、天野淑子訳、創元社、二四ページ。
[20][21][22]前掲のヘロドトス『歴史』中巻、一六五ページ。
[23]このパレーシアという権利については中山元『賢者と羊飼い』筑摩書房を参照されたい。
[24]山我哲雄『聖書時代史　旧約篇』岩波書店、一四四ページ。
[25]同、一四四、一四六ページ。
[26]同、一四六ページ。
[27]同、一六七ページ。
[28]フィロン『フラックスへの反論／ガイウスへの使節』一一章。秦剛平訳、京都大学学術出版会、一一二〜一一三ページ。
[29]同、三〇章。同、一五九ページ。
[30]フラウィウス・ヨセフス『ユダヤ戦記』第一巻、秦剛平訳、ちくま学芸文庫、一三五ページ。
[31]同、一三六ページ。
[32]前掲の山我哲雄『聖書時代史　旧約篇』二四三ページ。

第2節　ローマ帝国と戦争

[01]前掲のサイモン・アングリムほか『戦闘技術の歴史』第一巻古代編、六八ページ。
[02]E・マイヤー『ローマ人の国家と国家思想』鈴木一州訳、岩波書店、一八七ページ。
[03]同、一九〇ページ。
[04][05]同、一二七ページ。
[06][07]同、一三二ページ。
[08]前掲のマックス・ウェーバー『古代社会経済史』四四〇ページ。
[09]前掲のE・マイヤー『ローマ人の国家と国家思想』一三五ページ。
[10]土井正興『スパルタクス反乱論序説』法政大学出版局、一二九ページ。
[11][12]同、一四〇ページ。
[13]カエサル『ガリア戦記』六巻二三節。近山金次訳、岩波文庫、二〇三〜二〇四ページ。
[14]タキトゥス『ゲルマーニア』一章七節。泉井久之助訳、岩波文庫、五二ページ。
[15]土井正興『新版　スパルタクスの蜂起』青木書店、一二九ページ。

[16]同、一八八～一八九ページ。
[17]同、一三二ページ。
[18]同、一二九ページ。
[19]キケロ「義務について」。『キケロー選集』第九巻、高橋宏幸訳、岩波書店、一四七～一四八ページ。
[20]キケロ「国家について」。『キケロー選集』第八巻、岡道男訳、岩波書店、一一五ページ。
[21]キケロ「義務について」。前掲書、一四八ページ。
[22]キケロ「国家について」。前掲書、八二ページ。

第3節　帝国とキリスト教

[01]「ローマの信徒への手紙」第五章第一二節。
[02]同、第五章第八節。
[03]タキトゥス『年代記』一五巻四〇節。国原吉之助訳、岩波文庫、下巻、二六六ページ。
[04]スエトニウス『ローマ皇帝伝』六巻三八節。国原吉之助訳、岩波文庫、下巻、一七八ページ。
[05]タキトゥス『年代記』一五巻四四節。前掲書、二六九～二七〇ページ。
[06]同、二七〇ページ。
[07]弓削達『ローマ皇帝礼拝とキリスト教徒迫害』日本キリスト教団出版局、一〇三ページ。
[08]「ペテロの第一の手紙」第二章第一九～二一節。
[09]同、第二章第二四節。
[10]アンリ・イレネ・マルー『キリスト教史 2』上智大学中世思想研究所編訳、平凡社ライブラリー、四一ページ。
[11]同、四八～四九ページ。
[12]アウグスティヌス「自由意志」。『アウグスティヌス著作集』第三巻、泉治典訳、教文館、六四ページ。
[13]同、三三一～三三二ページ。
[14]同、三四ページ。
[15][16]アウグスティヌス『神の国』第一分冊、服部英次郎訳、岩波文庫、七〇ページ。
[17]アウグスティヌス『神の国』前掲書、第五分冊、七六～七七ページ。
[18]同、七七ページ。
[19]同、五三ページ。
[20][21]同、五五ページ。
[22]前掲のアウグスティヌス『神の国』第一分冊、七〇ページ。

第3章　中世と近世における戦争の思想

第1節　十字軍の思想

[01]『フランス史（1）（世界歴史大系）』山川出版社、一六〇ページ。
[02]クリストファー・ドーソン『中世ヨーロッパ文化史』野口洋二、諏訪幸男訳、創文社、一三九ページ。
[03]同、一四一ページ。
[04]同、一四五ページ。
[05]同、一五三ページ。
[06]山内進『十字軍の思想』ちくま新書、七二ページ。
[07]同、七三ページ。
[08]同、七七ページ。
[09]同、六三ページ。
[10]同、六四ページ。

[11]同、六七ページ。

[12]堀米庸三「中世末期における国家権力の形成」。堀米庸三『ヨーロッパ中世世界の構造』岩波書店、二三二ページ。

[13]同、二三三ページ。

[14]同、二三〇ページ。

[15]同、二三二ページ。この文はオリヴィエ・マルタンの著作『フランス法の歴史』からの引用である。

[16]堀米庸三「戦争の意味と目的」。堀米庸三『ヨーロッパ中世世界の構造』前掲書、二六六～二六七ページ。

[17]堀米庸三「中世末期における国家権力の形成」。同、二三〇ページ。

[18]前掲の山内進『十字軍の思想』六九ページ。

[19]同、六九～七〇ページ。

[20]同、七九ページ。

[21][22]同、八〇ページ。

[23]同、八八ページ。

[24]木村尚三郎編『中世と騎士の戦争』講談社、七〇ページ。

[25]同、六八ページ。

[26][27]同、八〇ページ。

[28]同、九〇～九一ページ。

[29][30][31]同、九一ページ。

[32]ジェフリ・パーカー『長篠合戦の世界史』大久保桂子訳、同文舘、一七三ページ。

第2節　近世における戦争——

[01]マイケル・ハワード『ヨーロッパ史における戦争』奥村房夫・奥村大作訳、中公文庫、一六ページ。

[02]同、二八ページ。

[03]マクレガー・ノックス／ウィリアムソン・マーレー編著『軍事革命とRMAの戦略史——軍事革命の史的変遷』今村伸哉訳、芙蓉書房出版、三一ページ。

[04]同、三四ページ。

[05]同、三六ページ。

[06]同、三七ページ。

[07]同、四一ページ。

[08]同、四四ページ。

[09]前掲のハワード『ヨーロッパ史における戦争』三三ページ。

[10][11]バート・S・ホール『火器の誕生とヨーロッパの戦争』市場泰男訳、平凡社、五五ページ。長弓の弓術に熟練するのは困難で、指の変形をもたらすような特殊な訓練が必要だったという。

[12]同、一三八ページ。

[13]同、一四一ページ。

[14]ウィリアム・H・マクニール『戦争の世界史』高橋均訳、中公文庫、上巻、一七五ページ。

[15]前掲のバート・S・ホール『火器の誕生とヨーロッパの戦争』一九九ページ。

[16]同、二二一ページ。

[17]同、三一九～三二〇ページ。グイチャルディーニ『イタリア史』からの引用である。

[18][19]マキァヴェッリ『戦争の技術』第七巻。『マキァヴェッリ全集』第一巻、澤井繁男・服部文彦訳、筑摩書房、二四四ページ。

[20][21]前掲のバート・S・ホール『火器の誕生とヨーロッパの

戦争』三三二ページ。
[22]同、三四〇ページ。
[23]同、三四五ページ。
[24]同、三四八ページ。
[25]同、三七九ページ。
[26][27]マキャヴェッリ『ディスコルシ』永井三明訳、ちくま学芸文庫、一七一ページ。
[28]同、二五ページ。
[29]同、三三ページ。
[30]マキァヴェッリ『君主論』第一四章。『マキァヴェッリ全集』第一巻、池田廉訳、筑摩書房、四九ページ。
[31]同、第二六章。同、八六ページ。
[32]同。同、八七ページ。
[33]マキァヴェッリ「フィレンツェ国を武装化することについての提言」。『マキァヴェッリ全集』第六巻、石黒盛久訳、筑摩書房、四三ページ。
[34]ピーター・パレット編『現代戦略思想の系譜――マキャヴェリから核時代まで』防衛大学校「戦争・戦略の変遷」研究会訳、ダイヤモンド社、一九ページ。
[35]マキァヴェッリ『戦争の技術』序。前掲の『マキァヴェッリ全集』第一巻、九一ページ。
[36]同。同、九二ページ。
[37][38]前掲のマキァヴェッリ『ディスコルシ』六〇三ページ。
[39]前掲のピーター・パレット編『現代戦略思想の系譜』二二ページ。
[40][41]前掲のジェフリ・パーカー『長篠合戦の世界史』三七ページ。
[42]同、一一七ページ。
[43]『ドイツ史(1)(世界歴史大系)』成瀬治・山田欣吾・木村靖二編、山川出版社、四九八ページ。
[44]同、四八九ページ。
[45]菊池良生『傭兵の二千年史』講談社現代新書、一四五ページ。
[46]同、一四八ページ。
[47]前掲の『ドイツ史(1)(世界歴史大系)』四八八ページ。
[48]同、四九七ページ。
[49]同、四八九ページ。
[50]同、四九一ページ。
[51]前掲の菊池良生『傭兵の二千年史』一三七ページ。
[52]同、一三八ページ。
[53]同、一三九ページ。
[54]同、一四〇ページ。
[55]前掲のピーター・パレット編『現代戦略思想の系譜』三四ページ。
[56]同、三二ページ。
[57]同、三三ページ。
[58]前掲の菊池良生『傭兵の二千年史』一五九ページ。
[59]同、一六〇ページ。
[60][61]前掲のピーター・パレット編『現代戦略思想の系譜』四三ページ。
[62]前掲のジェフリー・パーカー『長篠合戦の世界史』三四ページ。
[63]前掲のマクニール『戦争の世界史』上巻、二九一ページ。

[64]柴田三千雄・樺山紘一・福井憲彦編、『フランス史（2）（世界歴史大系）』一七五ページ。
[65]同、一七六ページ。
[66]同、二二四ページ。
[67]同、二二五ページ。
[68][69]前掲のマクニール『戦争の世界史』上巻、三〇三ページ。
[70]同、三〇四ページ。
[71]前掲の『フランス史（2）（世界歴史大系）』二二三ページ。
[72]前掲のマクニール『戦争の世界史』上巻、三五七ページ。
[73]同、三六六ページ。
[74]トーマス・マン『重商主義論』堀江英一・河野健二訳、有斐閣、二三二ページ。
[75]アダム・スミス『国富論』山岡洋一訳、日本経済新聞出版、下巻、八ページ。
[76][77]同、二三ページ。
[78]同、二六ページ。
[79]同、二五〇ページ。
[80]同、二五二ページ。
[81]同、二五一ページ。
[82][83]同、二〇三ページ。
[84]同、二八一ページ。
[85]同、二九八ページ。
[86]アダム・スミス『法学講義』水田洋訳、岩波文庫、四三二ページ。
[87][88][89]同、四一九ページ。
[90]前掲のマクニール『戦争の世界史』上巻、三二四ページ。
[91][92]前掲のピーター・パレット編『現代戦略思想の系譜』八八ページ。
[93]同、九二ページ。

第3節　近世の国家論と戦争論

[01]グローチウス『戦争と平和の法』第一巻。一又正雄訳、巌松堂出版、五二ページ。
[02][03]同、八ページ
[04]同、五三～五四ページ。
[05]同、四七ページ。
[06]同、二四五ページ。
[07]前掲のマイケル・ハワード『ヨーロッパ史における戦争』五一ページ。
[08]前掲のジェフリ・パーカー『長篠合戦の世界史』一六四ページ。
[09]ホッブズ『リヴァイアサン』水田洋訳、岩波文庫、第一分冊、二〇三ページ。
[10]同、二〇四ページ。
[11]同、二〇五ページ。
[12]ジャン・ジャック・ルソー「戦争法原理」。『人間不平等起源論付「戦争法原理」』坂倉裕治訳、講談社学術文庫、二一五ページ。以前は二つの断片とみなされていたこの論文については、Kindle版の中山元『ルソーの戦争論――「戦争法原理」「永久平和論批判」を読む』を参照されたい。
[13]同、二〇七ページ。
[14]この論文の執筆時期については、ブリュノ・ベルナルディ『ジャン=ジャック・ルソーの政治哲学』三浦信孝編、永見文雄ほか訳、勁草書房、一一二ページを参照されたい。

[15]ルソー「永久平和論抜粋」。『ルソー全集』第四巻、宮治弘之訳、白水社、三四四ページ。
[16]カント『人倫の形而上学』第二部公法、四五節。吉沢伝三郎・尾田幸雄訳、『カント全集』第一一巻、理想社、一七六ページ。
[17]同、一七九ページ。
[18]同、一七九〜一八〇ページ。
[19]同、五三節。前掲書、二一九〜二二〇ページ。
[20]同、五四節。前掲書、二二一ページ。
[21]同、六二節。前掲書、二三二ページ。
[22]カント「世界市民という視点からみた普遍史の理念」。カント『永遠平和のために』中山元訳、光文社古典新訳文庫、五九ページ。
[23]前掲のカント『永遠平和のために』一六四ページ。
[24]ユルゲン・ハーバーマス『引き裂かれた西洋』大貫敦子ほか訳、法政大学出版局、二二五ページ。
[25]同、二二四ページ。
[26]カント「世界市民という視点からみた普遍史の理念」。前掲のカント『永遠平和のために』四九ページ。
[27][28]カント「永遠平和のために」。前掲書、一八三ページ。
[29]同、二〇〇〜二〇一ページ。
[30]同、二〇一ページ。
[31]同、二〇七〜二〇八ページ。
[32][33]同、二〇八ページ。

第4章　近代の戦争

第1節　フランス革命と戦争

[01]前掲の『フランス史（2）（世界歴史大系）』三五六ページ。
[02][03]同、三六五ページ。
[04]William Doyle, *The Oxford History of the French Revolution*, Oxford University Press, p.193. この言葉はすぐに人々のあいだに広まったらしいが、ゲーテの著作には登場しない。
[05]前掲のマクニール『戦争の世界史』上巻、三九九ページ。
[06]同、四〇〇ページ。
[07][08][09][10]シモーヌ・ヴェーユ「戦争にかんする考察」。『シモーヌ・ヴェーユ著作集』第一巻、伊藤晃訳、春秋社、一二六ページ。
[11][12]同、一二七ページ。
[13][14]同、一二九ページ。
[15]前掲のマクニール『戦争の世界史』上巻、四〇五ページ。
[16]前掲のハワード『ヨーロッパ史における戦争』一三九ページ。
[17][18]同、一四一ページ。
[19][20][21]ジョミニ『戦争概論』佐藤徳太郎訳、中公文庫、六六ページ。
[22]前掲のハワード『ヨーロッパ史における戦争』一四〇ページ。
[23]スタンダール『赤と黒』冨永明夫訳、中央公論社『世界の文学8』一八ページ。
[24]前掲のハワード『ヨーロッパ史における戦争』一四〇ページ。
[25]前掲の『フランス史（2）（世界歴史大系）』四三二ページ。
[26]『ドイツ史（2）（世界歴史大系）』山川出版社、一八八〜一八九

ページ。
[27]フィヒテ、ルナンほか『国民とは何か』の細見和之による訳者あとがき、インスクリプト、二九〇ページ。
[28][29][30]フィヒテ「ドイツ国民に告ぐ」。細見和之・上野成利訳、同、一三九ページ。
[31]同、一三八ページ。
[32]同、一五八ページ。
[33]同、一五三ページ。
[34][35]同、一五四ページ。
[36][37][38]同、一五八ページ。
[39][40]同、一六一ページ。
[41]フィヒテ『知識学の原理による自然法の基礎』。『フィヒテ全集』第六巻、藤沢賢一郎訳、哲書房、四四一ページ。
[42]同、四四八ページ。
[43]同、四三六ページ。
[44]同、四五二ページ。
[45]ヘーゲル『法哲学講義』長谷川宏訳、作品社、九四ページ。
[46]同、三六六ページ。
[47][48]同、五〇二ページ。
[49][50][51]同、五〇八ページ。
[52]同、五九五ページ。
[53]同、五八八ページ。
[54]同、五八九ページ。
[55][56]同、五九〇ページ。
[57][58]ヘーゲル『精神哲学』船山信一訳、岩波文庫、下巻、二五六ページ。
[59]同、二六四ページ。
[60]ヘーゲル『歴史哲学』序論。武市健人訳、岩波文庫、上巻、七八ページ。
[61]同、第四部。同、下巻、一九八ページ。
[62]戦禍を恐れて執筆を終えていた『精神現象学』の手稿を隠した後に町に出て見物していたヘーゲルは、友人のニートハンマーに一八〇六年一〇月一三日に書いた書簡において、「皇帝、この世界精神が、このイエナの町の街路を騎乗して視察しているところを目撃した。それはすばらしい経験だった」(*Brief von und an Hegel*, Hoffmeister, Band 1, p.120)と書き送っている。
[63]前掲のクラウゼヴィッツ『戦争論』上巻、五八ページ。
[64]同、五六ページ。
[65][66][67][68]同、六二ページ。
[69][70]同、一八ページ。
[71]前掲のパレット『現代戦略思想の系譜』一八二ページ。
[72]前掲のクラウゼヴィッツ『戦争論』上巻、一三三ページ。
[73]同、八九ページ。
[74]同、九二ページ。
[75]前掲のクラウゼヴィッツ『戦争論』下巻、二六〇ページ。
[76]同、二六三ページ。
[77][78]前掲のジョン・キーガン『戦略の歴史』下巻、二一〇ページ。

第2節　帝国主義と戦争

[01]マルクス「フランスにおける階級闘争」。『マルクス=エンゲルス全集』第七巻、大月書店、二九ページ。
[02]同、三二ページ。

[03]同、一三二ページ。
[04][05]『フランス史(3)(世界歴史大系)』山川出版社、一〇八ページ。
[06]エンゲルス「ポーとライン」。『マルクス=エンゲルス全集』第一三巻、大月書店、二二七ページ。
[07]ローザ・ルクセンブルク「戦争」。『ローザ・ルクセンブルク選集 1』高原宏平訳、現代思潮社、一三七ページ。
[08][09][10]ローザ・ルクセンブルグ『資本蓄積論』長谷部文雄訳、岩波文庫、下巻、二一八ページ。
[11]同、一九六ページ。
[12]同、一九七ページ。
[13]同、二二九ページ。
[14]パウル・フレーリヒ『ローザ・ルクセンブルク』伊藤成彦訳、御茶の水書房、一八八ページ。
[15]『ドイツ史(3)(世界歴史大系)』山川出版社、五九ページ。
[16][17]レーニン「第二インタナショナルの崩壊」。『レーニン10巻選集』第六巻、大月書店、一一三ページ。
[18]同、一〇八ページ。
[19]同、七七ページ。「この宣言は戦争が経済的および政治的な危機を作り出し、労働者のあいだに憤怒と激昂を呼び起こすものであり、社会主義者たちはこの好機を利用して革命へと進むべきであるとうたったものである」(小西誠『マルクス主義軍事論入門』七三ページ)。
[20][21][22][23]レーニン「社会主義と戦争」。前掲の『レーニン10巻選集』第六巻、一三六ページ。
[24]レーニン「アルメニア社会民主主義者の宣言について」。『レーニン全集』第六巻、レーニン全集刊行委員会訳、大月書店、三三七ページ。
[25]レーニン「われわれの綱領における民族問題」。同、四六九ページ。
[26]同、四七六ページ。
[27]同、四七一ページ。
[28]レーニン『帝国主義』宇高基輔訳、岩波文庫、一三六ページ。
[29]同、一七九ページ。
[30]同、一九四ページ。
[31]前掲のレーニン「社会主義と戦争」一三三ページ。
[32]同、一三四ページ。

第3節 第一次世界大戦

[01]前掲のマクレガー・ノックス/ウィリアムソン・マーレー編著『軍事革命とRMAの戦略史——軍事革命の史的変遷』二〇八ページ。
[02]同、一九七ページ。
[03][04]同、二二四ページ。
[05]ベンヤミン「経験と貧困」。『ベンヤミン・コレクション 2』浅井健二郎編訳、ちくま学芸文庫、三七四ページ。
[06]同、三七五ページ。
[07][08]同、三七六ページ。
[09]同、三七九ページ。
[10]同、三八一ページ。
[11]同、三七八ページ。
[12][13][14][15][16]ベンヤミン「ボードレールにおけるいくつかのモティーフについて」。『ベンヤミン・コレクション 1』浅井

健二郎編訳、ちくま学芸文庫、四二五ページ。

[17]レマルク『西部戦線異状なし』秦豊吉訳、新潮文庫、一四五ページ。

[18][19]ユンガー『内面的体験としての戦闘』。Ernst Jünger, *Der Kampf als inneres Erlebnis*, E. S. Mittler & Sohn, p.4.

[20][21] *Ibid.*, p.105.

[22]ジェフリー・ハーフ『保守革命とモダニズム——ワイマール・第三帝国のテクノロジー・文化・政治』中村幹雄・姫岡とし子・谷口健治訳、岩波書店、一三七ページ。

[23]同、一三八ページ。

[24]前掲のユンガー『内面的体験としての戦闘』。Ernst Jünger, *Der Kampf als inneres Erlebnis*, *op.cit.*, p.4.

[25] *Ibid.*, p.47.

[26]フロイト「戦争と死に関する時評」。『人はなぜ戦争をするのか』中山元訳、光文社古典新訳文庫、四九ページ。

[27]同、四九～五〇ページ。

[28]同、五〇ページ。

[29][30]同、五一ページ。

[31]同、五二～五三ページ。

[32]同、五四～五五ページ。

[33]同、七〇ページ。

第5章　現代の戦争

第1節　第二次世界大戦と地政学

[01][02]前掲のマクニール『戦争の世界史』下巻、二七五ページ。

[03][04]同、二八一ページ。

[05][06]同、二八二ページ。

[07]前掲のハーバーマス『引き裂かれた西洋』二一八ページ。

[08]マハン「海上権力の歴史に及ぼした影響」。『マハン海上権力論集』麻田貞雄編訳、講談社学術文庫、六九ページ。

[09]同、六四ページ。

[10]同、七一ページ。

[11][12]同、七七ページ。

[13]同、七九ページ。

[14]同、八七ページ。

[15]マハン「二〇世紀への展望」。同、一四九ページ。

[16]カール・シュミット『陸と海』中山元訳、日経BP、二四五ページ。

[17]同、二四八ページ。

[18]H・J・マッキンダー「地理学からみた歴史の回転軸」。『マッキンダーの地政学』曽村保信訳、原書房、二五九～二六〇ページ。

[19]同、二七三ページ。

[20]同、二七八ページの図参照。

[21]マッキンダー「諸国民の自由」。同、一七七ページ。

[22]『戦略論大系6　ドゥーエ』瀬井勝公編著、芙蓉書房出版、三二ページ。

[23]同、三九ページ。

[24]同、九一ページ。

[25]曽村保信『地政学入門』中公新書、九九ページ。

[26][27]アドルフ・ヒトラー『続・わが闘争　生存圏と領土問題』平野一郎訳、角川文庫、三五ページ。

[28]同、三七ページ。

[29]同、一八ページ。
[30]同、五三ページ。
[31]同、一三七〜一三八ページ。
[32]同、一三八ページ。
[33]同、三一七ページ。
[34]アドルフ・ヒトラー『わが闘争』平野一郎・将積茂訳、角川文庫、下巻、三四六ページ。
[35]前掲のカール・シュミット『陸と海』二五六ページ。
[36]カール・シュミット「ジャン・ボダンと近代国家の成立」。『カール・シュミット著作集』第二巻、長尾龍一訳、慈学社出版、二一七ページ。
[37]同、一二五ページ。
[38]カール・シュミット「域外列強の干渉禁止を伴う国際法的広域秩序」。『ナチスとシュミット』岡田泉訳、木鐸社、八七ページ。
[39]同、一三二ページ。
[40]大竹弘二『正戦と内戦』以文社、二一八ページ。大竹は、シュミットがこの概念を提起した講演の数日後の「ヒトラー演説に現れる大ドイツ的な〈ドイツ・モンロー主義〉の主張が、これら外国の報道を通じてヒトラーがシュミットの広域秩序講演を又聞きしたことから現れたものである可能性」があることを指摘している。
[41]同、一八四ページ。
[42]同、一八六ページ。
[43]同、一九〇ページ。
[44][45]カール・シュミット『大地のノモス』新田邦夫訳、福村出版、下巻、四六八ページ。

第2節　ファシズム批判

[01]バタイユ「街頭の人民戦線」。『ジョルジュ・バタイユ　物質の政治学』吉田裕訳、書肆山田、一六一ページ。これはバタイユが『コントル・アタック』創刊号に掲載した論文である。
[02]ミシェル・シュリヤ『G・バタイユ伝』西谷修ほか訳、河出書房新社、上巻、二一七ページ。
[03][04]バタイユ「消費の概念」。『呪われた部分　ジョルジュ・バタイユ著作集』第六巻、生田耕作訳、二見書房、二六七ページ。
[05]同、二七二ページ。
[06]バタイユ「ファシズムの心理構造」。前掲の『ジョルジュ・バタイユ　物質の政治学』一四〜一五ページ。
[07]同、一六ページ。
[08]同、二二ページ。
[09]同、一三ページ。
[10]同、二八ページ。
[11]同、三二ページ。
[12]同、四三ページ。
[13]同、二九ページ。
[14]同、五四ページ。
[15][16]同、三二ページ。
[17]バタイユはこの論文でフロイトの『集団心理学と自我分析』について、「本論文で行われている関連づけの全体を問題にしようとするなら、一九二一年にドイツで出版されたこの著作は、ファシズムを理解するための本質をなす序論となるだろう」(同、六九ページ)と高く評価している。
[18]同、四七ページ。

[19][20]バタイユ「呪われた部分」。前掲の『ジョルジュ・バタイユ著作集』第六巻、一六〇ページ。
[21]マックス・ウェーバー『プロテスタンティズムの倫理と資本主義の精神』中山元訳、日経BP社、四一九〜四二〇ページ。
[22]バタイユ「呪われた部分」。前掲の『ジョルジュ・バタイユ著作集』第六巻、一六六ページ。
[23]同、二二一ページ。
[24]同、二三一ページ。
[25]同、二四五ページ。
[26]バタイユ「米ソ戦争のさなかでの精神的中立の意味」。『ジョルジュ・バタイユ著作集』第一四巻、山本功訳、二見書房、一三六ページ。
[27]同、一三四〜一三五ページ。
[28]シモーヌ・ペトルマン『詳伝シモーヌ・ヴェイユ』第一巻、杉山毅訳、勁草書房、三三〇ページにおける引用。
[29]シモーヌ・ヴェーユ「戦争にかんする考察」。『シモーヌ・ヴェーユ著作集』第一巻、前掲書、一二一ページ。
[30]同、一二一ページ。
[31]同、一二二ページ。
[32]同、一二六ページ。
[33]同、一三三ページ。
[34]ハンナ・アーレント『全体主義の起原』第二巻、大島通義・大島かおり訳、みすず書房、六三ページ。
[35]同、七八ページ。
[36]同、七七ページ。
[37][38]同、一九五ページ。
[39][40]ハンナ・アレント『政治の約束』高橋勇夫訳、筑摩書房、二三三ページ。
[41][42][43][44]同、二二四ページ。
[45]同、二二五ページ。
[46]同、二二四ページ。
[47][48][49][50]同、二三〇ページ。
[51]ハンナ・アーレント「ユダヤ軍——ユダヤ人の政治のはじまり？」。『反ユダヤ主義——ユダヤ論集1』佐藤紀子、矢野久美子訳、みすず書房、一九七ページ。
[52]同、一九六ページ。なおこの問題については、中山元『ハンナ・アレント〈世界への愛〉』新曜社、二八五ページ以下を参照されたい。
[53]ハンナ・アレント「ユダヤ人の郷土を救うために」。『アイヒマン論争——ユダヤ論集2』山田正行ほか訳、みすず書房、二二八ページ。
[54]ミシェル・フーコー『社会は防衛しなければならない』石田英敬・小野正嗣訳、筑摩書房、一六四ページ。
[55]シィエス『第三身分とは何か』稲本洋之助・伊藤洋一・川出良枝・松本英実訳、岩波文庫、二四ページ。
[56][57]前掲のフーコー『社会は防衛しなければならない』二三四ページ。
[58]同、二三五ページ。
[59][60]同、二四一ページ。
[61]同、二五五ページ。
[62]同、二五六ページ。
[63]同、二五九ページ。

第3節　冷戦と植民地戦争をめぐる言論

[01]前掲のマクニール『戦争の世界史』下巻、三〇三ページ。
[02]ポール・ヴィリリオ『民衆防衛とエコロジー闘争』河村一郎・澤里岳史訳、月曜社、六五ページ。
[03]同、五一ページ。
[04]ヴィリリオ『バンカー・アルケオロジー』。Paul Virilio, *Bunker Archeology*, Princeton Architectural Press, pp.21-22.
[05]ハンナ・アーレント『暴力について』山田正行訳、みすず書房、一二ページ。
[06][07]同、一三ページ。
[08]同、二四ページ。
[09]同、三〇ページ。
[10]同、三八ページ。
[11]同、三四ページ。
[12]フランツ・ファノン『地に呪われたる者』鈴木道彦・浦野衣子訳、みすず書房、二五ページ。
[13][14]同、二六ページ。
[15]同、二六～二七ページ。
[16]同、一七八ページ。
[17]同、一七九ページ。
[18]同、二四ページ。
[19]ハンナ・アレント『人間の条件』志水速雄訳、ちくま学芸文庫、二三五ページ。
[20]同、三三ページ。
[21]前掲のハンナ・アーレント『暴力について』一一五ページ。
[22][23]サルトル「序文」。前掲のフランツ・ファノン『地に呪われたる者』一〇ページ。
[24]同、一二ページ。
[25]同、一七ページ。
[26][27][28]同、一五ページ。
[29][30][31][32]前掲のハンナ・アーレント『暴力について』一〇七ページ。

第6章　新しい戦争

第1節　米国同時多発テロ

[01]中村好寿『軍事革命（RMA）』中公新書、三四ページの引用による。
[02][03] Rumsfeld Warns of "Marathon" Fight Against Terrorism, US Department of State (https://usinfo.org/wf-archive/2001/010920/epf404.htm).
[04]ラムズフェルド「まったく新しい戦争」。『発言――米同時多発テロと23人の思想家たち』中山元編訳、朝日出版社、四七ページ。
[05]ルネ・ジラール「地球的な規模のミメーシス的な競争」。同、一六〇ページ。
[06]同、一六一ページ。
[07]同、一六三ページ。
[08]スラヴォイ・ジジェク「現実の砂漠にようこそ」。同、二〇一ページ。
[09]同、二〇五ページ。
[10]ポール・ヴィリリオ「予測が的中して残念だ」。同、二九ページ。

[11]ポール・ヴィリリオ／シルヴェール・ロトランジェ『純粋戦争』細川周平訳、ユー・ピー・ユー、一三二ページ。
[12]同、一三二ページ。
[13]同、一一三ページ。
[14]同、一一六ページ。
[15]同、一一七ページ。
[16]同、一一五ページ。
[17]同、一二九ページ。
[18]ペーター・スローターダイク「近代テロの指標」。前掲の『発言——米同時多発テロと23人の思想家たち』一七二ページ。
[19][20]ジョルジョ・アガンベン「秘密の共犯関係」。同、三六ページ。
[21]サミュエル・ハンチントン『文明の衝突』鈴木主税訳、集英社、七五ページ。
[22]サミュエル・ハンティントン「文明の衝突ではない、少なくともまだ……」。前掲の『発言——米同時多発テロと23人の思想家たち』二五ページ。
[23]前掲のハンチントン『文明の衝突』四七七ページ。
[24]フランシス・フクヤマ「西洋の勝利」。前掲の『発言——米同時多発テロと23人の思想家たち』九四～九五ページ。
[25]エドワード・サイード「西洋とイスラムの対立ではなく」。同、一〇～一一ページ。
[26]同、一四ページ。
[27]Umberto Eco, Le guerre sante: passione e ragione, La Repubblica, 2001-10-5
[28][29]ユルゲン・ハーバーマス「宗教の声に耳を傾けよう」。前掲の『発言——米同時多発テロと23人の思想家たち』一〇二ページ。
[30]同、一一一ページ。

第2節　ロシア・ウクライナ戦争とパレスチナ戦争——

[01]ユヴァル・ノア・ハラリ「この戦争が意味するもの」。『世界の賢人12人が見た ウクライナの未来——プーチンの運命』クーリエ・ジャポン編、講談社+α新書、一八ページ。
[02]同、二一ページ。
[03]同、二〇ページ。
[04]フランシス・フクヤマ「いま私たちに求められているもの」。同、一四六ページ。
[05]ノーム・チョムスキー「この戦争が意味するもの」。同、五八ページ。
[06]同、五五ページ。
[07]ジャック・アタリ「〈世界の平和〉はロシアが民主化されない限り訪れない」。『ウクライナ危機後の世界』大野和基編、宝島社新書、一〇四ページ。
[08][09][10][11]同、一一一ページ。
[12]同、一一三ページ。
[13]スラヴォイ・ジジェク『戦時から目覚めよ』富永晶子訳、NHK出版新書、四七ページ。
[14]同、六〇～六一ページ。なお、プーチン大統領の地政学的な思考とこの「勢力圏」という概念については、小泉悠『「帝国」ロシアの地政学——「勢力圏」で読むユーラシア戦略』東京堂出版を参照されたい。
[15]同、四八ページ。

[16][17]ユルゲン・ハーバーマス「交渉の勧め」。三島憲一訳、『世界』二〇二三年五月号(https://jcp-ryunt.seesaa.net/article/499257790.html)。Jürgen Habermas' Ein Plädoyer für Verhandlungen (https://www.sueddeutsche.de/projekte/artikel/kultur/juergen-habermas-ukraine-sz-verhandlungen-e159105/?reduced=true).

[18]ユルゲン・ハーバーマス「戦争と憤激」。三島憲一訳、『世界』二〇二二年七月号、一九九ページ。

[19][20]同、二〇七ページ。

[21][22]同、二〇〇ページ。

[23]前掲のスラヴォイ・ジジェク『戦時から目覚めよ』、八〇〜八一ページ。

[24]同、八二〜八三ページ。

[25]同、九六ページ。

[26]「揺れるドイツ イスラエルを守る「国是」がなぜ?:どうする?:」(https://www3.nhk.or.jp/news/special/international_news_navi/articles/feature/2023/12/01/36216.html)。

[27]これはこの声明に署名した政治学者のニコル・デイテルホフの所属するドイツのゲーテ・インスティテュートの研究センターのホームページに二〇二三年一一月一三日に発表された。https://www.normativeorders.net/2023/grundsatze-der-solidaritat/参照。

[28]声明「人間の尊厳の原則はすべての人に等しく適用されなければならない」。『ガーディアン』紙、二〇二三年一一月二二日付け(https://www.theguardian.com/world/2023/nov/22/the-principle-of-human-dignity-must-apply-to-all-people)。

[29][30]公開書簡「パレスチナのための哲学」(https://sites.google.com/view/philosophyforpalestine/home)。

[31][32]フレーザー「わたしは国家ではありません、わたしは自由な人間です!」。『ツァイト』紙、二〇二四年四月一一日付けで掲載されたインタビュー(https://www.zeit.de/kultur/2024-04/nancy-fraser-university-of-cologne-albertus-magnus-professorship)。

[33]「バイデン大統領への公開書簡——わたしたちは即時の停戦を求める」。『ガーディアン』紙、二〇二三年一〇月一九日付け(https://www.theguardian.com/commentisfree/2023/oct/19/biden-jewish-americans-israel-gaza-call-for-ceasefire)。

[34]バトラー「パレスチナ人民の生命も大切なものです。ユダヤ人思想家のジュディス・バトラー、ガザにおけるイスラエルによる〈ジェノサイド〉を非難」。「デモクラシー・ナウ」に掲載されたバトラーのインタビュー(https://www.democracynow.org/2023/10/26/judith_butler_ceasefire_gaza_israel)。

[35]ジジェク「本当の境界線はイスラエルとパレスチナの間にあるのではない」。ハンギョレ新聞、二〇二三年一〇月二三日付け。

[35][36][37]前掲のポーリ・ヴィリリオ『民衆防衛とエコロジー闘争』五六ページ。

[38]同、五七ページ。

[39]同、六二ページ。

戦争の思想史

哲学者は戦うことをどう考えてきたのか

中山元　なかやま・げん

哲学者・翻訳家。
哲学サイト「ポリロゴス」主宰。
1949年、東京生まれ。
東京大学教養学部中退。
著書に『労働の思想史』
『〈他者〉からはじまる社会哲学』、
訳書にカント『純粋理性批判』、
ハイデガー『存在と時間』、
ルソー『人間不平等起源論』、
ウェーバー『プロテスタンティズムの
倫理と資本主義の精神』など。
ポリロゴス http://polylogos.org/

イラスト——YACHIYO KATSUYAMA
デザイン——三木俊一（文京図案室）

2025年2月21日　初版第1刷発行

著者——中山元
発行者——下中順平
発行所——株式会社平凡社
〒101-0051
東京都千代田区神田神保町3-29
電話 03-3230-6573（営業）
平凡社ホームページ
https://www.heibonsha.co.jp/

印刷——株式会社東京印書館
製本——大口製本印刷株式会社

ISBN 978-4-582-70370-2

乱丁・落丁本のお取替は直接小社読者サービス係まで
お送りください（送料は小社で負担いたします）。

［お問い合わせ］
本書の内容に関するお問い合わせは
弊社お問い合わせフォームをご利用ください。
https://www.heibonsha.co.jp/contact/